U0501378

世图心理

博客：http://blog.sina.com.cn/bjwpcpsy
微博：http://weibo.com/wpcpsy

梦的真相

释梦的理论与实践

〔比〕米杉 (Michel Claeys) 著

倪男奇 译

世界图书出版公司

北京·广州·上海·西安

图书在版编目（CIP）数据

梦的真相：释梦的理论与实践 /（比）米杉（Michel Claeys）著；倪男奇译. —
北京：世界图书出版有限公司北京分公司，2021.12
ISBN 978-7-5192-8942-3

Ⅰ. ①梦… Ⅱ. ①米… ②倪… Ⅲ. ①梦—精神分析 Ⅳ. ①B845.1

中国版本图书馆CIP数据核字（2021）第186118号

书　　名	梦的真相：释梦的理论与实践 MENG DE ZHENXIANG	
著　　者	[比] 米杉（Michel Claeys）	
译　　者	倪男奇	
责任编辑	王　洋	
装帧设计	彭雅静	
出版发行	世界图书出版有限公司北京分公司	
地　　址	北京市东城区朝内大街137号	
邮　　编	100010	
电　　话	010-64038355（发行）　　64037380（客服）　　64033507（总编室）	
网　　址	http://www.wpcbj.com.cn	
邮　　箱	wpcbjst@vip.163.com	
销　　售	新华书店	
印　　刷	三河市国英印务有限公司	
开　　本	787mm×1092mm　　1/16	
印　　张	20.75	
字　　数	325千字	
版　　次	2021年12月第1版	
印　　次	2021年12月第1次印刷	
国际书号	ISBN 978-7-5192-8942-3	
定　　价	69.00元	

译者序

半夜，孩子啼哭，醒来给孩子哺乳后难以入睡，写下此文，作译者序，是为念。

在本书即将付梓的时刻[1]，我不禁回望2005年5月开始的米杉的第一个梦工作坊。几个对梦及自我成长热情极高的朋友从北京的四面八方汇聚到我在北京服装学院的办公室里，一起与米杉分享各自记录下来的梦。那时我们对米杉了解不多，对梦也知之甚少。我记得小组成员在开始还很执着于探寻米杉对梦工作的理论背景，但慢慢地我们就在他的引领下进入内在世界，探索体验并成长着。正是这样一种内在的吸引力，把大家召唤到一起，在工作了一周之后，我们依然会以饱满的热情与动力加入周末的活动。此后，米杉的梦工作坊便没有停歇过。一路倾听的梦积攒在我的记忆里，那些梦境犹如一幅幅经典的画作，在某个莫名的时刻便会浮现在脑海里，甚至组员在分享时的表情都还历历在目……

米杉致力于梦的研究实践长达30余年，在中国可谓厚积薄发。这本书是他多年对梦工作积累的外化。注重应用的米杉同样关注总结经验，他善于学习，潜心个人成长，富有创造性，从不迷信权威，我觉得正是这种种特质，使得他可以摸索出一套实操可行、行之有效的释梦及疗愈的方法。对梦的重视与好奇是基于对人及人性的理解而产生的，这一方法当然与他基于超个人心理的本性治疗方法密不可分。米杉写作时总是本着让读者可以通过自我阅读达到自助成长这一目标，所以他总是会想方设法把最实用、最好用的东西用深入浅出、通俗易懂的方式表达出来。虽然解读梦的讯息不是件容易的事

---

[1] 本书于2010年初次出版。

1

情，但他总是想让我们明白这并不是那么难以做到。所以，亲爱的读者，我相信只要你真正读进去，并且亲身实践的话，一定会有新的体验与发现。如果能和身边好友互促分享，一定效果更佳！

一本书的诞生，固然是作者的辛劳结晶，然而点点滴滴，又都有赖于各方面的助力与机缘。这是米杉的著作，透过他的坚持与付出，我再次体认到一本书的诞生犹如一个婴儿的出生与成长，汇集了很多人的关爱，这本书写作、翻译的过程恰与我怀孕、生产、哺乳的过程重合，请允许我在此表达我的感谢。

感谢好友刘霞给予我的无私温暖的帮助，她犹如我的一面镜子，透过她，我总是能看到我正向的资源与力量。在我挺着8个月身孕的2009年暑期，她毅然主动翻译第四章的部分内容，为的是帮我达到在生产前完成全书翻译的目标，而她那个时候也是一个人带着刚满2岁的儿子。她克服困难、提供帮助，使我产生克服惰性的动力，而一旦我真的投入到翻译工作中去，发现挺着大肚子一样可以享受工作。

感谢朋友陆晓娅提供的支持，她在投入地忙着自己的歌路营事业的同时，也不忘关注并推动米杉梦书的进展。她看似轻轻随意的提及，都让我感受到她对梦书特别的期待与关心。她读书时认真思考的态度，更是令我心生敬佩。正是因为她的推荐，在孩子刚满月时，我们一家三口和她与世图心理的编辑团队相约倾谈，达成梦书出版的意向。

感谢北京高校心理咨询教师队伍！我有幸赶上了中国心理健康工作领域的一个快速上升期。工作7年来，这支队伍团结向上、坦诚开放、积极好学乃至亲密无间，是我心灵的重要归属。我很感激这支队伍的先行者们，是他们的开创与奉献，让我们这些年轻教师可以走得少一些艰难；我很感激这支队伍的同行者们，是他们的坚持与激情，让我可以与他们相互为伴、砥砺前行。正是有这样一支渴求成长且不断学习的成熟队伍，让米杉找到了他的工作在中国的价值与意义。也正是因为米杉在一个时期里提供的工作坊，我们一些同行彼此日益靠近、相互信任，成为至诚的朋友。

感谢我在北京服装学院的领导和同事们。正是因为他们的信任与支持，正是因为学校重视心理健康教育以及校园氛围的开放时尚，我得以在2004

年邀请米杉到学校给学生做情商讲座，并在之后又与同行开设梦小组互促成长……

感谢世图心理的编辑。梦书以更完美的面貌呈现，离不开他们精益求精、追求品质的工作精神。编辑对文字专业到位的编辑加工、对译者的尊重理解，都让我有很多学习。

感谢母亲及家乡的兄姐。做了妈妈以后，更是切身感受到母亲的不易与伟大！2009年暑期，70岁老母从安徽赶来北京看望怀孕8个月的小女儿，尽管她并不喜欢城市生活。那时我几乎每天都会问她："昨晚做梦了吗？梦到什么了？"她就会告诉我她梦见我已去世的父亲，梦见他在帮她做家务（父亲生前忙于工作很少做家务）……母亲梦见父亲难免会有伤感，觉得人已不在空有梦！我会不失时机地用浅显易懂的语言告诉母亲梦在告诉她什么，梦就像是她内心的一个剧场，梦见的父亲也是她自己的一部分……我发现梦是如此好谈的一个话题，谈梦拉近了我与母亲的距离，也让我更靠近母亲的内心，而母亲似乎也对梦有了一些新的理解，感觉宽慰不少……在我生孩子后，她更是克服身体的病痛，再次来京照顾"坐月子"的我。父亲虽已去世，但我发现他并没有真的离开：他给我取的名字、让我对待自身脊柱严重侧弯的态度都深深地烙印在了我的人生里，成为一笔宝贵的财富。正是父母兄姐以及生命中一路遇到的人们的疼爱，可以让我一直走到现在！

感谢爱人米杉。不论遇到怎样的挫败，我们总是记得：爱是最重要的。我们每天都会相互表达爱意与温柔。在这茫茫人海，我们得以相遇同游，离不开梦的功劳，唯有感恩与珍惜。

感谢所有与你我一样在不断探索自我、追求成长的人们，正是因为如此，我们并不孤独，我们感觉到彼此的联结。亲爱的读者，愿你在阅读时亦能感受到这份情意，学习从梦中寻找力量与资源，与梦中更有力量的存在、自我更本性的力量建立更牢固的联结，欣赏并享受着你的梦境给你带来的成长，欣赏并享受着生活……

倪男奇

作者序

2005年初春，我已经来到中国好几年了。我那本关于情商教育的书《情商教练手册》刚刚被翻译成中文出版。为了寻找更多融入中国环境的机会，我开始给北京的一些大学做讲座。倪男奇——一位年轻的女咨询师，在北京的一所大学教授心理学——邀请我给她的学生做一场讲座。我感觉到她是那种我想要保持联系并进一步探索、合作的人。所以，我提出为她的同事、朋友提供一个免费的梦工作坊课程，她立即接受了。几周之后，男奇组织了我在中国的第一个梦工作坊。她聚集了若干出众的年轻咨询师，他们表现出对梦与个人成长的激情。梦工作坊在每周日的上午活动，持续了两个多月。这是极其快乐的体验，就强度与效果而言都是非常成功的。当然，这一切都是即兴发挥的，我只是依赖于我的经验和个人的直觉。对梦工作的重点在于要求高品质的在场与倾听，几乎不再需要其他更多的了。当然，我确实也提供了一些工具以建立强有力的团体动力与信任水平。所有的成员都分享了非常有意义的梦，所获得的启发是深入而动人的。小组结束时，我们在后海的小船上举行聚会，唱歌直到深夜……

男奇在组织小组与翻译工作方面都很有动力，且做得很好，我们逐渐建立了牢固的工作关系……奇迹出现了，不仅我们的工作坊稳步发展，而且一些事情也愈加明显：生活将我们引领在一起而不只限于工作方面。我知道我要将有些东西给予中国，但没有想到中国以如此厚重的礼物加以回赠！我找到了我这一生都在寻觅的妻子……

我们的梦工作坊变成了一个常规活动，超过100人参与到梦小组中，应该说是对小组有所贡献。每一个梦都提供了启示与成长的神奇时刻，有些小组成员做了令人感动的真诚分享，如这位女士：

在我们这个小组对梦探索之前，我对我的梦的意义一无所知。那些场景并不奇怪，它们可能发生在我的日常生活中。我的梦经常满是各种人物、场景，他们在做各种各样的事情，有时候非常杂乱。在我分享这个梦之前，我在想是否可能从中看出点什么，我没有期望结果。这真是个奇妙的体验！就像是在为一个谜解码。我开始以一个崭新而有意义的方式看待我的梦。突然之间，梦看起来像是我的内在自我使用的一种奇怪的语言，它在告诉我一些重要的事情。

这是一种有趣的感受，就好像突然间有了一个新朋友，一个我知道可以完全信任的朋友，一个会告诉我关于我深层内在需要和愿望的朋友，我只是需要学习这种语言。

在小组最后一个活动中，经历了另一种愉悦的体验。我们被引导进入一个简短的冥想，我敞开面对深层的内在自我，更深入地呼吸，有意识地放下我的思绪，一个清晰的印象犹如一个画面出现了：我看到了一个白色的地方，有个漂亮的女孩身穿白色的衣裙，她在愉快地玩耍。我可以听见她愉悦的笑声。这一切都栩栩如生映入我的脑海，我禁不住要与她一起欢笑。当我被引导回到房间里，我看到自己与她告别，她好像不想让我离开，她让我经常去看望她……

这对我而言是非常新鲜的体验。我是一个相当理性的人，对情绪和意象不太熟悉，我很难去做一些想象，但这一次清晰而强烈。也许因为我放下了防御，更开放地面对真实的内在自我。

另一位参与者写道：

我想表达我从这个课程（梦工作坊）中收获甚丰。对我而言，一如既往，好像我总是在最佳时刻接收到这些宝贵的启示和洞见。我真的感受到我学会了察觉我的潜意识在试图与我沟通些什么。我感觉到真正的成长、进步。我同时感觉到有信心在未来用这种方法来解读和倾听自己的梦。这是一种无价的资源……谢谢你！

我有时会被问到我是从哪里获得这些知识的。坦率地讲，这很难回答。我在35年前开始对自己的梦感兴趣。我肯定是读了一些东西帮助自己去获得线索，但我从来没有接受过这方面的正规培训……实践与经验就这样逐渐积累起来。作为一名咨询治疗师，我从那时就开始请我的来访者分享他们的梦，我发现我去"感觉"那些梦的讯息的能力渐增。这肯定有直觉方面的作用，也有工作经验的原因。

有不少关于梦的研究及释梦方面的书籍，但就我所知，没有一本是让我完全满意的。如果我不是认为在这方面有更多需要去做的工作，不是感觉到有能力在这方面做出些显著的贡献，我是不会写这本书的。很多作者谈论梦却避免提供真正可操作的方法，还有很多人无法基于简单的实例提供可实操的方法，无法为学习者提供简化的方法，无法让他们对"梦的语言"有着切实的感受，发展出新的技能。还有一些作者提供释梦的小贴士，但因为脱离具体的梦境而过于简单，甚至是在误导人。还有一些有价值的解释方法停留在非常肤浅的层次上，并未触及深层的洞见与内在的变化。最后，我从来没有见过一本清晰地列出如何用梦做治疗的书籍，而这远远超越于释梦本身。

梦并非只是个思维的游戏，也非一个破译密码的游戏。在我的理解中，梦更多是真正内心工作、疗愈和成长的一个邀请。梦的工作不只是"理解"象征要素，而且与澄清感受及内心选择相关。梦是可以用来进行自我探索的镜子。在我看来，梦是一扇开放的通往重要的个人与灵性成长的大门。

我在个体咨询与治疗工作中使用释梦这一方法20余年之后，有幸能够开设梦工作坊数年，这些经验为研究与教学提供了坚实的基础。本书的目的是提供一种实操的工具，我希望它可以成为任何想探索真正的内心工作的人（包括咨询师）的一个伙伴，找到它自己的位置。当然这只是一个工具，一个更深层自我探索的邀请。

这本书中分享的梦来自我的来访者和工作坊的成员。我感谢他们，并对他们珍贵的内心工作致以敬意，希望他们的分享让更广大的人群受益。有些梦来自我自己的日记，还有一些梦引自其他出版物（特别是前几章中提到的一些不太寻常的梦）。

我祝愿所有人都被激发从而进一步向自己的内在敞开，与自己的深层自我同在。

米杉

目 录
CONTENTS

引言

我们为什么要伤脑筋记梦？

我们都偶尔听到过异乎寻常的梦。对于那些梦，我们无须特别留心，它们在突然之间显现，便给我们留下了极其深刻的印象，可以持续若干年，有时甚至是一生。

一个13岁的女孩就有过这样的梦。这个梦对她的现实生活有着不寻常的影响。这个梦从她青春期开始就一直陪伴着她，让她感觉到有力量。她把这个梦视若珍宝[1]：

　　那是在深夜里，我独自一人在家，我感觉有些奇怪。因为是一个人在家，我能够感觉到自己的紧张不安。我站在厨房里，是那种低矮的平房，所以我是站在地面上。厨房的窗户差不多到我胸部，所以窗户是相当高的。我在厨房里，屋子里的灯都是关着的。一切静悄悄的，好像没有一个人在家里，我知道这不太寻常。我听见我爸爸的车开到车道上的声响。车库在房子的后面，所以从厨房里，我差不多可以看到后院的车库。我可以听到声音，我走近窗户，站在那里。因为是在夜里，所以我可以看见车前灯越来越近。车停在车库门前，他走出来，走到车库门口把门打开。就在他打开门的时候，他突然之间被一股力量冲击到我所站立观望的窗户底下。我赶紧蹲伏起来，将窗帘遮在身上，偷偷地看。这

---

[1] 这个梦引自罗杰·M. 克努森（Roger M. Knutsen）的文章《作为独特象征的重要意义的梦》（The Significant Dream as Emblem of Uniqueness），迈阿密大学，1999。

股冲击力量的发出者是一个人。雾很大，看不太清，但我还是透过雾看到了这个人：一个有着火红头发的女人，她有着美丽的体形，穿着一身黑色紧身皮衣，只有手和脸露在外面。她用巨大的力量把我爸爸扔在了窗户底下的石头上。我看到他满身是血，血还落在一些较大的石块上，我断定他伤势很重。那个女人歇斯底里地笑着，好像她所做的是件非常有趣的事情。她精神抖擞地用手指向各个方向，同时喷射出火焰把爸爸团团围住。我爸爸被围困在其中，我害怕得要死。我不知道还会发生什么。我的第一个想法是："哦，她想要偷走爸爸的那辆白色大轿车。"她走近并看着他，依然大笑……这时候我意识到我是一个人在家，我想她会进来抓我，所以我在屋子里乱跑，试图找到个安全的地方。我最终决定藏在浴室的壁橱里。因为不想让她来伤害我，我用一床被褥盖在头上，我盖得太严实以至于让自己无法喘气。画面又转回到她，她又嘲笑了我爸爸一会儿，然后上了他的车，把车开走了。（梦0001）

毫不令人惊讶的是，这个十几岁的女孩在做这个梦的时候，身心处在巨大的压力中。那时，她的父亲——一个酒鬼——刚打过她的母亲之后，她的父母处于第二次分居状态。这个女孩自然本能地把这个梦理解成她对父亲的愤怒以及她希望母亲更为坚强的一种表达。这个梦对她有着直接而强烈的影响。其影响之一就是改变了她与父亲的关系。她报告说她感觉到自己在与父亲打交道时有了"新的自信"。然而更为重要的是，这个梦也帮她重塑了与其他人的关系，特别是与男性的关系，这对她建立自我同一性有帮助。

梦中那个火红色头发的女人显然是在表达她自身的某个方面，即她自身人格突然被释放了的部分，尽管她并没有认同那部分（这是她视之为外在于自己的原因所在）。梦中的父亲不仅代表那个外在的现实的父亲，而且代表已经被她内化的"模型"——一个她决定摒弃的弱点的典型。驾着父亲的车离开表示她开始用自己的双手把握自己的命运。这个梦像是一种有力的宣言，一个清晰的内心告白：她要成为她自己，而不要像她的父亲那样。多年来，她一直珍藏着这个梦，在任何她需要恢复内在信心的时候，她就回到这个梦里去汲取力量。即使她对梦一无所知，也不一定能应用那些相关的释梦线索，但这个梦就像是一件会赐予她力量的礼物一样伴随着她。

梦在我们的生活中扮演着重要的角色。无论我们是否记得梦，无论我们是否对梦进行工作，它们都作为调节器与指引者一直在那里存在着。我们对梦的理解与否将会改变些什么吗？

毫无疑问的是，我们对梦的理解有时会带来改变，有时也不会带来什么变化。梦的功能不只是向我们传递讯息。大多数的梦在自行完成它们的任务——即使我们并不记得它们，即使它们对我们而言好像没有什么意义。梦在达成它们的内在目标，而这正是平衡我们的能量、思维、情绪或身体的途径之一。

有一部分重要的梦看起来的确是在向我们传递讯息，特别是那些生动鲜明又很容易记忆的梦。这些梦像是在表达我们自身存在的某个维度，它们在唤起我们的注意，这种唤起有时候还相当响亮和强烈（如噩梦）。它们就像是叫早的电话，是对我们更广阔的觉察意识的一种邀请。我们可能听不到它们，我们可能选择在一个更为有限的日常节奏和职责的范围内来过我们的生活。但当我们听到它们，我们就敞开了与我们某个维度的存在的更开阔的联结。这个部分一直存在于当下，为我们提供无价的指引与无尽的资源。

敞开自己，面对梦的讯息，这为我们提供了一系列有趣的结果：

1. 我们的梦思维（或称梦智力）可以访问到我们觉醒时无法探访的信息。梦显然会暴露我们私密的欲望和潜意识的感受，不过当我们关注梦时，我们知道梦也会提供关于未识别的资源的指示，可能还有我们当前生活面临的挑战的解决办法。梦好像提供了启示与洞见，弥补了我们关于自我的知识的欠缺。梦为我们做出生活中最适当的选择提供了准确的、值得信赖的指引。

2. 梦至少在有些时候是我们内在指引的一种表达。这种指引是我们更深层存在的一部分。梦以开放的态度探访我们的这一部分，即对"我是谁""我从哪里来""我到哪里去"这些问题有着更为开阔的理解的部分。梦帮助我们发展内在的和谐。毫无疑问的是，梦积极参与了我们的灵性成长与发展。

3. 通过记梦，我们认可并面对我们深层的感受。这使我们有机会去有意识地解决未曾解决的情绪问题。梦可以成为成长与疗愈的源泉，可以成为灵感与引领内在改变的动力。

4. 通过发展记梦及察觉梦中讯息的技能，我们打开了与右脑功能的联结。这推动我们发展在觉醒生活中的灵感直觉及做出适当的行为。对梦进行工作要求我们对潜在的非线性思维敞开，这是我所相信的人类进化的下一步。这其中蕴含很多解决我们当前挑战的创造性的办法。我们需要协调我们左右脑的功能，而把梦带入我们的意识肯定加速了这一过程。

在我们进入本书的具体章节前，我邀请你进一步看看一些背景信息，这对探索梦的世界将会有所帮助：为了清楚明白地理解"梦从哪里来""梦到底意味着什么"等问题，我们需要对更深层地理解"我是谁"这个问题持开放态度。

我是谁？

"超个人"[1]观点认为，在我们每日的现实生活中，我们认为的自己不一定就是自身。大多数人，或者从某种程度上说，我们所有人都经历着不同的状态、不同的心境、感受、想法、身体状态，有时我们完全放任自己，任由自己沉入其中，倾向于把自己认同为我们某些方面的暂时存在。不知怎么的，我们在生活的体验中"丧失了自我"。我们也许感觉良好或有信心，也许感觉疲惫或压抑，也许感觉到爱或正在拼命地寻求爱……我们有自己的姓名，有自己的身体，扮演不同的角色，获取一定的成就，有着明确的特质，携带着过往的记忆……然而，无论我们正在经历什么，无论我们对我们所经历的是喜欢还是痛恨，这些都只是经历，是我们在生命特定时段的经验。即使我们好像觉察出自己有什么反复出现的模式，这些也不一定就是我们"所

---

[1] 对超个人范式的更多介绍，请参考《由心咨询：心理治疗中的超个人范式》，本节的部分内容摘取自该书的第一章。

是"。我们不是我们的感受，不是我们的想法，不是我们的身体，更不是我们的姓名、我们的过去、我们的历史、我们的角色、我们拥有或欠缺的技能……我们会失去或改变这一切，任何我们会失去的都并非我们真正之"所是"。

"我到底是谁？"这个问题，是我们所有人在某个时刻都不得不面对的问题。当我们选择在某个时间停下来，而非不停地从一个事物追寻到另一个的时候，这个问题就会显现出来。答案蕴含在我们自身询问这个问题的那部分，那个在探索更广阔的意识的部分。我们之"所是"蕴含于"存在"中。"我是"存在——我们存在的那部分经历和体验着生活，但我们并不把自己认同为那些经历和体验。表现出来的这种意识并不只是某种观点或见解，它与光亮、力量关联，与我们可以接触的所有特质关联。科学不得不对意识觉悟究竟是什么做出妥协和让步，一切都表明意识不是脑的产物，意识超越于脑及身体而存在。脑只是意识与身体间的界面。

这不是宗教，不是哲学，也不是另一个信仰体系，这是科学，是可以观察与探索的现实：物质之上只有光——有组织的、活的、有智能的光。事实上，当你在探索无限小之后，你就会发现物质只是一种错觉，并不真实存在。

我想打一个非常简单的比方，这可以用在任何一个人身上：我们都像是（非常精准）一个个散发着亮光的灯泡，被一个个性化的灯罩所环绕。结果，我们辐射到周围的光可能或明或暗，或温和或刺眼。当然，如果将我们自身与自己家里用的灯做个比较，我们自身这盏灯有两大技术升级：一是无线能源供给（这在当前社会易于被接受，因为我们已经使用越来越多的无线技术产品）；二是我们的灯罩是用活的生物材料和高度精细的物质制造的，这使得它们具备根据我们的心境、想法和情绪而发生变化的奇妙功能。这些使得我们之中的很多人，将注意力完全放在与外在世界的互动上，而可能忘记或忽略了去映射内在的光亮。

现在，显而易见的问题是：我们实际上是谁？是闪着光亮的灯泡，光亮本身——这是基本能量的一个外显的表达，还是每一刻都在变化的环绕着我们的"人格"？我们要选择认同什么？每个选择又意味着怎样的结果？

如果我们把"人格"定义为组成我们个人特性的部分，即基于基因、种族、群体和家族的遗传的，个体的记忆、后天习得的模式和技能，生理、情绪和智力的特点等，那么在我们的生活经验中这些方面都在持续变化着，都是非永久性的，都在此消彼长着……但我们还有另外一部分，它超越于此，更为恒定不变，能够觉察并整合我们的任何生活经验。它是超越身体、超越情绪与感受、超越思维的。它能够退后一段距离，为我们提供不可缺少的爱与智慧的源泉，引领我们的生活，激发我们的梦想，给予我们疗愈与学习成长的机会……这被称为我们的深层自我，我们的"更高的自我"（higher self），我们的真实"本性"（Essence）。

我们这个维度的存在拥有的智能超越了我们的理性头脑。我们的思维以及我们的认知模式经常在对抗这一"更高"的智能，而不是允许它成功通过。不过，当我们处于睡眠状态时，阻抗就不那么有效了。我们有意识的思维能力与梦所包含的智慧元素，有着天壤之别。梦常表达出我们对自己私密过往的深刻认识，对有关的潜力及未来愿景的清晰理解，因此，梦包含着与我们的生活进展有关的关键的线索和答案。有时，梦为我们提供可信的引导。

当我们的头脑处于平和、安宁与接纳的状态时，当我们的右脑功能被激活时，我们就可能敞开自己去接触我们本性中更开阔的智能。我们的思维可能会获得灵感，我们的语言会被赋予力量，这是梦能够给予我们的，这是梦（至少是一些梦）对我们的召唤：敞开自己面对我们真正之所是；或者"回家"，让我们的人格与我们的深层"本性"和谐一致。

当我们关注梦，进而去理解梦的意义时，我们只会对我们"深层自我"的智慧发出惊叹。通过本书中的很多实例，我希望传达一种感受——对梦绝对的精准与相关性而感到惊叹。如果你对深层自我的存在有所怀疑，你只需要考虑这些简单的问题："谁——我的什么部分——创造了我最令人振奋的梦？我的什么部分好像了解我很多，甚至比我的理性头脑所知道的我更多？我的什么部分对我的生活的理解要超越当下，甚至可以扩展至未来？

我衷心祝愿这些梦能够给你带来灵感，激发你——我的读者——去倾听并走近你的内在。

第一章
梦的事实

一、睡眠周期与梦

我们的身体犹如依据自然节律的生物钟一样，有其特定的节律。这些节律是昼夜交替的。很长时间以来，研究者们对睡眠周期给予了特别的关注。我们知道睡眠遵循一定的规律，即以每90～120分钟为一个周期，在深度睡眠和浅睡眠间交替进行。从生理学上来说，依据脑电及其他生理功能的变化，睡眠可分为四个阶段（或"睡眠水平"）。睡眠的这几个阶段如下。

阶段1：人进入浅睡，特点是肌肉松弛、体温下降、心跳减速、很少眼动，这被称为非快速眼动睡眠（NREM）。身体准备进入深睡阶段。这个阶段通常仅持续5～10分钟。

阶段2：体温进一步下降，肌肉进一步松弛，脑电速度很慢。免疫系统重新平衡身体，腺体分泌激素。在这个阶段，个体完全进入睡眠。这个阶段还是非快速眼动睡眠——眼动完全停止。

阶段3：新陈代谢水平极慢。睡眠依然很深，脑电活动下降至极慢的δ波形。这个阶段依然以非快速眼动睡眠为特点——没有眼动，没有肌肉活动。值得注意的是，人更难在这个阶段醒来。理想而言，这在睡眠周期中是最长的阶段，至少在我们刚开始睡觉的几个小时是这样。这个阶段在睡眠后期倾向于变短，当然也会存在个体及年龄差异。

阶段4（快速眼动睡眠，Rapid Eye Movement，REM）：在睡眠周期的最后阶段，个体的血压再次升高，心率加快，呼吸变快、变浅且不规律，脑电变快。这个阶段的睡眠，可以持续10～20分钟。个体的眼球快速来回转动，这是这一阶段称为快速眼动睡眠的原因。然而，尽管脑电又开始活动，但个体的肌肉就像麻痹瘫痪了一样：全身的肌肉紧张完全被抑制了。这个生理机制好像是为了适应生理功能——阻止睡觉者在梦中付诸行动。那些最生动的梦确实都发生在睡眠的这个阶段。人在快速眼动睡眠阶段的脑电与人在清醒时的脑电极其相似，这也是为什么我们在梦中会有栩栩如生的体验：我们在梦中的情绪反应与觉醒时的反应极其相似。梦境与肌肉活动之间的不关联使得梦境体验在完全安全的状态下展开。

90分钟4个阶段的睡眠周期在我们整晚睡眠时不断地反复，8个小时的睡眠大概相应会包括5个睡眠周期。每晚的第一个睡眠周期会有相对较短的快速眼动睡眠期和较长的深睡期，但晚些时候，快速眼动睡眠期加长，深睡期变短。在接近早晨时，我们倾向睡得更浅、更少或没有深睡期。因此，我们可能有来自夜间不同时刻的有意义的梦，尽管大多数人只是记得醒来前经历的梦。

尽管最有影响的梦通常都与快速眼动睡眠有关，但研究表明，梦可以发生在睡眠周期的所有阶段。依我个人的经验，我可以确认这一点，虽然我个人认为必须区别性质截然不同的两类梦："瞬间梦（flash dreams）"（讯息到来）和"屏保梦（screensavers）"（持续的梦境状态）。我将在下一章对此展开阐述。只有"瞬间梦"能够提供真正有影响的体验。据我所知，这种梦只会出现在快速眼动期。

二、梦的研究

"我们为什么会做梦？"

由于过去30年关于梦的研究，人们现在普遍接受这一观点：梦并非仅仅受到愿望、幻想或任何单纯的生理能量的促发。梦似乎是"思维和情绪保养"这一需要的结果。无论我们是否记得梦，梦都会参与到我们的内在平衡的工作中。

同样有充足的证据表明，梦境与我们的学习过程和记忆相关。有梦的睡眠只出现在能够把不平常的信息吸收进神经系统的物种里。快速眼动睡眠使得更复杂的学习成为可能，而无快速眼动睡眠的物种（如鱼），它们只有很有限的吸收新信息的能力。所有哺乳动物都会做梦。

人们想象并提出了很多试图解释做梦机制的理论模型。人类的梦的功能看起来极其复杂，所以一些理论和模型有时会相互矛盾。据我所知，大多学术研究都只有非常有限的治疗价值。作为一名心理咨询治疗师，我的主要兴趣在于实际操作方面，即如何将梦作为治疗和个人成长的工具。因此，我只在此简要介绍有关梦的研究的某些方面，以帮助我们澄清对梦的理解及开展对梦的工作。

梦是情绪净化的过程

在快速眼动睡眠期，脑部最活跃的部分是与加工情绪信息相关的部分。因此，显而易见的是，梦（包括噩梦）有情绪处理功能。情绪越强烈，我们越需要注意这个问题。

对哈特曼（Ernest Hartmann）而言，梦有着类似治疗的功能。无论你是否记得梦，梦都容许你在一个更安全的地方建立起"联结"。在快速眼动睡眠期，安全是由设定良好的肌肉抑制提供的，这能够阻止个体活动或将梦付诸行动。哈特曼说："梦不只要唤醒思维的网络，还要建立更为广泛的联结。梦是交叉联结，这些联结并非随意地发生，它们是由梦者的情绪引导的。一种主导的情绪贯穿这些梦。梦或最深刻的梦的画面隐喻性地解释了梦者的情绪状态，这整个过程可能是功能性的。梦的活动通过交叉联结传递出兴奋或降低'能量'。它有即时安抚或减少困扰的作用。梦更为长期的功效与记忆相关——并非巩固记忆，而是通过交叉产生新的联结。"[1]

---

[1] 哈特曼，E.（1973），《睡眠的功能》（*The function of sleep*），纽黑文市，耶鲁大学出版社.

梦把主导的情绪融入具体的梦境中。梦者的主导情绪是驱动和指引联结过程的主要动力，它使梦在某个特定的时间实现无数可能的联结，这就表现为梦中出现的画面。

梦的结构可以被理解为一个在运动中的隐喻。这个隐喻可以用来解释：诸如生命、爱、死亡、嫉妒等抽象概念，可以用植物、旅程、离别、绿色眼睛的怪物等意象来加以说明。梦隐喻性地描绘了梦者的整体状态，特别是他的情绪状态，或至少是他的部分的思维状态。"我被淹没在潮汐里"是梦者情绪状态的隐喻性表达，显示出他情绪的脆弱易伤。然而，并非每个梦的每一点都必须被从解释性的隐喻角度理解。我们将会在梦例中看到，对于一些梦而言，我们可以直接从字面意义来理解梦境要素，另外一些梦则完全没有具体的含义。

尽管梦好像与梦者的生活事件有着密切的联系，但是它们通常更多地反映了梦者对这些事件的感受，而非事件本身。而且，梦的真正意义可能与外在场景或人物没有丝毫关系，因为这些通常只是隐喻的要素。在大多数情况下，只从字面意义理解梦不会有任何真正的帮助。

梦是右脑的功能

神经科学已经确定我们大脑两半球有着截然不同的特点和功能模式。即使大脑两半球一起工作，它们通过胼胝体分享信息，它们也代表着完全不同的显示信息的途径与方法。理想而言，它们必须互相补充，以便我们可以创造性地发挥功能，即作为一个多维度的存在，在一个躯体里体验生活。

我们大脑的右半球全部与当下相关，与此时此地关联。大脑右半球以图像的方式思考，通过身体的肌肉运动直觉进行感知理解。以能量形式出现的信息通过我们所有的感官系统同时进入，然后迅速组成一个巨大的想象拼图，即当下这一时刻看起来像什么，闻起来是怎样的，尝起来是怎样的，感觉起来如何，听起来如何等。我们是能量体，通过大脑右半球的意识与我们周围的能量相连。我们通过大脑右半球的意识与彼此相互联结。

　　我们的大脑左半球很是不同，它以线性、系统性的方式思考。大脑左半球是关于过去及未来的。它是线性的，把事物分割成碎片，依据我们特定的时空知觉进行组合。我们的左脑把字母组成词语，把词语组成句子，把句子组成段落，而右脑只需一秒即可感受整个文字段落。我们的左脑可以捕捉细节，以及细节中的更多细节，然后对所有信息进行分类重组，它帮助我们联想我们在过去已经学习的事物的不同要素，评估它们对我们未来的影响。左脑以语言思考，这使得我们的头脑不停地用声音把我们的内在世界与外在世界联结起来。[1]

　　在我们睡着时，左脑功能关闭，与右脑活动相关的梦，可以开始完全自由地表达自己。不过，记梦却要求我们把右脑的体验转换成左脑线性的语言，这个转译过程并非总是容易的。在某种程度上，梦境内容不可避免地会被改变。我们都知道梦境的描述与梦中真实的体验有些微的差异，比如我们会用一些无法确切反映某些细节的词语，或者省略一些无法言传的内容。

　　记梦对左右脑之间的沟通品质有着一定的要求，一些研究者称之为"临界状态（boundary state）"。哈特曼认为这个临界状态非强即弱。在左右脑功能之间有着很强的内在界限的人，会把想法与感受截然分开；他们将时空有序地组织好，倾向于以非黑即白的方式思考；他们对自我有着清晰的界限感，这种界限感通常非常地坚实牢固，有着良好的防御，有时甚至有些僵化。左右脑功能之间界限很弱的人则正相反：他们容易把所有的感受与意义关联，允许想法和感受涌现；他们一般有着生动的幻想，他们的幻想并不总能区别于现实；他们不太注重防卫，倾向于以中庸的方式思考；他们的自我感欠牢固，倾向于过度卷入关系中。因此，临界状态的薄弱与"敞开面对梦体验"或者记梦有着很高的相关性。[2]

　　受过创伤的人可能制造出"强的界限"以保护自己。特尔（Terr，1991）观察到儿童倾向于**忘记**创伤性事件以及他们自身后来并发的与创伤关

---

[1] 见神经解剖学家吉尔·博尔特·泰勒（Jill Bolte Taylor）的文章《洞见一现》（*A Stroke of Insight*）。

[2] 麦克雷（McCrae），1994年；哈特曼，1995年。

联的症状，但对创伤性经历是否对记梦有影响却没有一致性的意见。一些研究者提出创伤性事件可能提高了梦的功能，包括情绪激烈程度及画面的生动程度。创伤之后的梦的确经常以高度现实的方式复制了痛苦的场景。

梦的意义

一些研究者依然执着地认为梦是"奇异"的，没有任何意义。面对从长期遗忘的记忆中出现的奇怪意象，人们不知其从何而来，如"我在水面上滑旱冰""我的妈妈从秋千上一闪而过""我的爸爸正在分娩""一个死了多年的朋友坐在餐桌前"……这些梦总是令人困惑不解。没有任何线索使我们可以去理解这些意象及可能与之关联的感受。但正如我们看到的，梦至少是**生物学**的。这是否意味着梦也会有**心理学**的意义？答案显然是：有时是，但并非总是，并非每个梦都能在心理层面提供同等程度的信息。我个人对瞬间梦和屏保梦的划分可以很好地澄清这个问题（我们将会回到这个问题上来）。

多数研究已经建立起对梦的相关要素（如背景、环境、人物、互动类型和主题）的具体含义的统一理解。期刊上有关梦的比较性研究表明，梦经常不像它们看起来那样"怪异"。研究表明，当运用一些简单而关键的技巧去理解梦的隐喻性语言时，梦里很多方面的内容是梦者清醒时的观念及所"关注"的方面的一种延续。梦反映了梦者的愿望、兴趣和恐惧，也表达了梦者的担心，显示了梦者所考虑的问题的有意义且可靠的答案。这支持了以下观点：至少有一些梦是连贯且有意义的。

这显然也是本书的目的：对此提供一个清晰而明确的示范。

梦的解释

最为流行的关于梦的两个观点是：

（1）梦确实是有意义的，通过分析或理解梦的象征语言便可揭露梦的意义。

（2）无论梦的意义与梦者自身的感受、冲突或愿望有什么样的关联，这些关联大都是无意识的。

根据弗洛伊德的理论，人们广泛认为释梦的主要焦点是个体的自我觉察意识。梦者通常被邀请对梦的象征物进行联想，梦者的联想选择为解梦者提供了可能有意义的线索。另外，若解梦者不知道梦的前后情况，是很难处理一个梦的。

不过，也有不少对弗洛伊德的诋毁，特别是针对"大多数梦都是性的象征性表达"这一假设。

人们的理解更接近荣格的观点：梦被广泛认为是梦者内心世界的一种表达；梦里的每一个部分都可以被看成梦者自身的一部分。

研究者一般已经认识到梦是人类的普遍经验，但是我们对梦的任何理解都经过了人们自身的语言、社会价值和文化象征符号的过滤。因此，释梦通常要求人们能够理解和破译文化代码。

尽管有不少由梦的研究者创作的理论著作，但这些著作的大多数都在提供具体的释梦技巧与方法方面持非常谨慎的态度。在释梦领域，实习咨询师经常只能依赖东拼西凑积攒的一点零碎的知识技能，而无法获得一个统一的标准化的方法，这也许是一件好事。对梦感兴趣的人只有一个选择，那就是借助自己对梦中象征物和梦的语言的直觉感受来解梦。

然而，在我看来，我们在这个领域有更多要做的事情，这当然也是本书的主要目的：从个人和灵性成长的角度提出一个可靠且开放的对梦境进行工作的方法。我会在下一章提供理解梦的信息的方法和一系列基本要素，也会指出对梦境表达的具体内容可以做哪些有针对性的心理工作（情绪能量、记忆、认知模式、未识别的资源）。

我在前面已经提过，对一个特定的梦，象征意义的重要程度总是一件非常个人化的事情。梦者自己的内心感受总是理解其自身梦的最值得信任的资源，梦者也是评论其他任何解释是否有效的最有发言权的一位。

梦中的智慧从哪里来？

尽管有研究表明梦境内容与人们的问题改进之间有着明显的联系，但一些研究者[1]声称，人们对梦的认知不可能具有问题解决所需的必要反思与意志成分。他们相信觉醒状态的认知一定影响了梦境内容，而拒绝承认人在睡眠状态下更容易触及一些更高的智慧，否认梦对觉醒时的认知可能有创造性的影响。这一观点在我看来，反映了他们对左右脑功能极其有限的理解，以及对人类意识更深层本性的有限理解。我们的意识无疑超越我们的身体、我们的头脑、我们有限的"人格"（我在前言中已经提及）。最近的一些实验表明，梦的孵化技术确实使得个体的个人问题及心境得到改善，且这些改善无法被归功于其觉醒时的认知。这些研究的结果支持了这一观点，即在梦的加工处理过程中有些东西导致了问题的改善。这一发现的确充分支持了超个人观点，这一观点看见、探索并整合人类的超越于"人格"的维度，即所谓的"本性"。[2]

总结：梦的真实特性是什么？

从**生理学**角度来看，梦是神经细胞的存储与记忆。梦是记忆的释放与重写，这是在睡眠状态下大脑为了重组身体必须进行的思维净化的一种形式。脑把存储的记忆移来移去，并将之区分出优先次序。不过，脑是以非线性的方式来进行这一切的，过去与现在被混淆在一起。在这个过程中，我们会得到净化过程的画面，这不一定有什么意义。

---

[1] 布拉格罗夫（Blagrove，1993，1996），多姆霍夫（Domhoff，2003）。

[2] 我把"本性"定义为超越于"人格"而难以定义的那部分。如果我们将"人格"定义为：基于我们基因、种族、群体和家族的遗传，我们个体的记忆、后天学习获得的模式和技能，我们生理、情绪和智力的特点，由这些组成的个人特点……我们生活经验中所有这些方面都是在持续变化的，都是非永久性的，都在此消彼长着……我们还有另外一部分超越于此，恒定不变，能够觉察并整合任何生活经验。我们的这一部分是超越身体、超越情绪与感受、超越思维的。

从**心理学**角度看，受到我们的恐惧、爱与激情甚至沉溺上瘾驱动的记忆会被优先移来变去。脑会优先把相关的记忆组成秩序，一种结合并反射我们内在现实的秩序。这是释梦可以被称为一个有个人成长价值的工具的缘由。

从这一观点来看，做梦的过程提供了在我们细胞记忆中重写过去的可能性，这会影响我们内在的基本机制，甚至我们的DNA！这是一个很有威力的特质，使得深层疗愈和转化过程成为可能。当事人可以获得新的洞见、新的见解，可以解除与过去关联的未解决问题的束缚。

我们从这一理解中可以看到我们的生理和心理方面完全与驱动我们生命的深层目标相协作，有人将这一深层目标称为"灵性维度"。我们的梦看起来的确可能（至少是部分）像是随机的过程，但它们肯定也表达了（至少是部分）我们的更高灵感，即那个内在指向成长、平衡与疗愈的动力。

基本而言，敞开面对梦的工作就意味着我们可以选择敞开面对我们深层的自我，即敞开面对包括无尽的智慧资源的那一部分自我，引领我们生活并滋养我们存在的那一部分自我。

三、一些重要的"梦的事实"

1. 每个人每晚都会做梦，甚至盲人和婴儿（他们的睡眠大多是在快速眼动睡眠期）也会。不记得任何梦并不意味着你不做梦。

2. 梦是不可缺少的，没有梦可能预示着或导致人格障碍。

3. 无论我们是否记得梦，梦都参与了我们的内在过程，平衡我们的能量，扩展我们的意识，激发我们的生活。

4. 梦的体验包括潜意识的学习过程，对觉醒时的意识和感受有着持久的影响。

5. 梦可以被作为诊断和解决生理或情绪问题的工具。

6. 存在不同类型的梦或类似梦的体验，这两者间需要区分（见下章）。

7. 不是所有的梦或类似梦的体验都是"有意义"的。

8. 我们倾向于认为所有被记住的梦都潜在地携带了讯息，所以请把它们记下来并进行探索。

9. 醒来时记住的梦，经常是不到5分钟就忘记了一半的内容。如果没有用什么特别的回忆方法，10分钟后可能就忘了90%，甚至100%。

10. 正好在快速眼动睡眠期后醒来的梦者比那些一觉睡到天亮的人，更能够生动准确地回忆他们的梦。

11. 梦作为我们右脑功能的表达方式，以多维度的语言即感受、意象和多水平的联想表达自身，而非线性词语和概念（这些是左脑的属性）。

12. 梦中（特别是在"瞬间梦"中）的时间知觉与我们在觉醒状态下的时间知觉是不相符合的。瞬间梦通常只用到觉醒状态下几秒种的时间。

13. 乍一看梦中怪异的情境时，我们觉醒的左脑经常会觉得我们的梦毫无意义。不过，当我们应用一些解读的关键要素，把右脑语言转译成左脑语言时，经常就会发现非常准确的意义，可以探索到相应的讯息。

14. 每个梦者都是独特的，每个梦都依赖于梦者当时生活的状态。诸如年龄、宗教、教养、语言、性别、文化、政治、社会、季节气候，特别是个人的兴趣和观念在梦境内容中有着重要的作用。

15. 不过，人类分享了很多集体记忆，以及共同的经历与渴望，这使得我们可以识别很多梦中隐喻性语言的共同模式。

16. 孕妇经常有更为强烈和生动的梦。

17. 从生理学方面看，研究者发现，在快速眼动睡眠期，男性一般会有生理勃起，女性的阴道血液流动会增加，这一生理反应不与任何性梦内容有关。

18. 对大多数儿童而言，惧怕黑夜是常见的。一般会从3岁开始直到10岁。这种恐惧通常会发生在深睡期。儿童没有完全觉醒，无法清楚记得任何事情。虽然这些恐惧的潜在原因还不清楚，不过这可能与情绪和智力还未得到充分发展的儿童的脆弱易伤性有关。另外一个因素可能是他们较强的敏感性，以及他们对潜意识记忆和感受的开放性：他们感知到围绕在人类周围的焦虑，这是人类很久以来的体验的一部分。他们捕捉到这种体验，未经内在安全机制过滤，这一机制也并未得到充分发展，他们便经历到这种体验，因而遭遇对黑夜的恐惧。

第二章
梦的类型

一、性质的差别

当我们考虑梦的体验的性质时，基本上有两种不同类型的梦：一为瞬间梦（有时也叫"真正"的梦，因为这些梦会留下清晰、强烈的印象）；二为屏保梦或似梦"状态"。这两类梦有着截然不同的特点。

瞬间梦

多数人称之为"梦"的体验通常是指给梦者留下或多或少清晰印象的睡眠经历，这种体验是可能记住并用言语表达出来的。即使这些梦看起来奇怪神秘，但都有个清楚的故事，有开始和结束的时间发展线索，可能还会伴随着强烈的情绪感受。研究（以及我个人的体验）表明，这些梦就像一个画面突然闪现进入我们的意识，只要一眨眼的工夫，就像我们的电脑下载信息或文档一样。只有在下载之后，我们才可以打开并"阅读"信息。这时我们又回到意识可以体验的时间线索中。这也许需要几秒钟真正的时间（觉醒状态下的时间），但是无论如何都比我们在梦里知觉到的时间短很多[1]。这些梦通常对我们而言是有意义的，至少有着潜在的意义。它们是我们内在现实

---

[1] 人们已经证明，梦里的时间知觉并不与我们在觉醒状态下的时间知觉相对应。我们也可以观察到这一点。

17

（这包括我们对外在环境、生活境遇和关系的知觉）的一种表达，经常携带着有意义的"讯息"。它们源起于我们潜意识或深层自我的某个地方。我将它们称为**"瞬间梦"**或**"讯息梦境"**，以便与下面描述的另一种梦相区别。瞬间梦的主要特点是：

☆ 它们是"多事的"——有故事，有时间线索。

☆ 能够识别并记住梦中的要素，至少是能够记住部分（背景、氛围、人物、行动、感受和想法、物件和其他细节，具体的结尾）。

☆ 无论我们"个人"是否卷入梦中，都给我们留下了强烈的印象。

☆ 我们很可能在这些梦之后醒来，因为它们好像会唤醒我们的意识。

☆ 梦实际上只用了我们"真正"时间的几秒钟，它们进入我们的头脑就像箭击中了靶子，甚至用不了一秒钟。然后它们打开讯息，故事发生的时间线索同样与我们在觉醒状态下习惯的时间知觉不一样。

这些瞬间梦在我们的快速眼动睡眠期进入，它们相对于另一类型的梦来说少得多，而屏保梦好像在我们睡眠周期的所有阶段都会有。

这些瞬间梦显然是我们应该注意的梦。本书中除了后面两节中的少数梦例外，所提供的其他梦例都属于这一类。

屏保梦

另一方面，我们还有一系列梦境体验（可能绝大多数都是这一类梦），主要都是平淡无奇的。这类梦没有清晰的故事情节，或者即使有故事也好像是翻来覆去的，没有什么结局……这些更像是"梦境状态"。当我们从清醒状态转入睡眠状态时，我们通常就进入了这样的梦境状态。它们看起来是"无焦点的思维模式"，犹如意象和思绪飘散的一种氛围。这种梦境状态可以和电脑的**"屏保"**做类比：它们是一连串的思维意象、形状或氛围，有时是记忆，都没有特定的讯息或意义。它们是思维活动降低后的表达，因为我们的深层存在好像要提取其他的意识体。与瞬间梦不同的是，这类屏保梦可能会在我们的睡眠意识中保持好一段时间。

与"瞬间梦"不同的特点还有，这一类梦或"梦境状态"可以发生在包括快速眼动期以及非快速眼动期的我们睡眠周期的任一阶段。从我个人的观察来看，屏保梦好像一直都有，除非有个瞬间梦进入。这就好像瞬间梦的水滴落入屏保梦的池塘，在消逝于我们潜意识的海洋前，激起点声响，在表层荡起点水纹。

这些屏保梦可能同样具有生理功能。它们有时执行某些类型的思维净化功能，在睡眠状态下重组大脑。意象和记忆被移动重组，排出优先次序。这个过程有点类似电脑硬盘的"磁盘碎片整理程序"：为了使我们的内在平衡和功能最优化，把记忆的片段在一个更好的地方进行重写。在这个过程中，这些梦有时可能是我们"线性"的思维完全无法理解的。

屏保梦更难以识别和记忆。如果我们确实有意识地感知这些梦，常常也是难以用言辞表达出来的。它们好像没有清晰可辨的故事（尽管不都是如此），如果确实有可识别的故事线索，看起来也像是随机安排的画面，几乎没有任何意义。这类梦也一般没有与之关联的清晰的情绪内容。在我们醒来后，屏保梦也倾向于更快从我们的意识中消失。

我把那些更像是"**强迫性状态**"的梦也纳入这个复杂的梦的类别中，即梦境状态持续演绎那些在睡前或前一天给予我们影响的主题、画面或感受，在我们睡眠或试图睡觉时，思维或情绪氛围依然固着于此。它们也许持续相当长的时间，阻碍我们进入更深层的睡眠状态。这种强迫性的状态在我们感觉身体不舒服、生病或发烧等时候表现得更为强烈。在这种情况下，可能会出现噩梦，这就属于第一类型的梦了。

当梦者外在环境的信号诱发了梦一般的体验时，我们可能拥有不同水平的知觉被混淆后表达出来的梦。比如：

> 我（一位已婚妇女）听到远处好像有电话铃声。我的头脑试图辨认出声音从哪里来，是谁的电话。是从我的房间还是从邻居的房间传出来的？……我好像不能或不想去接那个电话，所以我就想一直等待铃声停下来，但铃声就是不停。电话一直在响，我开始被它干扰……当我的思

维与那个烦躁的声音斗争的时候，我逐渐意识到我在睡觉，躺在我的床上……我依然能听到那个电话铃声，然后我突然明白那个声音是我丈夫的呼吸声。我睁开眼睛，看到他安静地睡在我的身边……（梦2101）

这个梦显然没有什么讯息。它只是表明了思维的混淆，思维在试图辨别感知。这一类型的梦更可能发生在接近觉醒的睡眠阶段（快速眼动睡眠），这难以被称为一个"真正"的梦。

不要把这些梦的状态与我们感兴趣的梦——瞬间梦——相混淆。虽然这些梦之间可能存在冲突，但这个划分并不总是100％清楚的。屏保梦也可能呈现出可识别的梦的要素和情境。另外，当我们在睡眠中完成对瞬间梦的阅读，但依然保持在它们的能量中没有醒来时，瞬间梦可以转化成屏保梦。

无论你是否认识到瞬间梦与屏保梦之间的清晰差别，这都不重要。唯一重要的事情是你确定发展出识别并记住任何好像携带可识别梦境的故事的能力。因为总是存在一个假设，即可能其中蕴含着潜在的有意义的讯息（即使有时并不是这种情况）。我们要避免一种倾向，即认为有些梦看起来没有任何意义就忽视这些梦，因为我们经常无法立刻抓住梦的意义。

二、不要把似梦体验与梦混淆

睡眠中的某些体验也许看起来有似梦的性质，但是必须要以完全不同的眼光来看待。它们更像是在另一个现实水平上发生的"真实体验"，因此我们无法运用象征性的解释。我个人有数次在听到某个非常清晰的声音告诉我某事的时候立刻醒来，就是一个声音、一句简短而带着明确讯息的话。这个讯息总是很有意义，表达某种指引。最为显著的一次发生在大约15年前，那时我在寻求新的生活方向，处在一种不适而感觉无用的状态中。我醒来时，耳边还在回响："你的整个生活就是一种胜利，而你甚至还没有意识到！"这让我感到特别地震惊。胜利？我的"整个"生活？在那个时候，我的确还没有那样的感觉。

这些讯息来自何处是一个开放性的问题。不过，这种体验肯定不能被归为梦。这是与某些其他水平的意识——无论是自身的还是他人的——进行交流的真实体验。

另一个事例是怀孕的准妈妈带着与她怀里的"婴儿"进行讨论的感受醒来。在这种情况下，准妈妈很可能感觉"婴儿"像个成人（尽管外貌可能是模糊的，发生的情境和地点也可能并不清楚）。我认为这类体验也应该被算作一种可能的"真实体验"，而非象征性的梦。这种情况的一个重要线索是记忆里没有很多意象画面，沟通的氛围显然比具体的人、物或行动更占主导地位。这种体验通常不会触发恐惧、悲伤或愤怒等情绪，这种体验更可能是振奋和鼓舞人心的。

同样的"体验"可能发生在与梦者亲近的已故的人身上。对这种体验的开放性思维——而不是将之简化为常规的"梦"去探索其中的象征意义——会提供更丰富的视角。不过小心谨慎总是必要的：已故的至亲至爱也可能作为投射在我们的梦中出现。体验中是只存在故去的人以及与之亲密交流的感受，还是也存在那些至爱在一个场景中出现，犹如一个人物角色？与故去之人的真实"接触"通常不包括动作行为，甚至也没有一个清晰的拥有物件的场景或环境。焦点只在交流、团聚。梦中经常会包括一个电话，这强调了与"外在"存有的"交流"。让我们来看一个事例：

> 对那个地方，我没有清晰的记忆，我不记得发生过任何特别的事情。但我很清楚与我的爱妻在一起（她几个月前已去世）。她比我看到的任何时候都更精神、容光焕发。这好像不是一个寻常的梦。我们在那里，紧紧地拥抱在一起，共享爱的时光。那是天佑的一刻，直到现在，我的心都还可以感觉到。那种特别的心灵感应是那么的清晰可辨。我并不感觉到奇怪，一切极为自然。在这之后，我醒了，是凌晨三点。我极为感激，心情平静。然后我又睡着了。（梦2201）

另一个事例：

在我奶奶去世后，我感觉极为糟糕，因为我再也不能像她在医院时那样去探望她了。我以为她会再次回到家，却没有想到她突然就离我而去了。当我听到她去世的噩耗时，我的第一个念头是我没有和她说再见。我为自己没有跟她说我有多爱她而内疚、愤怒、自责，直到某个晚上我做了这样一个梦。

我梦见我被家中楼上走廊里的电话声吵醒，我起床去接电话。当我接起电话时，我所站立的黑暗的走廊变得亮堂起来。我说："你好。"我奶奶的声音传过来："你好，萨利，我是奶奶。"我说："您好吗？"我们大概谈了10分钟，直到我们准备好挂上电话（我无法回忆起我们都谈了些什么）。最后，我奶奶说她必须得走了。我说："好，奶奶，照顾好您自己，我爱您。"她说："我也爱你，再见。"我也说："再见。"当我挂上电话，明亮的走廊又变暗了。我回到床上，又睡着了。当我第二天醒来后（这里不再是梦，而是真实的），从那以后，我对奶奶的死开始有了平和的心态。（梦2202）

另一类不应与梦混淆的体验是离体体验（out-of-body experience）。这可能是个有争议的话题，但它依然是个开放性的问题，也带有一个令人着迷的视角。很多人声称他们在某些场合下体验到有意识地发现他们离开自己的身体并看着自己的身体。这在惨烈的意外事故或手术室里时常发生。当事人可能感觉自己飘浮在空中，在感觉快乐舒服、毫无疼痛的同时，俯视自己肉身正在发生的一切。如果对此的记忆可以保持，当事人在事后给出的描述似乎与真实发生的完全匹配。有些人甚至报告了医生或护士之间的具体对话……还有人声称能够随着自己的意愿离开身体，可以到处旅行，在他们所谓的"星"体（"astral" bodies）或精细之身（subtle bodies）中探索各种各样的体验。如果这可以被接纳为一种证据确凿的观点，我们便可以假定每个人都能够在睡眠中离开身体，尽管只有少数人可以带回这种体验的清晰记忆。因此，当离体体验的某些记忆得以保留时，离体体验很容易被与梦混淆。在脑中谨记我们的现实是复杂多维的肯定是有帮助的，我们应该用一种非常开放的思维走进似梦体验，而不排斥现实的任何方面。在这一观点看来，有些飞翔的梦实际上可能被理解为离体体验的记忆。一位对此类体验很熟悉的男士报告说：

> 一天夜里，我在离体状态下醒来，我飘在自己身体的上空，我可以清楚地看见我的身体正躺在下面的床上。一支蜡烛在屋的另一头一直燃烧着。我轻巧地朝蜡烛飘过去想要吹灭火焰以保存蜡油。我把"脸"凑近蜡烛，发现有些难以吹灭火焰。我不得不吹了好几次才终于把它完全吹灭。我转过身，发现我的身体还是躺在床上，又轻巧地飘回到里面。我刚一进入身体就立刻转身，又睡着了。第二天早上我醒来时，发现蜡烛完全烧没了，就好像我离体费的力气只是影响到了非物质的蜡烛。[1]
>（梦2203）

这个事例很有趣，因为它显示出当事人是怎样清楚地识别离体体验和梦之间的区别，同时让我们可以理解"微妙实相"是如何保持部分主观性的——受到个人自身意志的创造性力量的塑造（或扭曲）。即使当事人信服自身的离体体验，也经常会遗留下关于思维混乱和物质性确定的事实的矛盾结合体。完全透明的离体体验是罕见的。这意味着当事人达到了概念澄澈的阶段，充分意识到他的体验是完全精神性的，并将之清晰地与物质世界的体验相区分。

斯蒂芬（Stephen Laberge）报告说：

> 在我个人记录的大约800个清明梦中，有1%的梦，我可以感觉到某种"离体体验"。在每一次的情境中，当我检核醒来后的体验时，我记

---

[1] 哈拉里（Harary）在《离体体验的个人视角》（*A personal perspective of out-of-body experiences*）中的报告，第248页。

录到体验中在记忆或批判性思维上的不足。在一次情境中，我试图记住一张美元钞票的序列号，以便之后确认我是否真的离开了我的身体。当我醒来后，我无法回想起那串号码，不过这不要紧，因为我记得我有数年没有在那个我认为我睡觉的地方住过了。另外一次，我飘浮在靠近我家客厅的天花板上，在看橱柜顶上的一些照片。我知道我以前没有见过它们，因为我总是习惯限制在地板上而不是在天花板上行走！但当我想要确认这一不寻常的信息时，希望瞬间灰飞烟灭，在我快醒来时，我想起我有20多年没有在那个房子里住过了！[1]（梦2204）

即使离体体验看起来复杂而难以把握，但它们还是清楚地指向了人类体验中与做梦不同性质的一个领域，因此我们必须对此保持一种开放而警觉的态度。

白日梦与愿景。有些人可能在完全清醒的状态下有过似梦体验。这通常需要思维处在平和安宁的状态中。这可能发生在放松冥想的时候，有时甚至可能发生在开车时。突然之间，一个瞬间梦出现，并自行展开故事，有时还会伴随一个评论的声音……白日梦与愿景的区别可能在于，前者倾向于与梦者的内心现实相联系，后者则可能被直觉地理解为与外在现实相关的讯息，是对要到来的事物的某种精神性的感知。

艾琳·凯蒂（Eileen Caddy）[2]在她的自传《飞入自由并超越》（*Flight into Freedom and Beyond*）一书中报告了很多愿景，其中之一是：

一对男女显现在我面前。那个男人身上有"光亮、智慧"两个词语，那个女人身上有"关爱、直觉"两个词语。我看出这两者之间有很大的矛盾甚至是憎恨与敌意。那个女人顺服地躺在地上，那个男人践踏着她的全身。我听到一个声音说："哦，起来，女人。你不用屈从

---

[1] 引自斯蒂芬（1985），《清明梦》（*Lucid Dreaming*），纽约，百兰坦出版社.

[2] 苏格兰芬多恩基金会的创立者，著有包括《开启心灵之门》（*Opening Doors within*）等畅销书。

于男人，你不是他的爱人吗？你在这儿不是为了互相补足从而完整合一吗？"那个男人一定也听到了这个声音，因为我看到他在女人身边跪下来，轻柔地扶她起身。他脱去她肮脏的衣物，帮她穿上一件纯白的衣裙。然后我看到一双大手把那个男人和女人拿起，铸造在一起，好像他们是陶土做的。那双手把陶土放置在陶工悬盘上，制造出一个形状极为漂亮的花瓶。我看着花瓶被放入火中净化煅烧。当再次被拿出来时，它就像太阳一样灿烂夺目。我知道只有上帝的手可以创造出如此美丽的事物，我看到从那个花瓶中生长出各种颜色与形状的花朵。我意识到当男女之间再也没有分隔的时候，这一切就会发生，光亮与关爱，智慧与直觉。[1]（梦2205）

愿景好像直接来自我们更高的天性，那是我们每个人与之相连的深层智慧。愿景和白日梦实际上与瞬间梦的区别不大。它们也可能使用需要根据一定的指导原则进行解码的象征元素，这是我们将在后面的章节中探讨的。

最后，我们还应记住，不同类型的梦可以结合或同时发生。我有一次非常清晰的体验：

我好像觉察到我正在睡着的身体的知觉、我的姿势、我身体的舒服程度。我在梦结束时醒来。同时，我听到自己在对某个人说话，在一个完全不同层面的体验中，我无法看见或记住与之相关的情境，但我很清楚地说："这个女人已经有了足够多的了，我们现在可以离开她了。我要回去了。"那个感觉好像涉及我的某种治疗，而这与我之前正在做的梦毫无关系。（梦2206）

这个体验也明确证实了我们是多维度的存在，在不同意识水平上活动，

---

[1] 引自艾琳·凯蒂，《飞入自由并超越》（*Flight into Freedom and Beyond*），2002，第167页。

偶尔（至少）于同一时间不同地方活动。我们的睡眠状态可能是很多不同性质的体验的所在之处，它们也就不应都被归为"梦"这一类。

梦的图表

觉醒		睡眠		快速眼动睡眠
		屏保梦		
		离体体验		
		清明梦		
		沟通交流体验		
愿景				**瞬间梦**
				身体特性
				情绪特性
				思维
				灵性
				反复发生
				噩梦
				警告性
				疗愈性
				转世再生类

三、内容的差别

让我们回到所谓的"真正"的梦（即我们的瞬间梦）中来，那些好像是向我们传递讯息的梦，我们想搞清楚并从中受益的梦。那些梦在内容方面与白日梦和愿景有着显著的差别。

（1）有些梦是我们的**生理特性**、身体需要、欲望、幻想或身体感知的表达。一个有趣且并不罕见的例子是关于牙齿问题的梦，这经常是反复出现的梦。当梦者梦见自己感觉被牙齿里不想要的物质所困扰时，或者他试图取出金属丝，或者他无法取出粘在嘴里的口香糖，或者牙齿从嘴里脱落时……根据我的经验以及在我长期对其中可能的意义进行探寻之后，这些梦相当清晰地显现出，它们是身体在受到牙齿金属填充物的干扰后的一种感知觉的表达[1]。

另一类表达我们生理特性的梦是性梦。食物同样可能触发特定类型的内在状态：如果在一顿饱餐之后即刻入睡，我们可能会发现消化会干扰梦境意象，这种心境也会浮现在我们的梦中。疾病当然也会干扰梦境意象。有些梦是身体症状的清晰表达，有些梦可能呈现出症状的根源以及应如何进行疗愈。这种情况属于另一类，它们来源于某些更高的内在智慧。

（2）很多梦是我们**情绪情感性质**的表达，与我们潜意识的记忆、感受、未解决的痛苦和内在冲突关联。比如下面这个梦：

> 我梦见我父亲一直在批评我。在他眼里，我从来就没有好过。他用非言语的方式表达这个看法，就是从来不给予我任何认可、任何欣赏。我对此感受非常强烈。开始我什么也没说，但后来我突然反抗：我站到他面前，我的脸几乎贴着他的脸，我当着他的面大喊大叫，把对他的想法说出来。纯粹的愤怒从我心里涌出来。我们都表达了对彼此真正的憎恨，场面激烈得令人惊讶。我的母亲坐在我身边不知所措。我就是在这种强烈的情绪感受和震惊中醒来。我从未想到过我会有如此激烈的感受！（梦2301）

注释： 梦者（一个成年男人）在"真实生活"中与其父亲有着相当良好的关系，至少表面上如此。不过，这个梦暴露出某种未解决的内心冲突。缺乏认可与肯定依然会导致愤怒。两个次人格之间会有张力存在。他的"内在小孩"需要被认可，父亲这一"内在模型"被批判。应当注意的是，父亲形象代表的比实际的父亲要多得多，它象征性地代表权威、已建立的秩序、规

---

[1] 牙科运用的各种金属对身体能量流动有着严重的影响，这些能量对于牙齿至关重要，因为我们知道针灸疗法的脉络大多在牙齿有结点（或始点）。此外，在口中使用的各种金属会有化学或电学反应，部分也是由于唾液成分中一些元素的存在。所有这些都显示牙科中使用的这些物质可能对人体健康和能量平衡有着更深远的影响，比我们通常认识的影响要大得多。对此欲了解更多，参见克里斯特兰·拜尔Christlan Beyer博士的《解秘牙齿》（Décodage Dentaire），以及J.M.丹译（J.M.DANZE）的《莫拉系统》（Le Système Mora）。

定……这个梦确实是未识别的情绪能量的一个出口。我们将在第四章探讨次人格及如何对情绪能量进行处理。

> 我在我"小时候住的房子"里。我好像是在和一个女人做某种游戏。我感到害怕。我非常小。她试图逮住我，我躺在我父母卧室前面的地板上，那儿有个通道通向另一个房间。我希望能够阻止她，让她跌倒，但是没有用。她过来了。我的腿太短了，她跳过来，想吃掉我。我非常害怕，她想吃我的脸……（梦2302）

注释： 房子是梦者（一个成年男人）小时候住过的地方，这表明这个梦与儿时记忆有关。他当时很可能有两三岁，有个女人带他玩过。她身体和情感的强势及侵入性让他感到恐惧，他感觉就像被强奸了……这个未解决的事件出现了。在这个过程中，情绪能量得到转化与释放。

（3）有些梦会是我们**思维性质**的表达：担忧、疑问、强迫性的想法、认知模式、与过往经验有关的意象或者预期的经验……

> 我在河岸上走，感觉离家很近。我发现一堆衣物：鞋子、帽子、外套和裤子……这些肯定是属于某个人的，但我知道它们在这里已经好几天了。我决定走近仔细看看，肯定是哪个人丢了这些东西。我看了看那堆衣物的口袋。我找到了一些钱，其实不少，大概3000元人民币。我决定拿上这些钱，我把它们放在自己的兜里。过了些时候，我看到有些人往这边走，他们好像在找什么东西。他们走近了，我告诉他们这儿有堆衣服。他们说那正是他们要找的东西。我从那堆衣物的上衣口袋里找到一个钱包，里面有张身份证。我看着上面的名字。我问这些人的姓名以查明他们是否诚实，他们确实报出了正确的姓名。这些衣物显然是属于他们的。我感到非常尴尬：我已经把那些钱放在了自己兜里！我在那种尴尬的感受中醒来。

梦者的**注释**：做这个梦的前一天我收到来自客户的一个本应装有1500元人民币的信封，这是客户为我所提供的服务付来的费用。在客户走后，我打开信封，发现里面是2000元，我感到不安。我应该把多的钱作为礼物收取，还是应该还回去，或者算作今后工作费用的一部分？这个梦好像表达了这个经历的思维和情绪能量。

（4）有一些梦是我们**"更高"本性**的表达，那是我们与内在智慧相连的部分，为我们生活走向最为适当的方向提供指引与启示。这些可能是疗愈性的梦、给予灵感的梦、指导性的梦、预言性的梦、宏伟壮丽的梦……

> 我在飞翔，在一座塔的顶空盘旋。这座塔好像是用一些塑料管子拼装在一起的，是用零零碎碎的东西建成的。这是一座极不真实的塔。我看到一个男人在那里收集物件，显然他认为这些是非常有价值的。我想："这座塔很快会坍塌的！"……我飞向别的地方。我很快飞到了另一个地方，那里的人对我很熟悉。他们想要学会飞翔。我向他们示范该怎样飞。（梦2303）

注释：飞翔包括从一个更高的水平俯视事物的意思，是在考虑我们未识别的内心现实的某些方面。梦者在此看见一个有坍塌危险的不可能的建筑。他的一部分好像是在紧紧抓住那些东西（塔里的男人），而他认同那个更为自由的视角。第二天，他的手机被偷了，这犹如对这个梦的一个确认。这引发了一种类似坍塌的崩溃感受：有价值的东西突然消失了。他意识到所谓的"有价值"的东西是多么不稳定，这提醒他能够飞翔、保持距离、继续前行是多么重要。这确实是他真正的技能，他应该确认的是他的整个人格都将完全整合一致（教授其他的内在部分）。这个梦可能还有更宽泛的意义：表示所有财产最终都会消失。梦者知道这一点且毫不介意，梦者的自我已经坚定地建立在他更高的技能上……

另一个梦例：

> 我看到一本名为《平凡的世界》的书。我立刻认出这是我读过的小说。我想起来其中的故事，那两个相爱的年轻人是怎样一路奋斗，并和生活中艰苦的条件作斗争的。我打开书，却感到非常惊讶：里面只有白纸！……醒来时我对生活感觉到更多信心，感觉好像每件事情都依然是可能的。（梦2304）

注释：梦者（一个二十出头的女孩）在抑郁的状态下进入睡眠。这本小说（《平凡的世界》）描述了两个年轻人的生命故事。他们出身贫穷，却有勇气克服所有困难去追求他们的爱。梦中的白纸表明一切事情仍未到来——生活才刚刚开始，在等她写下她自己创造性的篇章。她能够创造她想要的生活。无须再自我对抗了，凡事皆有可能！……梦者本能地识别出这个讯息，深深地感觉到安慰。她醒来后受到激励，充满信心。

另一个梦例：

> 不计其数的火车，人山人海的乘客，在一个巨大的火车站等待出发。我感到这里组织得极为混乱：太多火车，太多目的地，火车无法离开……夜幕降临，在夜里，更高层的组织负责人在无人注意、非常安静的情况下改变了火车的位置。早晨，所有火车都被正确地放置，所以火车可以出发且毫无问题地抵达目的地。（梦2305）

注释：梦者从混乱的感知开始，太多选择，太多活动，无法掌控的感觉，继而体验到认识上的一个巨大转变——在混乱之地，他可以看到完美与合理。他的生活将去它要去的地方，一切都完美无瑕。梦明确指向了夜间（在意识的光芒之后）"某些更高的力量"。这表明梦者认识到他"更高维度（higher dimension）"的创造性力量。当他"较低的人格（lower personality）"在应对方面遇到困难时，他的"更高权威（higher authority）"知道所有答案，并引导整个过程。他从生活中一个困惑的阶段进入充满信心的阶段。事情都将好转，奇迹在此发生。

（5）有些梦可能是对未来所要发生之事的**警示**，提示我们采取行动以避免潜在的灾祸。一个常见的例子是某人在从一个关于飞机坠落的梦中醒来之后，他的内在有个声音清晰地提示他要取消航班。于是他取消了航班，而事实是那架航班的确坠毁了……我们将在第四章探讨我们的梦起源于我们的一部分超越时间的潜意识，梦中对"现在"的知觉包括过去和未来，这就是梦为何会时常给我们提供即将发生之事的预演，表达潜在的可能性。

（6）**反复出现的梦**：有些梦可能一再重复，故事或主题却甚少变化，它们好像在拼命地试图告诉我们一些什么。这种重复模式通常显示出一些梦者正在寻求关注的未解决的内在冲突。一旦梦者发现重复的梦在告诉他什么，梦就会消失。这意味着要敞开面对相关的恐惧模式，也就是转化情绪能量。我们将在第四章回到这一点上进行探讨。

> 我一直都有一个特定的梦，那就是我认为有人在我的卧室。通常，我在浑身"冻结"的状态下醒来，还感到有些恐惧。几分钟后我意识到这只是个梦，我就又直接进入了睡眠。（梦2306）

这一类梦揭示出梦者仍未解决和识别的恐惧模式，这可能与童年记忆有关。卧室指向梦者的隐私感，这是他感觉最自在的地方，也是他应该感觉最安全的地方。他小时候可能有受过惊吓的经历，而他不能够理解那个经历；也有可能他有一个不安全的家庭环境，甚至可能曾经被性侵害或身体虐待过。但也可能这些恐惧与另一种性质的受惊吓的记忆有关，类似面对一个怪物，感觉弱小无助。无论是哪种情况，梦者都有机会去认可这个恐惧，并对之敞开。我们将在后面的章节看到，情绪只是能量，我们可以对之进行转化以重新平衡我们的情绪体验。

（7）**噩梦**与反复出现的梦相似，是已经从深层潜意识浮现到表面的焦虑的一种表达。对这种情绪能量，我们只需要做到认可和正视就好。噩梦在疗愈和平衡梦者的情绪能量方面发挥着重要的作用。情绪能量需要得到适当的认可、接纳及加工处理。梦者需要识别出身体里的感受，而非陷入噩梦的画面中。同样请看第四章的进一步阐述。

（8）**转世再生类梦**：无论是事实性的还是隐喻性的，有些梦可能指向过往历史、不同时代、不同文化的情境。如果你对再生的可能性持开放态度（这已经通过很多学术研究被探索过），那么把这些梦当作关于前世的记忆是一个很有价值的选择。我将在第四章回到这个论题。

这是来自一个成年男人的梦：

> 我在整理房间，准备搬出去。我感觉这里好像是我儿时住过的地方，但看起来又不太像。楼又旧又破，有好几层。我父亲在帮我，他坐在地板上，拆卸各种老的电子器械。每个东西都必须清干净。我走上楼。这里看起来好像是个阁楼，里面还堆放了一些旧东西。我发现一个摆满了书的书架，我从来没有看过那些书，不过它们好像只是整体的一部分。我在桌上发现了一套古式的书写工具，还有一张很大的吸墨水纸。纸上覆盖着一张防灰尘的塑料套。我翻开纸，看到背面上写着一系列姓名和日期。我知道这是指这个物件不同的主人。我看到1917、1875和更早的日期。这个物件显然有着悠久的历史。还有些照片——宗教图片，我理解其中的一位主人在几个世纪前是个修女……（梦2307）

梦者用解码的语言（我们将在后面看到如何这样做）重写这个梦为：我与儿时的记忆、我的过去相联结，这是一个深层转化的时机。我准备梳理我的内心空间，离开相当混乱的内在状态。我感觉准备好放下过去。我的内在父亲在帮我分解事物，识别碎片，收拾整理。我向上探索我深层的潜意识记忆，这些记忆好像是一个积聚了很多经验的庞大的图书馆。那里有很多连我自己都不知道我有过的知识（书），我自己都还没有看过。我发现我的记忆（吸墨水纸）保存完好（塑料套），容纳了数个前世的有关信息。我看到一系列日期，我明白它们是指漫长的一连串轮替的现世经历。在这些生命轮回中，我曾经是一个修女。我可以识别那次宗教经历（图片）的能量……

（9）**疗愈性的梦**：有些梦有着直接的疗愈效果。它们可能无须象征性地解读，因为它们只是在进行着某些内在的疗愈过程。它们可能只是反映了某个突然的洞见或态度上的改变。比如：

> 自从我感觉精疲力尽有一段时间以及随之而来的重感冒之后，我就暗示自己做一个疗愈性的梦，这对我来说是不平常的。我梦见我腿部的毛孔张开，丑陋的水蛭慢慢露出来。我醒来时感觉好多了。我从来没有发现这梦到底代表了什么，但它的确发挥了作用。（梦2308）

> 数年以前，我是一个吸烟很凶的人，一天吸到两包烟。后来，有天晚上我做了一个异常生动真实的梦，梦中我得了手术不能治愈的肺癌。我记得那感觉就像发生在昨天一样，我看着胸部X光片上不祥的阴影，意识到我的整个右肺全部发生了病变。我体验到整个生命即将结束的难以置信的苦痛，我将再也不能看到我的孩子们长大成人。如果我在第一次知道抽烟具有致癌性时就戒烟，这一切绝对不可能发生。我绝对忘不了在醒来时感觉到的惊讶、幸福和强烈的安慰感，我感觉就像是得到了新生。不言而喻，这次体验足以让我立即戒掉抽烟的习惯。（梦2309）

（10）有些人发展了在他们的梦中"醒来"的能力。他们知道自己在梦什么，这使得他们可以控制或影响梦的结果，这就是所谓的"**清明梦**（lucid dreaming）"[1]。这种透明状态下增强的清晰度和可指导的性质，以及对梦良好的记忆，经常使梦者带着新的创新性的洞见醒来。通过清明梦，问题可能得到解决，威胁已经得到正视，新的内在力量已经被引发出来。比如：

> 我在反复做噩梦（被一些可怕的人追赶）之后，学会了清醒做梦，便有了下面这个梦。我在一辆疯狂的跑车上，后面有人紧紧地追赶我。我突然转向一个停车场，快速跳下车疾跑，那个人也紧跟着我。突然之

---

[1] 也有人称之为"梦瑜珈（dream yoga）"。

间，场景看起来很熟悉，我意识到我是在做梦，虽然那个停车场和树木看起来依然是无比真实的。我鼓起勇气，转身面对那个紧跟我的人，反复对自己说这只是一个梦。我依然觉得害怕，大声对他说："你不能伤害我！"他停下了，万分惊讶。我第一次看到他美丽可爱的眼睛。"伤害了你？"他说，"我并不想伤害你。我一直追在你后面就是要告诉你我爱你！"说到这里，他伸出双手，当我触摸他的手时，他融入了我。我醒来后感到精力充沛，连着好几天都感觉很棒。那个噩梦再也没有出现过。（梦2310）

一个医学生报告了这样一个清明梦：

> 在我睡觉前，我在琢磨向全班同学报告实习经验的方式。做梦时，我知道我在做梦，我推着一车的东西进入教室，把车架在那里，做了场精彩的陈述。我看到空中有我需要的每样东西——讲话的大纲、幻灯片、海报。当我醒来，我很清楚应当如何组织并呈现材料，所以我照此做了，做得很漂亮。[1]（梦2311）

尽管清明梦肯定是一种有趣的探索，但我们绝对不应因此减少我们对于非清醒做梦及释梦的兴趣，因为它们总是拥有需要探索及整合的来自我们深层本性的"讯息"。

当然，所有这些不同"类型"的梦境内容并非总是被区分得很清楚，它们也许是相互关联的。实际上，大多数时间，梦都会是不同水平上的元素的混合。甚至在所谓的"体验"发生时或产生预兆性的知觉时，人们也受到投射或思维过滤的影响。

我们从这些不同类型的梦中可以看出，不同的释梦方法是必要的。并非所有的梦都可以被视作象征性的，也并非所有的梦都是我们内心世界的投

---

[1] 威尔伍德·克拉斯特（Wildwood）。

射。我们需要尽可能地对其加以区分。

不过，绝大多数的梦的确反映了我们自身情绪、思维或更高的本性。我们所关注的正是这些梦，我们的目标是发展理解梦的语言的能力，识别其中的讯息。

第三章
梦的工作

一、记住你的梦

在我们深入探究释梦方法之前，让我们看看你可以如何开始留心你的梦。坚持不懈地记梦会使你的头脑更接近对梦的觉知，也会让你对个人的梦境内容变得更为熟悉。这大抵就是一件需要关注的事情。

每个人都做梦，每个人都可以记住梦。如果你记不住，那么你可以做下面几件事情，以帮助你发展把梦带到清晰意识范围的能力。

第一，睡觉之前明确意愿。提醒自己想要记住任何蕴含着有意义的讯息的梦。在早晨或夜间醒来时邀请（而非命令）自己记住梦，提醒自己这是个简单而自然的过程，而且暗示自己你会在需要时自动醒来，不需要任何闹钟。

准备好纸笔或一个专门记录梦的笔记本并放在床边，把它们一直保留在那里。在你有梦时要专心致志地把它们记录下来，要相信自己可以做到。

第二，在你完全清醒和起床之前，请你保证让自己用一些时间重温一下梦。继续闭上眼睛（如果已经睁眼那就再闭上），尽可能保持静止不动。如果你醒来时已经移动身体，请你回到原先的身体姿势。你要尽可能把梦中的画面、感受或印象聚集在一起……然后立即把梦记下来，尽可能把细节写下来，包括你的感受和准确的结尾（这通常是重要的）。如果你是在半夜从梦中醒来，不要拖延记录，否则可能完全忘却或者忘记大半。准备一本梦日志，每一次记录都标明日期。在初学阶段，你肯定要记下所有能够记住的梦。在梦是否有意义这个问题上立刻做出区分，这经常是非常困难的。有些梦可能只在触及某些深层的洞见时才显露它们的奥秘。还有些梦将会在几个月或几年之后，当你再次阅读并核查你在梦中的视角时才会有所帮助。

半夜离开睡眠状态记录梦是有些困难，但这样做是值得的。如果你在早晨发现你的记录难以阅读辨认，请用清晰的语言和可以辨认的笔迹再写一遍。

有些人甚至在还没有完全记录下梦境故事、还在床上的时候，就倾向于开始探索梦的讯息及意义。根据我个人的经验，我觉得优先重温并记录下梦更好。首先聚焦于识别整个梦的故事和细节，然后给自己些时间让讯息自然显露。

你对梦的记忆及做梦的动力有着自然的周期，这也取决于你生活中发生的其他事情。一旦你开始关注记梦的周期，请至少坚持几晚，连续几晚的记录会有叠加的效应。显然，每周一次分享梦的学习小组无法与持续的动力与灵感相比较。在我的梦工作坊里，我们经常可以看见，小组成员在工作坊期间明显有着更多、更清晰的梦。

这里还有一些帮助你提高对梦的记忆的做法：

1.保证充足的睡眠。睡眠时间更长的人可以享受到更多的快速眼动睡眠，可以有更多的梦，也可能对梦有更好的记忆。

2.保证有质量的睡眠。你的睡眠受你内在的生物钟调节控制。尊重你的睡眠周期和需要，这显然会提高你的睡眠质量。睡眠时间规律与否，睡眠环境的安静程度、光线明暗和磁场等都影响人的睡眠，这是有一个好的睡眠习惯以及有个安静的、光线微弱的睡眠环境如此重要的原因。在情绪紧张或剧烈活动之后，直接就上床睡觉不如在睡前放松一下的好。

3.限量用药和饮酒。从广义上说，睡眠和梦都会受到酒精的影响。药物（安眠药、抗抑郁药及其他所有止痛药）也将会使你更难记住梦。

二、记录梦境故事

一个具体而清楚的梦境故事是原始自然的材料，是所有梦的工作的基础，所以第一步，你要确保尽可能如梦所发生的那样精准地记录下梦：遵循梦里发生的时间顺序，从开始到结束仔细加以记录；使用现在时态，这会帮助你触及梦中的感受；记下所有细节，包括你在梦中的感受和想法，不要添加任何评论；具体说明你做梦结束或醒来的时间。你也许会在结束时补充说明你醒来时的感受，或者你醒后的想法或意见，以及你对梦可能传递的讯息的第一反应。

第二步，你也许想在你的梦日志上记下做梦前后的一些具体情况。做梦前一天具体都发生了什么，你睡前有些什么感受，在想些什么问题？你可能会想在日志上留些空白，以便重写你的梦，或者记录下对梦境讯息的意见以及随后的其他想法。

与人分享你的梦，分享清楚的梦境本身，这不仅会帮助你更牢地记住梦，而且会帮你更好地面对可能的讯息。一个梦在显露其意义之前，经常需要我们对其进行反复琢磨思考。为了识别梦的讯息，我们通常需要将右脑的象征性语言转化为"正常的"更加理性的左脑语言。让我们看看具体怎么做。

三、识别梦境要素

当你准备好去探索梦的那些重要却神秘的讯息时，你可以从列出梦中的所有"要素"开始。我说的要素是指所有组成梦境的不同方面：背景、地点、人物（包括梦者的视角和梦者自己）、动作、情境、物件、说的话或听到的声音、不同的感受、结局，以及醒来后的感受。梦中出现的任何构成要素的细节都需要被考虑并进行适当的"转译"，以便我们可以用一种解码的语言对梦境进行重写。

四、解码并转译要素

虽然对梦境的重写有几种不同的选择，但通常更可取也更容易的是以对梦的完全认可作为开始，即认为每一个要素都映射了梦者内心现实的某个方面。所以，下一步就是要把所有要素识别为你自己的一部分，对它们重新进行命名：

◇ 我的那一部分与……（这个或那个地方）相对应

◇ 我的那一部分看起来像……（这个或那个人）

◇ 我的那一部分做了……（这个或那个）

◇ 我的那一部分感觉……（这样或那样）

作为一个原则，我们将在下一章看到梦总是我们自身"内心剧场"的一种表达。尽管也会有例外，但以完全认可和接纳的态度开始探索我们的梦是适当的。梦通常是在谈论我们自身，而非他人。即使梦指向的是我们与外在世界的关系，这也是我们自身主观认知的一种表达——经常可以被在好几种不同的层面进行解读。

梦的要素的象征价值必须要得到尽可能的识别，在这个非常具有创造性和需要直觉的过程中，梦者可能会做出相关联想，释梦者要核对感受，从而使得对梦的重写、改述有意义。你无须去寻找复杂的知性解释，而应去寻找最明显的解释。回到事情的本质，感受本性。理解梦的讯息与理解通俗的谚语极为相似，它们用图像说话。要寻找更广阔、宽泛的意义，你只需把字面意义转化成比喻象征的意义。如"撞上了墙"意味着"遇到了问题"；骑一个轮子的自行车或在钢丝上跳舞是"杂技表演"，这意味着一件困难且让人感到恐慌的事情；跌落表示"遇到了麻烦"；"能够去做"表示"成功地克服了一个挑战"……

这项对每个梦境要素进行重命名和改写的工作显然是开启梦的讯息的关键，这使得人们可以对故事进行重组，对梦境从字面意义的理解转向更开阔的象征性的理解。我们将在下一章着重探讨这项工作的具体要点，不过无论如何，你都必须用你自身的直觉或常识来思考你自己的梦境要素。本书中的所有释梦案例只是在这些特定的个案中是正确有效的，提供这些梦例是为了对你有所帮助，提高你对梦的语言的感知和理解。每个梦都是不同的，每个梦者都可能拥有自身特定的语言。因此，释梦者所提供的对梦的解释应当总是与梦者的感受（而非"想法"或"认识"）进行核对，以确定其有效性。

五、改述梦境故事

在识别和转译梦境要素后，你应当准备好用新的词语、解码后的要素对梦进行改述（理想的情况是重写）。在这个过程中，你最好尽可能忠实于原来的梦境故事，使用近乎相同的语句进行重写。我们在此旨在拥有"字面"的解释，而非推断性的解释。我们想要提供的是同样的梦境在一个不同视角下的解读。

只有在对经改述的梦进行探讨之后，我们才能够更为清晰地理解梦的讯息。我们首先需要"感受"梦。一个经常见到的事实是，当梦者大声向他人讲述改写的梦境故事时，梦者得以察觉到其隐含的意义。

让我们来看一些梦境重写的例子：

（男，36岁）我全身湿透地站在雨中。我的妈妈在我们家门口，叫我回家。但我无法移动。我拼命地挣扎……突然之间，我意识到我在飞，我在往上移动。我忽然又意识到雨水不再打湿我，我感觉好很多……后来我知道我回到了家，和妈妈在一起。（梦3501）

重写：我处在情绪困难的空间（雨、湿），感觉生活艰难。我可以看到我的内在安全和力量空间之所在（家），但我无法达到。尽管我觉察到来自我内在父母的"呼唤"，但我还是感觉陷在受伤的内在空间里……后来有了变化，突然之间，我进入了另一个内在空间。我可以与让我失望、难受的事物隔开一段距离，我可以飞，进入一个"更高的位置"（往上）。我不再感觉情绪上的不平衡（湿），情绪不再那样紧紧控制着我。我感觉更为自由，结果我可以处在内在父母的空间，感觉像"家"一样有力量、有信心的空间。

（男，31岁）我正前方就是密密的灌木丛，大概有0.8米高（到腰这个位置）。这看起来像个公园，我能看到远处。我知道在这些灌木丛中有很多条小路，但我看不到它们，灌木长得密密麻麻……我面前这个灌木丛花园并不是很大，它延伸开来不超过100米。我看到更远处有一条宽阔的马路从那里开始，向上延伸，我可以看到路笔直地伸向远方。有个女人穿着白裙子站在路的左边，在更远一点的地方。（梦3502）

重写： 现在，我看不清楚要把我的脚迈向哪里，下一步是什么？事情看起来很令人困惑，但我有信心。我知道这种状况不会是长期的，有一条清晰的路在更远的前方。我看到一旦我找到迎接挑战的方式，我的生活将不会有什么大的阻碍。一个女人在等着我，我们可能会结婚。尽管她已经在我的现实中，但我还没有准备好与她发展关系，一起开始我们的新生活……

（男，48岁）我和一个盲眼男人及一个女人在一起。那个女人和我一起照顾那个盲人。我们领他走向他的家，事实上，我感觉那好像也是我们的家。家在并不很远的地方，我看就在50米外。（梦3503）

重写： 我在很好地照顾有盲点的那部分自我，即看不到现实的丰富多彩及多元维度的自我。同我女性化的部分一起，我可以带领我的整个存在走向"家"，即我内在力量与信心的空间。这个空间就在眼前，很近，可以到达。

（女，20岁）我和一个女性朋友一起旅行，一个当地的导游带领我们游览大森林和山脉。晚上，导游安排我和朋友睡在一家宾馆里。房间的条件不是很好，但我决定忍受。我和朋友在宾馆里四处走动的时候，发现了一个电影院。有些人在看一个大银幕，我也看着那个银幕。画面是黑白的。画面上，一个赤身裸体的女人躺着，两条腿分得很开。我感觉既震惊又害怕。我们离开那里，回到自己的房间……第二天早上，我醒来后发现我的鞋子里有很多小虫子，我的脚上和腿上也有。我用手把皮肤上的小虫子清除了，可我不知道怎么处理鞋子里的虫子。我试图找到我带的另一双鞋子，但发现少了一只。我感到慌乱，不知如何是好。我害怕没有鞋子我就不能离开这个地方了！（梦3504）

重写：我正在探索巨大深层自我的一些新的方面（森林和山脉）。我感觉安全，与我内在的资源（朋友及向导）在一起。当我们触及我记忆中深处隐藏的更黑暗的方面（晚上）时，我感觉并不喜欢，但我接受并跟从内心的指引。内在资源的在场（朋友）让我感觉到支持。然后我发现一些内在的画面让我感到震惊。性。那是什么？我对性一无所知，它让我感到害怕。我无法认同它，我看不到性有任何吸引人的地方。对我来说，爱是好的，性是坏的（黑和白）。当我更多地去看我的潜意识（醒来），我发现我被负面的认知模式（虫子）侵袭，这不仅影响我的身体，而且影响我的生活。恐惧和评判阻止我前行，我感觉被这些负面感受和记忆卡在这个地方了。我怎么带着这些感受和记忆来生活？我怎么去除它们？我可以走出这个不舒服的地方吗？……

六、识别讯息

依据经过改写的新的梦境故事，你在大多数情况下都可以觉知到一个讯息。梦在告诉你什么？你在哪里？你要到哪里去？你从这个梦里获得了哪些对自己来说新的理解和认识？你识别出什么新的资源？梦在对你发出什么邀请？……

有些梦也许不会立即显露出它们的意义，它们可能要求你进一步敞开自己面对其中的感受。你可以从容地让讯息自然呈现。梦指向第二天或未来几天要发生的事情，这也不是什么不寻常之事。像这种情况，我们可能只有在事情发生之后才看得更清楚。

在有些情况下，无论是警告性的梦，还是具体特定的讯息，我们只有更多地从字面意义上理解梦，它才更有意义。对此，你必须用你的直觉来感知，但我当然还是建议你对"梦是内心现实的反映"这一可能性始终保持开放的态度。

七、梦的处理

弄清梦的讯息后，你可能仍然必须处理与之关联的情绪问题，或者还要把梦提供的启示进行充分的内化整合。梦的工作不仅是"理解"，而且提供了解决问题的机会，使梦者可以进入一个资源更加丰富的状态，展示出新的态度。只有在充分认可和接纳梦的不同要素是我们内心现实的表达之后，这一切才有可能。但这还有更多要求：我们必须要花一些时间清楚识别身体的感受，把它们看作"情绪能量"，去除对它们的认同；我们必须进入梦中呈现的能量与资源要素的状态中，完全认同它们；我们必须识别与梦相关的真实的生活事件，识别出内在变化，以及我们可以从新的资源性的内在空间中采取的实际步骤。在有些情况下，我们甚至想要想象一个不同的梦的结局，重写故事，创造一个新的情节，整合新的创造性的能量。

识别感受

当梦中包含强烈的情绪体验时，情绪感受一般是需要注意和关照的主要方面。虽然情境完全是虚构的，但感受是真实的：它们代表着自我显露的情绪能量。它们不是作为意象和情境的结果呈现，而是与此相反：画面意象是由感受引发和创造的。释放情绪能量总是一件好事，只是需要被认可：不是被你的头脑认可，而是被你的身体认可。你究竟有着怎样的感受？……呼吸进入这种感受，敞开自己面对这些感受。

处理感受

你醒来时若还有强烈的情绪感受，你可以做的最好的事情就是用些时间敞开自己面对这些感受，在这些感受中呼吸，能够认识到这是你"受伤的内在空间"，通过敞开自己面对这些感受，将之带入你深层自我的"内在父母"的光亮中，从而"转化"情绪能量。你绝对无须认同这一情绪体验。你不是你的情绪。它们只是能量。敞开自己去面对它们，并去除对它们的认同。欢迎这些感受，无论它们是怎样的感受，决不与之对抗，决不害怕它们。我们将在下一章详述这个过程。

识别相关的"真实生活"事件

下一步是探索梦与你真实生活情境之间可能有的联结，以及与你个人的模式和可能的挑战间的关系。这个梦指向你生活的什么方面？这个梦邀请你做什么，有什么变化，如何行动……？

识别新资源

梦中常有资源性的要素，不要忽视它们。识别出来，充分地认识到梦中的每个人物角色都代表了你的一部分。角色扮演不同的人物，特别是那些有着某些特质的人，而这些特质是你想要拥有的。进入他们的内心，认同他们的存在，从他们的视角探索梦中的问题。什么是它告诉你关于你自己的？识别并承认任何给予你力量的东西。

整合讯息，安排实际可行的步骤

作为最后一步，给你的梦起个名称，用一些关键词或主要的启示来概括梦的讯息。识别出新的选择，做出新的决定。

让我们来看一位40多岁的女士的梦例。这个梦来自她报告的前一天，所以她记得很清楚：

> 我骑着自行车，我的孩子（4岁，男孩）坐在后座上。我右前方的路是个下坡，这是一条乡村土路。我可以看到路一直通向远方，但我强烈地感受到这不是我需要去的地方，这对我来说显然是一条错误的路，所以我转向左边。我很快发现自己面对着一个沙土性质的陡峭的斜坡。我需要爬上这个斜坡，到达坡顶，但带着自行车和儿子实在是太艰难了。我们数次滑了回来，因为没什么可以抓住的东西。我想也许可以让儿子先爬上去，但我又不能让他一个人在那上面，他需要我。所以我决定放下自行车，继续努力。经过一番努力之后，我们爬到了坡顶。在那里我看见我的哥哥和他的全家。他们好像在那里很开心，我哥哥很欢迎我，这让我感觉踏实多了。（梦3701）

对这个梦进行了如下重写：我在驾驭我的（非常简单的）生活（自行车），与我的内在小孩、正在成长的自我和未实现的潜能一起。我意识到我所走的路对我来说并不合适，尽管这条路看起来容易走。我选择改变方向。做了这个决定之后，我发现我面对着一个艰难的挑战（陡峭的斜坡）。我几乎无法向前，没有任何可抓的地方（沙土）。我反复挣扎，又跌落到原点。我感到还是需要照顾好我自身的需要，滋养我的个人成长。一番努力之后，我最终到达了一个感觉容易些的地方（坡顶）。当我重新与我有着明确方向的那一部分（我哥哥）重新联结时，我感到更有信心。

注释：这个女士在做梦之前的那个晚上在考虑是否要结束当前的工作，因为她感到这份工作不再能满足她的深层需要。目前的工作轻松而安全，但她感到越来越厌倦了。

通过对梦进行进一步加工处理，梦者把梦的讯息概括为：我的内在选择是不再继续我目前的生活道路。梦在告诫我前面可能有的艰难（或者反映了我的恐惧）。但我决定照顾好我自身的需要，发展我的深层潜能，以及更多有意义但仍需成长的特质和才能（孩子）。我知道我可以成功，并且达到目标（坡顶）。

我请这位女士回到她的梦中，想象她自己在那个坡顶上。我询问她感受是怎么样的，从坡顶看到的风景是怎样的。她说坡顶上的视野开阔而清晰，感觉充满力量，非常好。然后我请她角色扮演她的哥哥，把自己想象成他，看到他妹妹带着孩子到达坡顶。她能够识别和认同她哥哥内心的力量，感到重振了信心，明晰了方向：她的选择肯定是正确的。

八、梦的孵化与问题解决

我们的超意识思维（supra-conscious mind）有着很强的问题解决能力。梦经常为我们提供关于生活道路的指示。到目前为止，我们做得如何？我们到达了怎样的十字路口？梦引领我们对这些问题加以觉察。就我们面对的具体问题所应选择的方向或采取的态度，梦常常给予创造性且适当的指示。

我们可以通过在睡觉之前请求梦的启示，来激发我们创造性地解决问题的思维导向。为了解决一个具体的问题而请求某个特定的梦，这被认为是孵化（incubation）的过程。这既不深奥也不困难，这是经常在我们的头脑带着问题进入睡眠后自动发生的一个过程。这为很多的解决办法提供了一个基础。

当你准备睡觉时，明确地表述你的问题，并清晰地将之保留在头脑中。然后，你告诉自己（带着明确的意愿）要做一个揭露问题答案的梦，并会清晰地记住这个梦。在睡前数次重复这个问题，确定在床边放上纸笔（或录音机），以便你可以及时记录下你孵化的梦。记下你醒来时的任何梦或想法。如果你的梦好像并没有回答你的问题，也不要失望，梦的讯息可能在一开始未能被识别出来。对这个梦进行工作，转译并识别其中的讯息，然后再确定它是否回答了你的问题。完全信任这个过程，把任何的洞见都付诸实践。如果你忽略或忘记它，你的潜意识思维也许会失去它的回应能力。总是对收到的指引心存感激，这会促发进一步的洞见和未来的成功。不过，在必要时要持续孵化你的问题。

一位30多岁的年轻妈妈已经为新的工作发展问题请求过指引，她想要投入某些事情，理想而言是教育项目，但她不清楚那将会是怎样的。第二天，就在她醒来之前，她梦见：

> 我和一个朋友在家里，她也有好几个孩子。我们的孩子在一起玩儿（尽管他们看起来和她真正的孩子不一样），他们异常安静，所以我们可以有着深入的交谈而不被打扰。我朋友说她在尝试一种新的生小孩的程序，她已经试了几次但都没有成功。这一次她绝对有信心成功，她为此感到非常兴奋。我有些怀疑，但看到她一脸的积极和热情，我什么也没有说。我俩的谈话被门铃声打断。我想这可能是一个朋友，所以走过去打开了前门，是一群十几岁的青少年在为一个项目筹钱。我试图把他们打发走，不过其中一个孩子看起来有些面熟。我认出来那是邻居的孩子，所以感觉应当给他们一点钱，其实我对此并不太乐意。当我询问他们关于项目的事情时，他们开始离开。然后我看到几年前给过我真正支持的戴维，我很感激他，感到欠他些什么。突然，我真的想捐些钱，我在想捐多少。我不想被看成是"吝啬的、不值得尊敬的"，那多少钱才是合适的呢？（梦3801）

这个梦被重新表述为：我处在我内心空间的中心（家），感觉平和安宁（孩子们在很安静地玩儿），可以就新项目（要个孩子）相关的重要议题进行探索。我与内在扎实、智慧、关爱的部分紧密联结在一起（这是我对我朋友的认识）。这部分自我充满信心与热情，深深地知道我现在有正确的方法吸引新的项目。这个新方法比我之前的方法都好。不过，我倾向于认同有所怀疑的另一部分的自我。但我没有表达我的疑心……有些发生在外在环境的事情（门铃声）吸引我的注意。好像是某种机会来到我的门前，寻求我的个人精力与投入（钱），但这不是我所期待的，看起来也不太成熟（青少年），我不确定这个项目是否能够真的发展出实际的影响效果，但因为某些关系（邻居的孩子），我感到对此负有责任。在我正犹豫时，机会开始离去。不过我识别出某种特质，感觉到回报某个帮助过我的人的重要性。我决定参与，但依然在想究竟投入多少合适。我不想投入不必要或不适当的东西。

在这个梦中，梦者可以很容易地识别出梦对她发出的邀请：主要是要信任和认同那部分热情的自我，而不要对她的怀疑让步。梦进一步显示机会即将出现（这是她还未能识别的），这在提醒她过快拒绝的危险。梦在召唤她注意仔细评估到来的机会，同时反映出她需要仔细平衡她所要付出的能量。在对这个梦进行工作的过程中，我们花了一些时间邀请她角色扮演她的朋友，评估信任与兴奋的感受，以充分整合合适项目的创造性能量。

另一个来自一位年轻女性的梦例：她的生活中开始了一个新的关系，但他们的交流突然中断了数日。她琢磨究竟发生了什么，为此感到困惑，所以她寻求梦的指引，想弄明白这个关系对她而言究竟是好是坏。那天晚上她梦见：

我试图和我的新男友在电话中说话，但线路总是被切断，因为他那头的电话线是用很多细小的金属丝拼接在一起的。这个梦确认了我与新男友保持好的沟通交流可能是困难的。我决定不再与他约会。（梦3802）

释梦程序小结

1.记下你的梦的全部细节，只是梦本身。

2.必要时用一些时间感受梦中的情绪能量，呼吸进入并认可情绪能量。把情绪能量带到你的内在父母中，带到你深层自我的光亮中。

3.列出所有梦境要素（人物、物件、地点、动物、动作、感受、言语等有意义的方面）。

4.把每一个梦境要素转译成一种解码的语言，转变成你自己的投射：我的那一部分……看起来……

5.用解码语言对梦境故事进行重写。

6.识别出讯息，用一些时间"感觉"那个讯息。

7.角色扮演梦中的不同视角，想象成为其他你没有认同的角色。

8.弄清梦与你的内在现实、个人问题、感受、经历及挑战的关系。

9.弄清梦与你的外在现实、关系和状况的关联。梦也可能是某件事情即将到来的预兆。

10.弄清梦邀请你去做什么。

11.给你的梦命名，用一句话概括你得到的讯息。

12.放下这件事情，对你的梦和潜意识表示感谢，继续前行，不要将你自己认同为你梦中的情绪。

第四章
梦的解析

一、梦在谈论我们自身

我们的内在剧场

如果想要理解我们的梦，那么我们需要的最基本的洞见是：梦在表达、谈论我们自身。在梦里，我们或别人所做的事情，都是我们内在剧场的一部分。虽然有些例外情况，但作为一个原则，我们应把梦的所有元素看作我们自身内在现实的投射，并由此开始工作。因此，梦中出现的所有人物不是我们的次人格，就是我们投射在别人身上的那部分。无论梦中的人物是否是我们认识的，他们都代表着我们自身不同的方面。因此，我们必须从不同的视角和角色来看，犹如他们是我们自己：我的那部分看起来像这个或那个，我的那部分如此行动，以这种或那种方式看待事物……通过这种方式，我们能够发现以前没有清楚觉察到的自己的某些特质或部分以及我们可以利用的新资源。让我们看一个梦例：

> 我爬上楼梯来到我房间的门口，可我找不到钥匙。我心急火燎地拼命找钥匙。我意识到自己没有钥匙，于是下楼，回到街上。忽然，我碰到了一位以前的老师，我告诉他我丢了钥匙进不了屋子。他说他有一把相似的钥匙，也许我可以用它试试。于是我重新上楼并用这个老师的钥

匙开门，门竟然开了！我推开门回到了自己的家中。（梦4101）

这个梦讲述的是寻找回家的钥匙。在象征层面上，这意味着梦者丧失与必要的内在资源的联结，而这个内在资源能带领他通往被称为"家"的内在空间。"家"是我们感觉安全、平和、幸福、充满力量和自信的内在空间。这里的问题是：梦者把什么特质投射在这位老师身上？他是一个怎样的人？当梦者说他感觉这位老师是一个友好、耐心、充满爱的人时，这个梦的信息被澄清了。梦告诉梦者：当他发展出这些特质（这些是他潜在有的）时，当他与自身和老师相像的那部分特质联结时，当他将这些特质释放出来时，他就获得了回"家"的钥匙。

梦中的人物应该被理解为我们内在现实不同方面或特质的呈现，否则我们不可能梦到他们。理解这一点非常重要：梦中所有的特质都是属于梦者自己的，都是梦者能够联结和接近的，即使他还没有完全觉察到它们。

对梦不熟悉的人经常会提这个问题："为什么梦里的人代表的不是我们所认识的那个真实的人？"

认为出现在我们梦中的人和现实生活中的人有联系，这一点虽然可以理解且比较自然，但我们必须记住，梦中的人物其实只是我们投射在他们身上的那些价值。我们感受别人的方式有赖于我们看待他们的方式。不管我们感知到什么，都是我们自己的创造。这一点对生活中任何事情来说都是真谛。当我们特别注意与我们直接互动的外界环境时，我们可以看到外在是我们内在状态的反映。无论我们发生了什么，无论我们在所谓的"现实生活"中经历了什么，它们都在告诉我们这些信息：在我们的内在现实中，"我们是谁""我们在哪里"。但人们往往不想看到这些。他们没有意识到，每个人都需要为自己的生活负全责，他们把生活看成外界强加给他们的。对于梦也是如此：人们倾向于把梦理解成"现实生活"的表达，是外界强加给他们而非他们主动创造的事情。无论如何，当我们愿意去探索梦，把它看作我们内在现实的表达，愿意充分理解梦中的每一个元素时，我们只会惊讶于梦提供的信息竟然如此恰如其分。相反，"现实"视角的理解常常不会带来任何启发。

如果我梦到一个朋友去世了，感到非常悲伤，而这个朋友在现实中很可能处在一个完全不同的境况中：他在一个和我的梦完全无关的环境中，且身体健康。这个梦的意义是：梦中的这个人物是我自己的一部分，这部分我和我从这个朋友身上看到的某种具体特质密切相关。我的这一部分正在"死去"或者消失、变化、经历一种深刻的转换。这种具体的特质正在等待我去识别：我把什么投射在这个朋友身上？这个梦还给我提供了什么线索（参见梦4501）？

如果你梦见你的丈夫，那么意味着你正在处理你的男性部分。无论梦里发生什么，都和现实中的他没有关系，梦是在告诉你关于自身的一些讯息。梦也可能在告诉你一些与你投射在爱人身上的基本特质相关的信息，譬如：在梦里他是什么样的？如果你丈夫生病卧床，那么意味着你的男性部分感觉不舒服。你现实中的丈夫可能健康状况非常好。你的梦在表达你自己，而不是他。即使你丈夫真的生病卧床，我依然建议你看看这个梦镜射了什么信息给你……有一点毫无疑问，我们应该避免指向外界，找到现实中的人，然后告诉他们："我梦到你了，你在做什么样的事情，什么事发生在你身上……"相反，我们可以说："你的形象出现在我梦中，我现在明白，我把什么样的价值投射在你身上，这让我对自己有了更多理解……"

有个女性反复梦到她丈夫背叛了她，和另一个女人在一起。她想知道这些梦是否是一个预兆，她是否需要做好最坏的准备。在和她一起工作并探索相关主题时，这一点变得非常明显：这些梦是她内在恐惧的一种表达。她对于男人的不信任是根深蒂固的，这种不信任源于她的父亲。当她还是小孩子的时候，父亲背叛了母亲，抛弃了家庭。显而易见，她发展出了怀疑和妒忌的倾向。现在，这种模式恰恰有助于再造一个同样的令她感到恐惧的情境。因此，识别内在未解决的问题并进行疗愈是非常重要的，这可以确保这个模式不再重复。

另一个女性来访者做了这样一个梦：

> 我正在为我的婚礼做准备，可我总觉得没有准备好。我没有婚纱。
> 我注意到自己穿着一双黑色的鞋子，这让我很吃惊。我的男友陪着我，
> 可他看起来非常矮，就像一个小孩子。（梦4102）

这位年轻的女士正和一个男性生活在一起，并且打算结婚，但不是马上结婚。另外，她将她的父亲视为一个没有抱负、没有自信、没有能力的弱者。因此，她内化了一个完全负面的父亲模型，而这个模型和"男人应当是怎样的"密切相关。因此，并不意外地，在她眼中，她的男友表现出了相似的模式。在这个梦中，她将男友看成一个"小"人。这个"小"人与其说与她男友有关，不如说与她自己的男性部分有关。一些原因导致她没有发展出强壮的"男性"特质，因此她感到没有准备好迎接"内在婚礼"。事实上，婚礼象征着庆祝她女性部分和男性部分的和谐，庆祝她内部的整合一致。她的黑鞋子可能在暗示她处于不清晰的、模糊的内在状态中：她还没有从童年的记忆中摆脱出来，没有脱离她的父母。但是，好的事情是她正在为"内在婚礼"做准备，她正处于深刻的内心转换与成长中（这是她来咨询的原因）。

作为一个原则，我们应该将梦看作自身内在现实的表达，这往往是理解梦的唯一渠道。相反，你也将很容易发现：你的梦不会给你提供关于别人的有价值的信息。当然可能有例外情况，但我们应当非常谨慎地考虑例外情况。

我们与外在世界的关系

梦有时确实会指向"外在"关系或情境，但这些梦依然在向梦者而非他人传达信息。这些信息可能包含外界环境的一些因素。然而，在这些情况下，常常存在一些象征"外在"元素的事物，这些事物存在于"外界"、户外或者来自外界。比如一位男士梦见：

　　我在自己家里。前门开了，进来一个女人。我不认识她，不过我看到她穿着色彩亮丽的衣服，在对我笑。（梦4121）

　　这个非常简短的梦暗示一个女人将要走进梦者的生活，尽管他还没有识别出这个女人是谁，但她已经在他的周围（她进来了）。尽管这在开始时只是一个直觉，但现实生活后来完全证实了这个解释：一段梦者还未完全认识到的新的爱情出现了……在这个梦中，"外在"元素以门的形式出现，一个女人正从外面"走进来"。

　　电话或者信件是外在事物的另一种可能的象征。梦中和你通话的那个人可能是正与你保持联系的一个现实中的人。电话通话质量可能表示你和他沟通的质量，至少是在与那个环境相关的特定时间内的沟通情况（参见梦3802，一个通话质量差的电话）。我曾有一个来访者，梦见她收到咨询师（也就是我）的信，告诉她该结束咨询了（参见梦6907）。这个梦确实非常贴切。

　　此外，梦也可能提供关于别人的信息，比如在下面这个例子中，梦者是个已婚的成年男人，是3个10多岁孩子的父亲：

　　我和妻子在一起。我们正在旅行，遇到一个年长的女人，她是个巫师。她告诉我们一些关于我们13岁女儿的事情。她说如果我的女儿害怕黑暗，入睡困难且常常要求和我们一起睡的话，是因为她前世是在集中营（第二次世界大战中灭绝犹太人的纳粹集中营）中带着恐惧和孤独死去的，她还有些那段经历的无意识记忆。（梦4122）

　　如果把这个梦看作梦者内在世界的投射将没有任何意义。他根本无法识别那个孩子的恐惧，这种感觉只是"说说"：孩子本人不是梦的一部分。女巫很可能是梦者的一部分。梦者的这部分获得信息并将信息传达到他的意识中，这些信息看起来恰当可靠。梦者的女儿确实有着那些恐惧，也常常来到父母的床前寻求安慰，梦者很想知道如何理解这些。所以，我们可以很好地处理提供其他个体的信息的梦，这些信息为梦者的问题提供了答案。一个能够让这个选择更放心的细节是梦者发现自己"离开家"（在旅行中），遇到给他信息的人。这个梦里没有其他清晰的梦的元素，没有特别的情境，也没有行动和感受。

然而，这种情况也会在没有清晰暗示是否我们正在处理外在事件时发生。有时候，梦似乎是现实生活的再现，虽然梦只是我们内化模型的一种表达，这种模型的原型常常是父母，有时也可能是其他有重大意义或强烈情感的关系。在梦里，是这些内部的"内化模型"在表达自身，而不是外在真实的人。梦者的人格内部活跃着梦者自身的记忆、情感、经历，它们都是梦者的次人格。

> 我（男性）正在爬一个山坡，行进得很困难。我比团队的其他人走得慢。事实上，我几乎走不动了，因为我被一根绳子拽着，而绳子另一端系在我妻子身上。我妻子在我身后几米远，她一步都不想走，任由自己被这样拖着，不做一点努力。我让她前进，可她就是不动。我感到被卡住了，无力而且愤怒……（梦4123）

这个梦发生在"户外"，这是唯一的指示，提醒我们可能要处理一些与梦者"外在环境"有关的事情。这个梦事实上完全反映了梦者在婚姻中的感受。梦中的女人与其说是梦者的女性部分，不如说是他的妻子。不过，她仍然是"梦者在他的妻子身上所看到的"，是他投射在他妻子身上的，这是梦者在他婚姻关系中的投射。任何关系都是互动的结果，关系中的每个人都对这种关系负责。拖拽与抵抗是一枚硬币的两面，导致了一种特别的互动。因此，在这个例子中，我们看到梦如何真实地表达梦者自身的内在世界：他对那个女人的感觉，他对她内化了的印象，以及他如何与之发生联系。是否停留在那种关系中，是否改变自己的态度……这些都由他来决定。毫无疑问，梦在暗示：他不应该继续拉她了，他拉得越多，她需要得越多……

另一个来访者，近40岁的女性，带来给人印象深刻的"噩梦"：

　　我姨妈正在分享一些她刚刚学到的生理知识。她带着激情对我妈妈讲述着，并要求在我身上做示范，我没有反对。她在我身体的左侧剪了三个小切口，在胸部到腹部之间，我一点也没觉得疼。刺激"神经元"似乎本应让我的身体做出反应。事实上，我的左腿和左手移动了。在整个示范过程中，我妈妈没有任何反应。

　　示范之后，她们两个一起帮我处理伤口。她们没有缝合伤口，只是用一些护垫覆盖它们，并用胶带将其固定。似乎只要止住血就好了。伤口会开始愈合。然后我姨妈离开了。

　　我躺在那里，用手压着伤口，动弹不得。过了一会儿，胶带掉了，我感到疼。我妈妈马上过来帮我换护垫。她的表情很悲伤，夹杂着关心和内疚。可我的伤痛在增加，这让我妈妈越来越不知所措。

　　接着我睡了一会儿。

　　当我醒来时，护垫全都不见了，伤口肿起来了，血渗出来。我叫喊着妈妈，她带着上好的丝巾来了，告诉我护垫用完了。我认为用丝巾不好，因为我担心它不够干净，而且是妈妈的新丝巾。突然，我意识到伤口很小，可以用"邦迪"，于是我自己开始在屋里寻找邦迪。

　　这时我妈妈变得情绪化。她指着我的一个伤口喊道："我恨你的伤口，特别是这个！"她冲过来要撕那个伤口，我边喊"不"边后退。

　　接下来我看到的是妈妈收拾旅行包准备离开。我感到焦虑，哭着问她要去哪里。她很激动，哭喊着说她再也无法忍受了。她说她必须离开，要找一个地方独自待一会儿。最后她告诉我8点回来，然后就走了。

　　那一刻，我不知道自己为什么拿着一小片破碎的护垫，我将它翻来翻去想要更换，这时我看到爸爸靠墙站在那里。（我爸爸几年前去世了。他是个高大、和善、正直的男人，但我和他不如和妈妈之间亲近。）他笑着，依然长着又粗又密的胡须。他穿着深色的西装，亮黄色的衬衫。他走过来，我边叫"爸爸"边跑过去抱住他开始放声大哭。他没有说话，但我感觉到他带着微笑抱着我。他的肩膀强壮温暖，我将悲

伤完全释放。接着，我哭着醒来。（梦4124）

关于梦的背景的快速讨论表明，这个梦反映了梦者的生活过程以及她和她妈妈、姨妈的真实关系。梦被改写成下文：

我姨妈强烈地影响了我，她在我身上留下了深深的印记。现在我依然在和这种影响作斗争。一段时间里，我同意接受姨妈的照顾和影响，而我妈妈好像并不在场或并不担心。这影响到我整个人，并且在无意识中影响了我的行为和应对生活的方式（使我左边的手和腿移位：左边和无意识相关）。

在那之后，显而易见我受伤了。我的情感变得不平衡，我正在失去力量（流血）。我受到妈妈和姨妈的关心和照顾，但她们对我的困难的理解并不恰当。

一段时间里我曾什么都不能做，我尽力保持情绪平和。我妈妈感到内疚，也在努力帮我，可她所做的都不合适。我的疼痛和苦恼在增加，而妈妈无助地离开了。

有一段时间，我对自己的问题完全没有意识（或者我选择不去注意它）。

当我意识到自己所做的是多么糟糕时，似乎事情已经恶化了。我感到没有能量、沮丧……（血渗出）。妈妈再次努力帮我，但完全不合适。她尝试新的方法，全心全意照顾我，但这些都不是我需要的。最后，我意识到自己有资源，于是开始照顾自己（我找到"邦迪"）。

我清晰地看到了我和妈妈之间的冲突。我现在能够决定离开，而不是做一个受害者，我觉察到她的攻击性。事实上，此刻我意识到我有一个内化的模型，我自身内在有一部分像我妈妈那样行事，我与内在这部分有冲突，这部分憎恨我的疼痛和苦恼。但现在，我可以说"不"，我知道我有办法解决自己的问题。

我知道自己必须摆脱妈妈（以及我内化的她的模型）。我必须摆脱她对我的影响，就像她也需要离开我去寻找平和宁静一样。在我的内心空间，她的模式及对我的影响正在渐渐减弱。我知道内心深处我们是紧密相连的，也会再度找到彼此（8点意味着无穷或者其他维度），但是"剪断脐带"的时候到了。我对远离她（内在现实中减少家庭对我的影响、摆脱过去的影响……）的念头感到有些激动不安。

现在我准备好去面对父亲所赋予我的那些，这就像是一场内在的和解。我可以敞开内心，面对并拥抱他的存在、他的男性特质，以及内在更多深入的东西，就像开放面对我自己的男性部分，它温暖而有力量。我的眼泪是疗愈的泪水，它带我找到了新的平衡、新的力量与新的完整，让我感觉愉悦安全。

我们再一次看到了这样的梦：梦中不同的人似乎是指梦者过去生活中真实的人，其实他们只是代表着梦者关于他们的记忆、内化了的他们的形象，即梦者内在环境中依然活跃着的次人格。当然，这些次人格与他们所代表的人有着极大的相似性，也与当时发生的具体环境相关，但这些角色都仅存在于梦者的内在剧场中。所有这些都参与到疗愈过程中，而这完全是一个内在的过程。

二、解读梦境要素

为了抓住梦中元素的象征意义，与我们正在"感受"和"知道"的那一部分联结，是有帮助的。通常而言，意义是相当简单和直接的。大道或小径是你生活道路的延伸，那是你在梦中那个时刻跋涉的一种道路。路的具体特点反映了你目前的状态：轻松舒适或者艰难费劲。路是狭窄的还是宽阔的，朝上还是朝下，干净的还是泥泞湿滑的？……房屋是你生活、你内在空间的象征，是你感觉像在家里的地方，舞台是你内心的剧场，是在当下展示和表演的地方……明亮或黑暗，温暖或寒冷，高或低，开放或封闭……所有这些都有着清楚的含义。当你熟悉了梦在表达你自身的生活时所用的这些意象方式，解码后的语言就会变得很有逻辑性。

你无须去寻找复杂的知性解释，可以去寻找最显然的解释，回到事情的本质，感受本性。

在下面的章节以及第六章，我会就梦中一些常见元素可能的象征意义做简要说明，但这只是一种提示。你必须通过自身的感受来进行检验，最终都是梦者自己决定什么对他来说是有意义的或者无意义的。有些释梦专家甚至争论说梦的元素只能由梦者自己来理解，因为文化和个体的差异使得所有预设的解释都变得无用或不适当。依我个人的经验，这个论断有些片面。我通过对来自欧洲不同国家、美国、中国及非洲的人进行工作，通过对不同年龄段的人进行工作，毫无疑问从中可以看出有很多共同的释梦线索，但有很多具体的元素的确是需要通过与梦者的记忆和感受核对才能够得到理解的。一个从来没有看过小汽车的人不会梦到车和交通。不过如果梦想要表明他的"交通工具"，他引领自己生活的方式，他将会看到任何对他而言有意义的"交通工具"，可能是一辆马车或者一头驴。一个生活在柬埔寨乡下小棚屋里的农民将会在他的梦中看到小棚屋。除了常态的生活"住处"之外，棚屋对他而言不会再有其他的含义。但是，如果你梦见自己的房子看起来像一个堆积起来的小棚子，那就将有着非常特别的含义，这要根据小屋让你回忆起或想起来的事情而定……无论如何，梦中的房屋都指向内心的舞台，你的深层自我体验生活的所在，你内心的空间。所以，我发现去看待一系列共同的梦的元素，说明它们通常的象征意义，都是有意义的。

在看待梦中元素的时候，我们面对的是双重语言。一部分来自记忆，一部分来自深层的象征觉知。如果我提出一个形象或环境的象征意义，这并不表示特定的记忆在其中没有一席之地，这种记忆是存在的。如果一个人有过几乎要溺死在湖泊或洪水之中的创伤性经历，这样的意象也许会在梦中重现，任何的创伤性经验都会如此。不过溺死的象征意义是怎样的呢？我们也许同时想要做这样的探索。在很多个案中，这种双重视角在指导我们看待梦的信息中都会有用。

梦中的环境氛围

我们的梦是对我们个人内外部环境的一种主观表达，它们通常揭示我们生活的某一个具体方面，比如一种感觉、一个特别的关系、一项职业挑战，或者一些在当下环境中正在活跃着的内在问题。有时候，它们也会上演我们生活道路的概况，其中包括来自过去、现在或预期的未来的元素。

要想识别梦正在表达我们个人现实的哪个方面，我们需要去探索梦发生的场景、具体的地点和它的功能。如果梦境在一个建筑物内展开，那么梦可能在通过它的内在方面、**内在环境**揭示我们的个人生活。建筑的类型（学校、办公室、家、医院、童年时代的家、游泳池……）可能暗示我们内在角色和它所涉及的可能的时间段。梦中我们所在房屋的类型、功能、气氛和状况之间可能存在明显的关系。住宅中不同的房间常常与梦的特别的焦点相关联：厨房、浴室、卧室或者卫生间分别代表梦者的照顾和培育、清洁、私密的或者释放负面的多余物的部分。

如果梦发生在**外部环境**（道路、景点、森林、山脉……），可能暗示与梦者的外部环境有关，与他在人际或爱的关系中的感觉、态度、行动有关。然而，这并不是一个绝对的原则，只是一种看起来比梦发生在建筑物里更可能的选择。环境所有的具体细节都是在为支持和澄清最可能的选择提供解释。视野开阔吗？感觉如何？有谁在场？天气怎么样？有什么活动？

一位结束了4年婚姻并办完了离婚手续的男性梦到：

> 我和妻子在位于乡村的某个度假胜地的大宾馆里。我们在露台上俯览风景，视野开阔。一座巨大的山脉矗立在我们面前，我拍了几张照片。猛然间，我注意到远处有灰色的烟雾，我立刻确认那是火山爆发。尘雾迅速扩散，变成巨大的一团。我开始担心，它侵入了整个景区，飞速朝我们袭来。我感到没办法躲避，它就要将我们吞没。我只好等死。
> （梦4211）

这个梦的场景包含：

◇ 外在元素（露台、景点）。

◇ 梦者和"妻子"（已经变成"前妻"）的关系。

◇ 宾馆，表示一个暂时的场所，一个转换的地方。事实上，梦者确认那段婚姻是他生命的一个转变。

这个梦境故事展示了梦者对他婚姻的看法：尽管这段婚姻以欢喜开始，然而迅速变成噩梦，令人窒息及灰暗的氛围扼杀了他们的关系，于是，婚姻不可避免地结束了。

让我们来看看更多关于梦的场景的例子：

◇ "我在小时候住过的房子里……"可能表示梦与梦者小时候的记忆有联系。

◇ "我躺在医院的病床上……"可能表示梦者正在处理内部的疗愈过程。

◇ "我在饭店或者厨房……"可能表示梦者正在照顾自己的需要，滋养自身。

◇ "我和一群人一起乘坐一辆在高速公路上行驶的大巴……"可能表示梦者正在处理一个较大的问题，比如说可能是一个职业行动，是他自己没法驾驭的。感觉虽然比较平稳，但路上可能出现一些意想不到的事情……

◇ "我在超市……"可能表示梦者和他的内在资源相联结，感觉到有大量可用的资源。

◇ "我正在寻找一间新办公室。我已经找了很多地方。一些可以，一些不行。我还在继续找，这花费了很多天。寻找的间隙我回家了……（梦4212）"这个梦被破译为："我正在寻找职业生涯的新发展。但何去何从还不太清楚，不过我知道我和自己的内部信任和安全的空间（家）联结着。"

◇（一位年轻女性梦到）"夜晚，在黑暗中我抱着一个婴儿独自走在路上。我想找我的家，可找不到。路的两侧都是水沟，丑陋的幽灵从水沟中浮现，吐着舌头笑我。我害怕极了，恐惧将我包围。（梦4213）"夜晚暗示着梦者的潜意识。梦者和潜意识的"幽灵"或负面记忆有联系，感觉不安全和缺乏自信（嘲笑的幽灵）。她抱着婴儿表示她正处在转变的过程中（新的生命、新的身份）。在这个例子中，梦者的梦涉及她自身内外两个方面——她感觉孤单同时面对着内在的恐惧。

◇（一位年轻女性梦到）"我和一个男人在森林里。他教我使用弓箭。他瞄准很远的目标并射中了。我摩拳擦掌跃跃欲试。但当我拿着弓箭瞄准时，我根本看不清楚目标，好像有雾。我的教练拿过弓箭再次示范，我又看到了目标。可是当我自己再试的时候，目标又消失了。（梦4214）"这个梦暗示梦者的外部环境不太安全：森林是充满未知事物和潜在危险的地方。她正在学习如何发现生命中清晰的目标（看见目标）以及如何达到目标（弓箭）。她可能正在尝试瞄准一个明确的目标，但识别目标对她来说有些困难。不过，她与内部"知道"的那部分已经联结上了。另外，她可能也在接受生活中某个更成熟、更有经验的"真实"的人的指导（只有梦者才能决定哪种解释是对的）。

◇（一位年轻女性梦到）"我是一个班的老师。现在是新学年的新学期。班里的同学在打扫卫生。但清理进展得不太好，教室的地板下有污水沟。因为有铁丝网挡着，所以我们无法清扫。我感觉非常不舒服……（梦4215）"梦者正在"掌管"（老师）她内在的成长空间（教室）。她正在开始生命中一个新的周期（新学期）。清理过程正在她的内部空间进行，但还远远不能令人满意。一些与过去相关的"丑陋的"事情（污物）正在流走，但她对此感觉不舒服。她还没有完全免受影响，不能彻底地释放……这个梦在表达一些具体的恐惧和评判……

本章节讨论的是**"自然环境""空间""房子"**等，第六章将就如何理解梦的场景给你更多指导。这可能会帮助你更好地识别梦指向的是你内部或外部环境的哪部分。

梦中的人物角色

荣格以及很多作者已经认识到，梦中的所有元素都是梦者人格的一部分。正如我们已经看到的那样，首先应从这个视角去探索梦，即使有例外情况存在。梦被看作我们内心剧场的表达，梦里所有的人物都是我们自身特质的某个方面——我们的"次人格"（我们将会回到这个重要的话题上）。如何理解他们，如何解读梦中所有的人物？

梦中的"我"是在那个特别的梦境中你"认同"自己的视角，是梦中感你所感、行你所行的部分，是思考或经历任何体验的部分。观察梦中"我"这个视角并清晰地认可这个视角，总是很有意思的。这并不是你可以拥有的唯一视角，但这是你不知何故而选择的视角，至少是在那样一个情境下做出的选择。你从外部观察整个梦境而并不参与其中，这也是可能发生的。这表明你能够退后一步审视自己，如同看待镜中的"自己"。甚至你可以看到你自己在梦中扮演某个角色，这种情况意味着你不仅能够退后一步，而且可以识别自己的形象、外在的人格，以及在特定情境中如何表现。你可以无须认同而看到这些。

梦中的**其他人**通常代表你见证梦正在处理的主题的不同视角。他们代表知晓和感觉的不同观点，尽管这些还没有被清晰地识别。他们假借不同的面孔，就像戴着面具。梦挑选最合适的面具来代表我们需要去看的自身的某部分。我们生活中有着交互的人们（爱人、父母、祖父母、孩子、兄弟姐妹、密友、上司、邻居……），以或多或少的伪装出现在我们的梦中，他们的面貌特征可能并不和他们实际的样子完全相似，也不是他们过去的样子。无论如何，他们真正代表的只是"他们对我们意味着什么"，更确切地说，是"梦中上演的次人格"。

探索梦中出现的人物时，要提出的问题是：我将什么投射在这个人身上？我在他或她身上看到什么特质（积极的还是消极的）？他或她对我来说意味着什么？

举个例子：

> 梦者（40多岁的女性）遇见一个老朋友——一个她20年没见的同学。他结婚了，很幸福，也有了一个孩子。（梦4221）

在此要探索的问题是："这个人有着怎样的基本特质？你如何看待他？"显而易见，这个梦与这个朋友的真实生活没有任何关系。它只是暗示梦者在她自己的生活中遇见和发展了这些特质，于是出现了一个内在的婚礼（她的男性部分和女性部分的和谐）和一个"新生"，这些都暗示着变化及新的生活。但她还没有完全识别出这个改变，她将其视为她外在的事情。然而，她梦到了这些，这表明她正在敞开自己识别这个变化。

梦中有些人物也许没有清晰的面貌，或者看起来同时感觉像两个人，或者感觉像某个人可是看起来像另外一个人，这些都应被记录下来，以便清晰识别他们代表的是我们的哪个部分。

梦中出现的人物可能**认识**也可能**不认识**。当我们可以认出他们，这表明我们可以识别出我们投射在这些人身上的我们自身的"特质"。我们可以给他们放上一张脸，这表明我们觉察到自己的这些方面。他们能够出现，这意味着我们可以看到他们，但我们在这种特定的梦境中没有认同这些方面。我们认识他们，但在那个时候我们没有通达那些特质的内在途径，我们把他们看作是外在于我们自身的。这些人物具体如何表现将表明我们在内心世界和这些部分的关系如何。一个女人可能转身背对我们，一个孩子可能从我们的怀抱跌落，父母可能在挥手示意我们走近些，某人可能站在门或窗户后面……

若梦中的人物是我们**不认识**的，则表明我们自身的某个部分、特点或方面还未被我们自身所识别，我们对自身具有的某些特质还不了解。于是我们可能遇到陌生人教我们新的技能，或者看到别人表达我们没有意识到的态度或情感……但是，我们看到了他们，他们出现在梦境中，这意味着我们准备好开始去看待这些内在特质或感觉。

要进一步深入了解最普遍的"**角色**"都表示哪些含义，请参考第五章"人物和角色"。

梦中的行动

在我们识别出内在不同的部分（"我"和别人，内在母亲、内在妻子、内在小孩、内在厨师、内在驾驶员等）之后，我们必须注意这些部分所采取的**行动**。不仅要对"我"的视角进行关注，也要对梦中其他角色进行关注。

梦者的哪个次人格在做什么？谁在开车？谁在做饭？谁在吃？谁在玩、学习、教书、工作、体验压力、提供帮助、游泳、溺水、清洗、修理、运送、奔跑、杀害……这其中的每一个都有着特别的含义，我们应当将其看作内在或者个人现实的隐含表达。看几个例子：

驾驶的交通工具可能和你驾驭生活的方式有关。这可能暗示你的个人生活或职业生活。你是否在驾驶？是否可以掌控？谁在驾驶？往哪里走？路是怎样的？你被卡住或不能够继续前行吗？路是泥泞的吗？下坡还是上坡？能见度如何？有障碍物吗？你在往后退吗？……所有这些都需要隐喻性的理解，这正是你驾驭你生活的景象。（参见梦6201，7014）

攀登（山脉、梯子、楼梯）通常表达一种努力的感觉，迎接挑战或达到"更高"所需要的努力。向上攀登是在描述比预料更艰难的挑战或生命的通路。梦者向上移动的效率代表面对挑战时成功或失败的主观感受。（参见梦4431，6502）

飞翔可能与探索和体验某种态度、变得更轻松、隔开一段距离（离开某个特定的情境）有关，也可能与开阔视野、感觉更自由有关。熟练地飞，俯瞰欣赏沿途的风景，暗示你已在顶部，高过某些事物。飞翔的梦和控制飞翔的能力代表自由和自信的感受。不过飞翔也可能指向思维（空气、风）主导的内在空间，一个生活在头脑思维中的人可能会偶尔有在空中遨游的梦……（参见梦2303，3501，7023）

梦中的**死亡**只有与转化相联系时才能被恰当地理解。死亡是变成别的事物，从一个阶段向另一个阶段转变，从一个经验水平向另一水平转变。梦中逝去的人代表梦者某个部分准备消失，"离开舞台"。尽管可能会有与离别相关的眼泪和情绪，放下过去总是有些困难的，但最终，这个过程总是暗示着对新事物的开放以及一些内在的改变。我们不会丧失什么，所有的经历都是学习过程的一部分。本章稍后，我们会再讨论这一点。（参见梦4211，7025，4411，4342，4803，4501，4502，6802）

不能移动或发出声音暗示强烈的抑制感，这种感觉通常与现实生活中你感觉完全被卡住、不能识别、不能表达自己有关，也可能与保存未解决的创伤性记忆的内在空间有关。开放地面对这种感觉和过程，更多的线索将在本章给出（请参考"平衡我们的情绪能量"）。

如果没有强烈的情绪或者恐惧感，那么不能移动可能只是与你身体的深度放松有关。不能与睡眠中的身体相联结、无法控制身体的感觉可能会干扰梦境。（参见梦4331，4342）

更多常见的梦中的"**行动**"，详见第五章。

梦中的其他元素

梦中的每一个元素可能都有特别的意义。建筑物、房子、交通工具、道路、景点、物体、身体部位、动物、颜色、数字、词语……所有的内容都应该被探索，以寻找它们确切的象征性意义。我们来看几个例子，更多象征元素的意义我会在下一章列出。

正如我们所看到的，无论梦中的**房子**或**建筑物**看起来如何，它们通常都代表我们人格的不同方面，事实上是我们体验生活的内在环境。当你尝试分析梦中出现的各种建筑时，需要考虑它们的用途、它们被保存得怎么样、使用情况如何，要看看它们的形状和结构、它们的环境氛围。狭窄的空间可能暗示被挤压的精神空间，在这里，恐惧和信念模式限制了可用的领域。很多的楼层揭示了不同内在水平的意识。每一个房间都和你人格的某个方面有关系，它可能暗示某个你正在关注的具体活动：培育（厨房）、清洁（浴室）、放开无用的东西（卫生间）、协调整合次人格（餐厅或卧室）、探索童年记忆（童年居住的房子）、探索灵性（教堂或庙宇）。无论梦中的建筑是我们自己的还是别人的，它都代表我们自身的"内在空间"。（参见梦3501，3503，3801，4212，4331，4602，7011，7013，7024，7029，4321，6905，7015，7026……）

各种各样的**交通工具**也是梦中的常见元素。你的"交通工具"可能象征你的身体，也可能象征你的生活。从更深入的角度来理解，它象征你正在你的生活道路上经历的体验。你应该去检视你驾驶的交通工具的精确形态和行驶状态：它是快速行驶还是保持静止？它在路中还是路边？它被卡在某些地方了吗？你坐在后座吗？你在后座上驾驶还是后座上载着别人？你在引导你的生活还是跟从别人的领导和想法？

解析梦中的汽车（或其他任何交通工具）要求你去考虑和感受它的各个具体的方面，以及它们对你来说意味着什么（安全、奢华、自由）。一辆需要修理的、缺乏马力（能量）的、没油的或者有其他故障的汽车可能代表梦者生理或心理不佳的健康状态。马、骆驼、驴也可能被当作交通工具，它们代表相同的方面。显而易见，卡车、火车、飞机、自行车及船等也是一样。（参见梦6201，7001，7006，7014，7030）

食物是梦中另一个反复出现的重要元素。食物让我们补充能量，得到补给。食物通常代表培育、滋养我们身心存在的任何事物，它让我们身心及灵性都得到成长。食物象征我们与内在资源的联结。我们对于食物的最初印象，是将我们与母亲相连的脐带与乳房，它让我们在潜意识中想起我们和母亲的联结合一。从更广泛的象征意义来说，食物将我们与我们的本性联结，需要食物代表我们需要力量和广阔的存在。

不同类型的食物可能象征一系列事物。一般来说，果实象征收获、获益、收成……速冻食物象征冷漠的情感或冷淡的处事方式，缺乏爱。腐烂的食物象征不恰当的滋养。（参见梦4313，6501，6903，7010，7025）

行李和**箱子**象征沉重的负荷、过去的经验及记忆。在梦中，我们可能发现自己拖着各种各样没用的行李，这通常是邀请我们去审视它们并让我们开始放手。梦不断地告诉我们，我们需要"轻装上阵"。如果我们想要完全自由地行动，想要到达我们内在的山峰之巅，我们就要做到放下我们的恐惧和局限的信念模式，完全信赖我们内在的安全感和信任感。

梦中的**动物**代表我们的"动物本性"，我们未驯服的、未开化的、非理性的、捉摸不透的方面，我们的原始欲望。它们通常象征具体的积极或消极方面的特质。每一种动物都代表一种基本的特质，也就是我们从它们身上看到的最显而易见的特质，这种特质可能与文化相关。鹰展翅高飞并且有犀利的双眼，鹦鹉学舌，鲨鱼具有威胁性，骆驼驮着我们安全地穿越生命的

沙漠······

一位30岁左右的年轻女性梦到："一只猪在使劲地啃我的右手，我晃动我的手来摆脱它。我做到了，猪跌倒在地。"（梦4241）

这一点看起来很清楚：猪象征她懒惰的天性，她的某部分很容易变得懒散，妨碍她的行动（她的手暗示行动）。她意识到这个问题已经有一段时间了（右侧揭示了这一点，与左脑相连的身体右侧代表意识），做梦的那段时间，她发现自己处于更有活力的内在空间，正在清除这个阻碍（摆脱内在猪的控制），并决定去行动。

在第五章，我将进一步讨论更多动物最明显的特质。

身份证或**护照**暗指我们对身份的知觉，即对"我是谁"的认识。丢失它们无疑象征身份知觉的丧失，即与身份相关的内在困惑感。应该去检查梦中是谁丢失了身份知觉，它可能暗指一种具体的、没有被识别或清晰认同的次人格。（参见梦6503，7011）

个案研究

我愿意分享这个特别的梦的细节，因为这个梦很好地展示了梦如何反映了我们深层的混乱与不平衡、存在的不同方面和特点，以及对内在问题的不同视角。通过对这些信息的适当理解，内心成长和转化的潜力是巨大的。

这个梦者是我梦工作坊的成员，年近30岁，男性。梦里的故事是这样的：

我看到的好像是一个很大的体育竞技场，人们在观看一个特别种类的水上冲浪比赛。我看到这一切，但并没有直接参与其中。我见过有一种好像立起来的巨大的波浪，是人工的，水在持续地流淌，但波浪不会向前移动。他们就是造出那样的浪来比赛，不过就是更大一些。很多的观众坐在正面升起来的看台上，位置甚至比那个波浪还高，他们俯视赛事。两名赛手拿着他们的冲浪板沿着浪走上楼梯，他们走到顶上开始冲浪的角落。这两名赛手相差甚远：一个肌肉强健，很有男子气；另一个则是瘦瘦的，看起来有点苍白。

当他们进入水中，准备开始，那个强健的赛手立即开始殴打那个瘦弱的赛手的脸。那个瘦弱的男人却并不试图反击，他只是无助地接受殴打冲击。我看到我自己在观众中摇旗呐喊，我很喜欢看，并为此感到激动。那个攻击的男人开始冲浪，他是一个很有能量、很有闯劲的冲浪运动员，技巧相当熟练！一切尽在他的掌控之中。那个瘦弱的男人被打之后鼻子和脸流着血，落入浪底。他试图离开这场竞赛，他顺着浪底的木板走，穿过裁判，想要溜掉。我看到自己把那个瘦弱的男人推回到比赛中，所以他又回到裁判的另一边，无路可逃。

那个裁判不知道如何是好，仰头看着坐在波浪之上的一个小亭子里的总裁判。总裁判什么也没有说，他只是点头。我理解他的意思：那个瘦弱的男人必须要继续参加比赛。那个强健的男人意识到所发生的一切，赤裸地走下台阶。我注意到他有着强壮的后背，臀部略小。他抓住那个弱小的男人，把他拖到台阶上，回到比赛中。那个弱小的男人依然是什么也没有做，他毫无抵抗力。强壮的男人把他推到水里，开始再次打他。这个强壮的男人变得越来越有攻击性，他抄起一个白色的、平滑的木板就开始狠狠地抽打那个弱小男人的脸，打得极其猛烈，让我感觉到脸部都变形了，血流得到处都是。我看到我自己在人群中变得愈加激动，叫喊着"好！好！……"

然后，我醒了。（梦4251）

梦中的人物

我们列出梦中的元素，逐个探索，澄清梦中人物的含义。

强壮的冲浪手

梦者提供的额外信息："他看起来好像是我不很熟悉的一个人，是我以前的同事的一个朋友，这个人是他们经常谈起的，是一个真正的有'男子气'的人。"这个人物代表了梦者行动中像梦里出现的"真正的男人"的这部分，而这是与他的情绪生活关联的。他"识别"出他知道的某个人，这表示他可以认识到他内在的那个次人格。

弱小的男人

梦者提供的额外信息："我不认识他，他是一个保守内向的人，完全没有攻击性，非常被动。他只是想冲浪，对输赢没有兴趣，更多是想要参与。他绝对不会为了赢比赛而打斗。"这个人物看起来代表的是梦者更容易受伤害和情绪化的一面。这不是他"认可"的一部分，他还没有清楚地有意识地识别出这个次人格。

梦者的自我（自己的特性）

梦者提供的额外信息："我看到自己坐在人群中。我显然喜欢暴力和攻击，因为某种原因我真的很喜爱看到这个弱小的男人被打败！好像我是人群中叫喊声音最大的人之一，想要看到更多的血，积极地参与，创设一种更疯狂的氛围！"这个人物代表了梦者的外在人格，是他所呈现给外在的。

梦中的我的视角

梦者提供的额外信息："我更多是一个没有情绪的观察者，不过我可以看到自己在正面看台上为比赛感到激动，非常激动！我完全被那个强壮的男人极其猛烈地用木板抽打那个弱小的男人所迷住了，我看见自己依然兴高采烈，好像这是他活该的。"梦者的这一部分跳出来，看到整个画面，与更高的自我密切联结。他看到这一切，但是不予评判。他接触到启示，并予以内化整合。

裁判

梦者提供的额外信息："他看起来很公正，试图尽可能不掺杂任何情感地做好他的工作。他看起来不像是我认识的任何人。他只是遵从规则，当他不知道怎么做时，他就抬起头看在更高位置上的总裁判，寻求认可支持。"这个人物代表了梦者"遵从规则"的那个次人格。这是长期内化的局限的认知模式、观念和习惯。在这个案例中，这个特点似乎不是非常"强烈"的存在，他还依赖"更高的裁判"。

总裁判

梦者提供的额外信息："他什么也没有说，只是高高地在那里坐着，并不犹豫。我不认识他。他的决定是最终的，没有任何争执怀疑！"梦者的这一部分显然是指他的"更高的自我"，这是超越他的生活经验的那个维度的存在。他的这一部分看到每一件事情，知道每一件事情，表达最高的智慧、最好的指引。在这个个案中，梦显示出梦者在与这个指引相连，认可并遵从这个指引。

人群

他们代表了梦者的次人格——梦者存在的不同方面，只是观看，但没有积极地参与。

场景与情节

"在一个巨大的、人工的、封闭的体育场里，水不停地流淌，但是浪并不会往前"。这显示出是一件"内在的事情"（封闭的体育场），与在水上冲浪有关。我们知道水是代表情绪的元素。我们在此有个场景的画面，是关于梦者是如何处理他的情绪生活的。波浪"不会往前"，是静止的。梦者的情绪存在也是如此，情绪能量在一个密闭回路里循环流动，被十分平静地包容在里面。

两名赛手之间有着暴力竞争："强壮"的那个（有着宽肩膀和小臀部：他很是炫耀，但是基于小的内在力量）以很不公平的方式痛打那个"弱小"

的人，不认可他具有参与和表现自己技能的权利。裁判（遵从普遍接受的规则）不知所措。更高的自我说：表演必须继续。这表示经历有其意义，没有直接的干预，但是认可发生了一些事情，但还没有结束。更高的自我相信这个过程，他知道最终的结果。

重写

"我有个内在的冲突，与我把握自己情绪生活的方式有关。这件事情阻碍我的情绪能量自由流动，也妨碍我的生活更加开阔。我的一部分喜欢完全控制自己情绪并表现力量，另一部分则敏感、脆弱、温柔而没有攻击性，这两个部分之间产生了冲突。后者没有表达自己的方式，它很是无助，以至于想要完全放弃存在。在我整个人格的参与下，这部分完全被否定，只能沉默。在意识层面，我很高兴并自豪于我的强有力的部分占主导。我不想让我的感性柔弱表现出来。我对这件事情的本能的态度是，鼓励那个我内在的强壮的男子占支配地位。结果，我敏感的那部分倾向于消失，离开赛场。但我内在的深层知道这样不对，我知道比赛并未结束。"

对梦的处理

咨询师：现在你怎样看这个梦的讯息？

来访者：我理解有一个大的转化正在发生，也许我必须放下控制情绪的需要……

咨询师：什么是你处理你敏感、情绪化特性的更好的方式？

来访者：更好的方式将是允许我的情绪存在。那个弱小的男人看起来有他自己的技能和力量。

咨询师：对，探索一下这种敏感脆弱。情绪是美丽的。当你对你所感受的负起责任，你便可以敞开面对你感受的能量。让这种能量释放，流动……这只是能量，是美丽的。

来访者：是的，我同意。不过梦的结尾——那个弱小的男子被打——每个人都很开心，好像这都是正确的。这让我烦……

咨询师：这可能是你在做这个梦的那个特定时间里的"感受"。你是什么时候做的这个梦？

来访者：三个星期前。

咨询师：那个时候发生了什么让你感觉受到情绪冲击，而你完全压抑了？

来访者：……是的……大概……是与我感情关联的一件事情……

咨询师：你自己去探索。你的一部分把自己的脆弱打得粉碎，你对此感觉良好。如果你现在后退一步，你确实可以看到你脆弱的那部分受到了深深的伤害，而这是你的自我当时不愿意去承认的。好好看一下，做出一个新的选择。

来访者：嗯，这对我很有意义。

咨询师：现在，让我们来角色扮演这些不同的人物角色。回到你的梦里……把自己放在那个有男子汉气概的男人的位置上……想象自己在那里……打那个人……狠狠地打……你可以做吗？

来访者：是的。

咨询师：敞开自己去感受……现在，你想要做些不同的事情吗？

来访者：是的，我们可以公平竞争，我可以让他冲浪。

咨询师：很好。感觉那个新的选择……并开始做……看看你是怎么做的。看看那个强壮的人是怎么做的……看看那个敏感的人是怎么做的……也看看观众……

来访者：观众在等着。他们就是在观看……

咨询师：现在请你成为另一个赛手，进入那个人的视角……他在做什么？他感觉到什么？

来访者：嗯。

咨询师：呼吸进入这个新的现实。确保让自己完全整合内化。告诉自己，"我很好。我可以成为自己。我可以表现自己的敏感脆弱……"

在探索其他几个视角，即人群中的主要角色、裁判、总裁判之后，我们以片刻的静默、整合和感谢结束了这次体验活动。

三、梦里的次人格

对梦进行工作需要我们不断地理解我们人格的很多不同层面。我们的人格会根据环境的不同而表现出不同的特点：我们可能是勤奋的职业人、专制的领导、柔情的爱人、强有力的竞争者、急躁的司机、冒险的旅行者、天才音乐家、腼腆的公众演说家、温柔的父亲、有礼貌的孩子、评论家、懒惰的电视迷……尽管属于同一个主人，但这些不同"方面"倾向按照特定的功能模式来行动。我们的生命就像一辆行驶在路上的公共汽车，当"真正的司机"缺席时，不同的乘客会偶尔坐上驾驶座，有时会显得很荒唐。了解我们的次人格以便识别它们的互补性，并且允许它们协调、合作、互助是有益的。认识到我们不是他们中的任何一个也是有益的，我们是真正的司机，我们的"存在"创造生命的经历，但无须认同为这些经历。

梦不断地指向我们的内在现实。梦就像一面完美的镜子，邀请我们识别认可，进而整合那些我们还未完全开放面对的不同部分。

协调内在空间

我曾有一个来访者梦到：

> 我在一个剧场的舞台上，有很多人在舞台上，我必须要给他们配对，让他们结婚，告诉他们谁和谁在一起。（梦4311）

对这个内在疗愈过程最佳的描述是：不同的次人格间的调和，内在空间的和谐。我们的次人格需要被识别和整合，这表示所有的需要都被接纳与关爱，如果必须得到疗愈，那就一定会与"深层自我"结成联盟。

一位成年男性梦见：

> 我坐在一个公共空间的长椅上。一个我认识的女人（温柔善良，有一点儿胖）裸露着乳房朝我走来，她要求我吮吸她的乳房。我不太感兴趣，但她坚持，看起来充满热情和爱意。她说她停止为她的宝宝喂奶了，所以需要释放乳汁。这时我注意到另一个小家伙，他10多岁，坐在我旁边，看起来又丑又可怜。他拼命要求吸奶，但女人说她宁愿让我吸。当我停止吮吸，我看到那个小家伙脱光了衣服，赤身裸体。女人同意让他吸了，小家伙感到非常幸福。（梦4312）

这个梦重写为："我接触到了自己温柔、善良且充满爱意的女性部分。这个内在部分似乎有大量的内在资源与滋养元素（乳汁）。我并没有马上感觉到对这种滋养性情感的强烈需要，也没有感觉到开心或信心。然而，被我忽略的一部分需要爱和温柔。开始我都没注意到这个内在部分，它显得敏感脆弱（裸露），还有点丑。我不太喜欢它，想要忽略它。现在，我知道我富有关爱的部分是如何否认它了，但情况已经不同了——我关照了内在被忽略的那部分的需要。"

一位年轻女性梦见：

> 我爸爸要我去祖父母家。我到了那儿，只看到我大姑一个人（我不太喜欢她）。她正在厨房做饭，准备好吃的菜和汤。她说我爸爸告诉她今天是我的生日，所以她要送我一样礼物——一个她亲手制作的手工枕套。我很感动，向她道谢。接着我的小姑来了。她常常生病，很少快乐，但此时她看起来很奇怪、心不在焉，好像吸过毒一样。她穿上新鞋照镜子，并问我们她看起来是否很好，我们没有回答。然后我父母来了，这令我感到惊奇，因为我妈妈平时和我奶奶有矛盾，总是回避我奶奶。他们现在好像都很开心自在。我们在餐桌周围坐下来，每个人都很

享受这顿饭。妈妈竭尽全力来改善她和爷爷奶奶的关系。奶奶和两个姑
姑则保持平静，一改往日对妈妈的挑剔。（梦4313）

这个梦被重写为：感谢我内在空间的智慧（父亲），让我接触到自己的"内在家庭"、我的各个次人格、我的内在冲突。首先我遇到了自己不喜欢的一部分——不友善、不真诚（大姑）。我惊奇地发现了一个更完整的事实——我认识到自己的评判使我的感知觉察有所歪曲变形。我发现她事实上为大家做了许多供给滋养的事情。她对我也很关心，我被打动了。我的"内在父母"（父亲）说这是为我庆祝的时刻（生日）、认可的时刻、重聚的时刻、内在和谐的时刻。这时，我的注意力被吸引到我的另一部分上——虚弱、敏感（小姑）。我发现它有新的资源（鞋子、衣服）。它没有完全接触现实（毒品），但它正在努力改善（照镜子，寻求反馈）。我知道我仍然在忽略那部分自己。我开放自己面对另一个次人格，我认为她顽固且好斗（妈妈）。我惊奇地看到，其实她相当友善且能做得很好。我的整个内在家庭获得滋养。这里没有紧张，每个人都享受和谐的共处。

解释：梦境描述的家庭境况似乎受到梦者真实家庭的影响，但结果是和谐的聚餐并没有在"现实"环境中得到印证。显然，梦者投射了她自己的问题，或者至少是她自己想要协调、疗愈家庭成员的强烈愿望。这些都是她自己对家庭成员的"内化模式"——她的次人格。她想要协调他们。经过角色扮演，整合不同次人格间的变化，以及内在统一，这个梦产生了深入持久的疗愈效果。

梦中不同人物之间的冲突反映他们所代表的梦者内在次人格之间的冲突，如果梦者自己也处于冲突中，那么当然也包括"我"的视角。

一位50多岁的女性梦见：

我在电梯里，电梯急速升降、剧烈摇晃，它处于破损、变形、不稳定状态。当地板变得凹凸不平，我牢牢地抓住扶手。电梯里还有一个女孩，她看起来瘦弱无力、胆怯。我似乎认识她。我一边牢牢抓住扶手，一边尽力安慰她，告诉她别害怕。接着电梯到了楼房顶层，停了下来。在天台的开放空间中，电梯门开了。我看到一个高大、丑陋、野蛮的男人。我感觉他有那么一点眼熟，但看到他时还是很紧张。我带着女孩，假装平静地对她说"我们走"。我们继续前进，那个家伙似乎没有注意到我们，我松了一口气。但他却冲过来将女孩揽入他怀抱中，强行亲吻她，她拼命地挣脱我冲过去对这个家伙大喊："你想干什么？"然后我就醒了。（梦4314）

这个梦被重写为：我发现自己处在一个剧烈升降的（封闭的）内在环境中，很意外，我一点都控制不了这个环境。我几乎无法保持平衡，必须付出极大的努力才能站得住。在这个过程中，我意识到自己脆弱无力、胆怯、缺乏自信的部分。我尽最大的努力战胜胆怯，给予自己力量，但我真的感觉不到强有力的状态。当我获得更高的视角来看我的处境（天台）时，我和一直困扰我的另一部分达成协议。我看到自己更有攻击性，甚至有点粗暴、相当冲动的一面。它似乎有点熟悉，但我根本感觉不到舒服，胆怯敏感的一面完全被粗犷、男性的一面压倒。我的温柔甜蜜和粗犷豪放似乎毫不相干。但我认识到了这些，我更有力量（意识的）的部分决定采取行动面对这种"存在"。它从哪里来？它想要获得什么？我应该如何理解并运用它的创造性能量？

在这里，这个梦为这位女性提供了一次识别和解决内部冲突、统合次人格的机会。

当梦中的人物遭遇梦者自己或者梦中其他人野蛮的攻击、伤害甚至杀害时，这通常并非表达对现实生活中此人（如果能识别出来）的强烈情感或攻击，而是表达他所代表的特质的内在冲突。正如我们所知道的，梦中的死亡通常暗指内在转换的过程。从这个意义上讲，"杀害"是"去除"不想要的方面或特质的一种意象，或者将它"转换"。被"杀害"的次人格离开了内在舞台，它所代表的坏习惯被转化为另一种内在特质。

比如：

　　梦者的奶奶突然被一个小偷杀死了，他试图逮捕这个小偷。他与这个小偷搏斗，最终成功地制服了小偷。梦者对这场胜利感觉很好。（梦4315）

　　当被问到奶奶代表什么特质时，梦者觉得奶奶是一个非常被动、顺从的人，总是在她丈夫的阴影下。这很显然是梦者自身屈服顺从倾向的投射。梦者在此引入一种"外在"力量，一种侵入的力量（小偷、不认识、从外面来）以寻求去除这个弱点。梦者自身处在与这种"力量"的冲突中，它可能是外在压力，也可能是内在冲突。他自身的一部分想要转化，但另一部分却抵制转化。当联系到来访者现实生活的情境时，的确看到他被迫在某种情况下采取他最初痛恨的行动，不过后来他接受了。他感觉到自己开始迎接挑战，开始改变不活跃的倾向。

男性和女性的象征意义

　　我们生活在一个二元的世界里，每一样东西都在明确无误地表达两极间的平衡。道教的象征符号，即阴（女性的、内向的、接受的、直觉的、冷的、黑暗的、液体的、柔软的、负性的……）与阳（男性的、外向的、刚毅的、理性的、热的、激烈的、干燥的、固体的、正性的……）的结合现在被广泛地认同。如同生命的每一个方面，每个个体同时兼具男性和女性的特质，即使我们的身体只表现出单一的性别分化。

　　事实上，在历史长河中的现在这个特定时刻，我们的行星（和它的正负极）的磁性平衡一直在显著地变化着，这也会影响到人类社会个体的阴阳平衡。于是，男性开放面对他们女性化的一面——脆弱、柔和、关照能力，同时，女性发展出了男性化的特质——刚毅、创造性、领导力。为了与更广泛意义的磁性平衡保持一致，这么做是非常有必要的。我们都处于去达到自身男性与女性部分平衡的压力下，可以把这看作我们的"内在婚礼"。

　　这是我们梦的一个非常普遍的主题：梦中人物的性别通常象征我们自己男性或女性的部分。梦中的父母、爱人显然通常也象征我们男性或女性的部分，还有我们投射在他们身上的其他特质。本书给出了很多这方面的例子，让我们看看下面这个梦例：

　　　　那是一个节日，我和丈夫准备去婶婶家和全家人聚会。我不是特别喜欢婶婶。那天又阴又冷。当我们到达婶婶家门口准备进去的时候，我看见我丈夫拿着一根香烟站在稍远一点的地方。我问他："你打算一会儿再进去？"他点头说"是"。于是我就在门外等他。我奶奶透过窗户看到了我，她打开门，我和丈夫一起进去。冷风吹进房间，很冷但很安静。家具简单干净。我问："婶婶去哪了？"奶奶说："她去你们那儿了。"我丈夫说："哦，打电话告诉她等我一下，我去陪她回来。"我想："这就意味着我必须独自留下来，没有他的陪伴？我不想那样。那没有任何意义！我要和他还有奶奶待在一起……"（梦4321）

　　对这个梦的重写如下："对我来说，这是庆祝和聚会的时刻（节日），这是我能让我不同的次人格表现他们自己并相互交流的时刻。当我识别出自己的女性（或男性）部分时，我感到和自己的男性（或女性）部分联结得更紧密些，这部分采取主动，感到有力量，更能掌控（这是梦者投射在她丈夫身上的特质）。我来到一个内在空间，在这里，我遇到了我的一个次人格，我认出它是'有时有点小心眼、评判、防御的那部分自己'（我投射在婶婶身上的特质）。当到达我的内在现实时，我认识到它完全没有爱的感觉（阴冷），这就像我内在天性中冬天的一面。在成功接近内在部分之前，我必须首先获得一些保护层。我的男性部分后退以便理性思考和分析（吸烟），这推迟了和我内在现实的真实接触。但内在的资源——我无条件的关爱的那部分（奶奶）——邀请我进入内在现实，进一步探索自我。进入后，我看到我的内在空间整洁干净、安静、单纯，同时我也注意到我不够爱自己（冷）且易于形成思维定式（风）。批评、负面的那部分我在哪里？我无法很快给它定位。在心中（奶奶），我知道它已经进入我的夫妻关系（去了我家，我们作为爱人生活的地方）。我更坚持和有力量的部分（丈夫）要去探索它，但我更敏感和女性的部分感觉和我的资源待在一起，并庆祝我们的相聚合一可能是更合适、更有意义的……"

我们对现实外在环境里夫妻的态度可能反映了我们如何感觉自己的"内在夫妻"，或者说我们男性部分和女性部分的内在平衡。父母关系是我们的榜样，会对我们产生积极或消极的影响。但我们亲眼目睹的其他榜样也可能引发某些内在的东西：我们或将之认同为理想和谐模式的爱的关系，或是创伤性的冲突。这些都可能出现在我们的梦中，甚至在多年之后，来镜射我们内在现实中的男性与女性特质间的平衡。（参见梦4353）

我们结婚后可能梦到自己单身，或者单身时也可能梦到自己结婚了。这可能暗指我们如何看待婚姻关系，更重要的是，它可能象征我们的内在婚姻状况。

我们应该想到：男性—女性主题不只是在表达结婚的（或没结婚的）爱人，任何"男性的"或"女性的"角色都代表两极的互补。但无论如何，和谐的爱人是和谐的"内在婚姻"的象征。

内在父母和内在小孩

当梦中的父母表达关爱等正面特质时，这通常代表我们的"内在父母"，即我们自身拥有滋养性的关爱和殷切关心的那部分、成熟的那部分，以及更高自我联结的那部分。于是我们借了一张"现实"（生物学上的）父母的脸，或者祖父母的脸，或者其他我们认识的充满爱心的人的脸，甚至我们会借一张不认识的人的脸。当然，梦中我们也可能发现自己为人父母，这表示我们已经（至少在那个梦中）完全把自己认同为"内在父母"。这个正面积极的父母形象常常和被称作"家"的地方联系在一起，显然，"家"暗指我们充满力量和安全感的内在空间，我们的"内在父母"居住在这里。（参见梦3501）

假如父母以"负面"特质的样子出现，表达紧张或冲突，那么他或她代表我们"看起来像他或她"的那个次人格。只有"完美的充满爱心的父母"才代表我们的"内在父母"。其他与父母相关的印象可能是我们内化的他们的"模式"的表达，我们携带着这个模式生活，它常常对我们的存在产生或多或少的干扰（下一部分我们将回到这一点上）。在处理梦中的父母时，我们要区分哪些是"好"父母的代表，是我们心灵的资源的表达；哪些是"坏"父母，是我们还没有摆脱的"父母模式"的消极面。

梦中的孩子通常代表我们需要关照的部分。无论我们是否将他们认同为自身的一部分，无论他们被我们自己还是别人照顾，他们都暗指我们自己人格的某些方面：我们的情感存在和我们局限的模式。"内在小孩"常常是携带着恐惧和信念模式的那部分自己，他们带着我们童年的记忆，还没有摆脱过去，甚至可能处于真切的伤痛中。他们象征着我们受伤的内在空间（参见梦4601，6801，6804）。有时候，孩子代表我们想要发展的新的可能性、新的特质的那部分，是我们仍在成长和成熟的那部分。

梦中的孩子偶尔也可能代表我们孩子般的特质的那部分：开心顽皮、无忧无虑、自由自在（参见梦4351）。但在这种情况下，孩子会是一个非常独立的人，不需要任何特别的关注。它可能带来一个讯息：暗示有一些内在资源可以去发掘。

梦中的婴儿有很特别的意义，他们是新的生命、新的开始，象征梦者正在变化、重生、更新的部分（参见梦6901），或者是新的目标（参见梦3801）。

梦积极参与着我们内在小孩和内在父母的协调过程。婴儿、孩童及父母频繁出现在我们的梦中，这些都非常有意义。你完全有能力去检视你自己的这些部分：把梦中的孩子视作你内在小孩的表达，把梦中充满爱心和智慧的父母看作是你自身的"内在父母"。理解了这一点，你将能够向你不同类型的内在空间完全开放，并使它们彼此相会。你的内在小孩需要内在父母的在场与关爱，这胜过其他一切。你可以带你的内在小孩进入你充满爱的空间，给它需要的温暖和疗愈。

一个20出头的女孩做了这样一个美丽的梦：

> 我在回家的路上看到一个小女孩，她大概有4岁的样子，在一个倒塌的楼房前。她看着我，于是我走向她。她告诉我她走丢了，不知道如何回家。她请求我带她回家。
>
> 她看起来非常可爱，很乖。我立刻就爱上了她，我决定帮助她。我先把她带到了我自己的住处，帮她洗了个澡，穿上干净的衣服。然后，我给她糖果，她看起来非常开心。
>
> 我们一起朝她家走去，到达之后，我发现屋子里挤满了人，有大人也有孩子。他们看起来都很忙，我想引起他们的注意，但我就是说不出话来。我只能默默地看着他们。有人看了我和小女孩一眼，但很快又回到他们的工作中。
>
> 就在这个时候，我意识到小女孩是被她的家人遗弃的。我可以看出来他们试图丢弃这个小女孩很多次了，而她总是试图再回到这个家里。小女孩看起来好像并不知道这一切，她依然天真地笑着。
>
> 我于是做出了决定：如果这个家庭不接受她，我可以领养她，把我所有的爱都给她。（梦4331）

在通览这个梦的所有元素后，我们对这个梦的重写如下：我在"回家"的路上，在与深层自我联结的路上，整合我内在的不同方面，走向安宁和谐。我看到一个"小女孩"——我自己的内在小孩，这是与我的过去相连的那部分，表达着柔弱受伤，需要关心呵护。我看到她在一个"倒塌的楼房"前，这是深层的改变的过程，是过去有局限的认知模式的变革，是以往坍塌的废墟。"我走向那个女孩"——我看到我的内在小孩，我承认那一部分的自我，我想要照顾她。她"想要回家"，她需要整合进入我的整个人格。"我爱上了她"——我认识到我内在小孩的美。我照顾她，给她衣物、营养、关注。我带她"回家"，这当然表示我自身的内在环境，即我所有的人格特点、我的义务、我在压力与不同利益下的生活。我和自己在一起、关注我的深层需要的时间是如此之少。"我想要引起他们的注意，但说不出话来"——虽然我认同自己为内在父母，但是我看到这一部分的自己还没有强大到把声音投向我人格的不同方面。我平常的人格卷入了太多事务，并不注意我深层的需要。我现在可以看清楚了，我看到我的深层需要总是被放在一边，让位于我不同的责任、义务、工作等。现在我明白"我"是这样不关心我的深层需求。我决定敞开我的内心，面对我柔弱、敏感、情绪化的那一部分，那是需要关爱的一部分。

在释梦过程中，我强调她在梦中的视角是内在父母。她认同那一部分的自己：富有关爱与智慧，善于观察，敢做新的决定。这些都显示出极好的内在成长性，使有爱心的妈妈得以进入并赋予她力量。我引导她再次进入梦境进行角色扮演，回到那个小女孩的家中，想象她对那些忙碌的人说话，不过这次是以充满力量的清晰语言来表达。她承认这一切与她目前的生活极为契合，这对她来说，就像是对她内在成长转化的一种庆祝，是一个全新而愉悦的开始。

内化的父母模型

正如我们所知道的，梦中的父母可能暗指我们从现实父母那里继承来的模式，并不必然是完美的充满爱心的人。事实上，大多数父母都有某些局限，这给他们的孩子体验或继承负面模式——恐惧、局限的信念模式、评判、坏习惯、未解决的创伤性经历等——提供了可能性。除非我们已经能够摆脱这些模式，否则它们可能会常常出现在我们的梦中，有时甚至以加重的方式呈现。它们是我们继承的模式的表达，以次人格的形式存在于我们的内心世界中。为了帮助我们处理和转化能量，它们来到我们的梦中。

当然，这适合于我们内化的任何一种模式，事实上，它甚至适合于任何一种负面或创伤性的经历。从父母那里继承来的东西往往很顽固，有时候也很消极。一些人必须要付出长时间的努力来发展他们内在的自主，接近他们内在的资源，以补偿建设性模式的匮乏，这种匮乏致使他们的内在小孩难以变得自主和坚定。梦会参与这个过程，提供线索，显示梦者在这个问题上的立场以及他内在资源的源泉。

一位女士梦到：

> 我走在我父母居住的城镇的街道上。当地人认出了我，用手指着我。他们指控我杀了我的父亲。我告诉他们这不可能，因为我刚才还看到我的父母亲，他们都很好。但他们一直坚持。这些人对指控非常确信，对我表示出强烈的愤怒。（梦4341）

这个梦被重写为："我接触到与父母的关系这个主题。我内在的某些部分责怪我舍弃了父亲的模式，使得他从我的生活中消失。我竭力为自己辩护，但徒劳无功。我的内在发生冲突，充满愤怒与内疚感。我为自己抹去了父亲对我可能有的意义而内疚。"

这位女士的确是在与其非常负面的父亲模型作斗争，而她无意识地把这个模型投射在大多数男人身上，当然尤其是投射在她的丈夫身上。她认为父亲在控制欲强，甚至有些歇斯底里的母亲面前完全就是一个无足轻重、不存在的人。她没有任何可以信赖依靠的正面的父亲模型，因而她只会是轻视、否定任何与他的有意义的接触，并且普遍贬低男人，而这是她没有觉察到的。这个梦使她得以澄清这个问题，明确并放下自己的感受。她做的其他的梦使这个过程更完整，让她可以发现并挖掘自己的内在资源，使她可以去联结丢失已久的内在力量与信心。

有些人在童年时丧失双亲或父母一方，在这种情况下，个体"内化"的模型可能表达了"缺失"或无力。除非有可替代的模型，否则成长中的孩童可能在发展与缺失的父母相应的特质方面会有困难，要么是父亲方面的创造性、行动或保护的能力品质，要么就是母亲方面的感性、包容与滋养的能力品质。

我曾经咨询过的一位男士，他的父亲在他4岁时离开了家，在他6岁时死去。他童年的大多数时间都是与其母亲单独相处，对其父亲几乎没有什么记忆。母子关系过于紧密，没有其他男人来平衡家庭。结果，这位年轻的男士发展出非常女性化的敏感，但缺少果敢决断的力量与信心。他在35岁时依然没有结婚，凡事都会征询母亲的意见。这位母亲总是感觉他的女朋友配不上他，这一点就并不令人惊讶了。他也会有同样的感觉：这些女友的能力特质从来比不上他的母亲。在他来做治疗时，我们需要在掌控型的母亲形象和缺失的父亲形象两个方面进行工作。在这个具体的个案中，梦在识别这些内化的形象方面很有帮助。他报告了这样一个梦：

> 我在注视着一个男人，他戴着一顶大帽子（我认出来那和我父亲戴的帽子一样）。那个男人被周围的人抬着，因为他没有腿。他就像一棵死树一样，又像一尊雕像，只是还活着。他靠自己什么也做不了。（梦4342）

由于那顶帽子，这个梦显然指向他内化的父亲形象。这个父亲模型完全无能为力，无法做成任何事情，是一种僵化的存在。我引导他回到梦中的意象，角色扮演那个元素，想象他就是那个被抬着的人。我邀请他做出自己起身行走的决定，充分感觉到活力与存在，完全能够自己做决定。我还让他写信给父母，在空椅子前大声读出来，然后再角色扮演收到信息的父母，做出回答，给予支持性的回应，认可他的自主、自身的力量与帅气。

还有一位40岁左右的女性来访者，为她驾车时的一些恐惧模式而来咨询。在她驾车进入高速路时，尽管她面前的道路宽敞开放，她也会突然感到恐慌。咨询中很快呈现出来，她与父母断绝关系很多年了。她与父母的关系从开始就很糟糕，因为父母在国外工作，所以在她不到1岁时就被送给奶奶看管。在她4岁回到家之前，她还和一个姑姑一起住了一两年。她的母亲是一个强势的女人，她感觉母亲从来没有真正用心地对待过她，而实际上是在以不同的方式控制她。她父亲从来不对此说些什么，而是生活在母亲的阴影下。她对父母的愤怒是鲜活强烈的。在几次咨询会谈之后，她做了下面这个梦。

我坐在我父母家里的餐桌旁，和他们以及我的兄弟一起吃饭。我妈妈说："我今天不能和你一起去超市了，我头疼。"我生气地说："是你答应我要去的，你必须要说话算数。你总是找理由不遵守诺言。我知道真正的原因，你太自私了，你太小气了！"我们吵起来，我对她有着强烈的怒气和攻击性。我爸爸插进来说我不应该对妈妈那样说话。我冲他嚷道："你闭嘴！你在你应该要说话的时候从来不说，现在你最好待在一边。"我的大哥说："你真是一点没变，总是这么令人讨厌，这么好斗！"我用手指着他："你也把嘴闭上！你欺骗你的妻子，对她不忠。你没有资格来教训我！"……整个氛围非常紧张，我感觉他们都在反对我。最后，我对我的攻击性感到心虚与内疚。（梦4343）

这个梦可能会是现实，它恰好反映了这个女人对她家庭的感受。她说，他们的确如此。不过，这些人物的确是她"内化"的内在模型，不停地滋生出内在冲突。无论是在内在还是外在环境中，这些人对她的行为表现都依据于她选择如何来看待他们、她把什么投射在这些人身上，而这些都源于未解决的苦痛。这个个案如同大多情况一样，梦者的感受是梦中最为重要的部分。主要的任务是敞开面对她的愤怒，处理这个愤怒，会见她的内在小孩，转化这些感受的能量。她有这样一个机会来识别这些内化的模型，并可以做出明确的选择与行动：认可、感受、疗愈与转化。

资源性的内在空间

梦中的父母也许指向"内在父母"，即我们最富有资源的内在空间，也是我们与自身"本性"联结的部分，不过他们并不是我们内在资源的唯一代表。我们可能在梦中发现各种不同的资源性的次人格的代表：也许是某个有幽默感的人，也许是某个表现出智慧和内在平和的人，也许是传递着爱与光、喜乐、信心或财富的某个人，可以是任何在我们感到"无能为力"时而表现出"胜任有力"的人物角色。梦提醒我们看到这些内在资源，邀请我们对之敞开，识别出它们。尽管这些资源以我们还没有认同的人物出现，但他们是我们内在存在的一部分。我们可能还没能有意识地整合内化他们的特质，但我们可以看到他们，他们肯定已经呈现于我们的内在。

角色扮演这些资源性的次人格，通过梦中提供的形象和情境与之联结，这将极有裨益。你随时都可以回到梦境里，想象自己成为另外一个人，从他的视角来看待和感受事物。换个视角从外在来审视那个你认同为自己的人，就像对一个次人格那样与之对话，告诉那个你自身的意象"你在那里"，你现在完全联结感受到那个新的特质。邀请你无力的那部分进入到你的存在中，成为你的一部分。确定让自己完全认同资源性的部分，坚定彻底地将之内化整合到自己的身心存在。在任何你需要的时刻，有意识地回到这个资源性的内在空间。

一位成年女性反复做着关于考试的梦：

> 她发现自己又坐在教室里，面对着试卷，一头雾水，不知从何而答。我请她把梦的细节都报告出来，她说通常她都不是一个人在教室里。在她最近一个这样的梦里，她清楚地记得还有个女孩，好像非常有信心地答完了所有的问题。（梦4350）

我请她角色扮演那个女孩，感受女孩的信心，充分地内化认同那个女孩，并请她对那个看起来像她的那个无力的人物说话，邀请她过来一起学习。

一位中国女士的梦：

> 我在一个很长的桥上，看起来像是高速路上的立交桥。没有车，只有一群孩子在玩耍嬉戏。天气晴朗。在这些快乐的少年中，有个男孩在欢快地跑着。他说他的鞋里进了沙粒，我能够听到他说的是与我的语言不一样的某种方言，这些孩子来自另一个地区。我微笑着对那个男孩

说："你应当用普通话说，这样别人可以理解你所说的。"（梦4351）

这个梦显示出梦者处在她生命中转换方向的过程中（立交桥）。她处在两个阶段的转换中，同时，她敞开自己面对她内在孩子似的天真烂漫（玩耍的孩子），她确认这些不是她生活中主导的部分。那个男孩充满了幽默与轻松，"沙粒在他鞋里"的感受在他看来就是一个让人兴奋的新鲜经验。"沙粒在他鞋里"也许被理解为"问题"的象征，它让行走变得困难，这是恼人的事情，但这个男孩却会享受这个经验。梦者联结上她可以这样做的那部分，隔开一段距离看待发生的事情，把发生的事情视作"新经验"，充分享受每一个时刻。在她的梦里，她请求那个次人格以可理解的方式与她的其他的内在部分沟通，以便她可以一直与那个特质有联结。

另一位成年女性梦见：

下班时间，我和其他同事离开办公室。有人告诉我，一位已经退休的同事要回来做什么事。我很高兴，因为那位同事人很热情，很有爱心。我可以在脑海里想象她微笑的脸，感觉到开心。这时，我看见人群中现在的一位同事，想到他要回家就意味着我应该留下值班，于是赶紧回办公室，似乎害怕别人误认为我也想下班。（梦4352）

这个梦者承认自己是个工作狂，有些过度关注她的职业生活，更多是出于职责而非真正的创造性激情。在这个梦里，她的一部分想要"回家"（这是要回到内心照顾她个人需求的象征），但她主导的部分即她认同的部分，不能离开她的工作，让她又回到强迫性的工作中。不过，在这个梦里，她的确与她想要回家的那部分有所联结，在这样做的时候，她敞开面对那部分代表她心灵特质的存在。她可以看到那微笑着的关爱的脸，她感觉到开心愉悦，这几乎是她忙碌生活中被遗忘的体验。显然，那位热情的、有爱心的同事是她想要回到她内在现实的那部分的反映，再次联结这个资源性的次人格，使得梦者提升了在生活中想要做些改变的信心与能力：放下她那些太多的职责，开始照顾好自己，敞开心灵，传递出她的爱。

一位缺乏自信、感到有些抑郁的男性梦见：

> 我和一个朋友进到一家咖啡馆，里面到处都是人，很吵闹。我们试图找到一个安静的地方……然后，我发现自己在街上，在一个开放的地方，也有很多人。他们在看一位街头艺术家的表演，他在演奏音乐，观众好像在欣赏。在另一边，我注意到一对我认识很多年的夫妇，我羡慕他们的和谐与欢乐。（梦4353）

梦者在此的内在空间显然是拥挤而忙乱的，太多思考，太多困惑。尽管资源（朋友的存在）丰富，他仍在寻求宁静，然而还没有找到。不过，他看到了艺术家——他内在的艺术家，他的一部分有足够的自信可以在街头表演。他还看到那对夫妇——他羡慕渴望的理想夫妇的形象，但他还未在自己的生活中找到。敞开面对这些特质的感受，敞开面对这些不同人物所表达的内在空间，是他达成他所渴望的生活变化的关键所在。

四、感受与情绪

我已经指出，梦中的感受是梦的一个重要方面。因为梦中的场景画面可能是"借用的"、幻想或无意义的，而梦中的感受总是真实的。梦中的感受经常是梦的主要内容，即使梦有时并不直接被看作是"情绪化"的。梦中潜在的感受让我们的潜意识与意象关联，而不是观察到的情景创造了感受。存在的恐惧感招来妖魔鬼怪，而不是妖魔鬼怪引发恐惧。梦首先是感受的表达，在我们情绪及思维中处理的感受，在寻求一种平衡。显而易见，因为我们都是情绪的存在，我们梦的一个重要方面是与情绪相关，尤其当情绪能量在释放或情绪需要达到平衡时。因而，在处理梦时，知道如何适当处理情绪能量是极其有帮助的。

当带着强烈的感受或情绪从梦中醒来时，在用些时间重温并记下梦后，

对于这些情绪可以做的最好的事情是，把它们识别为身体里的感受。不要
"思考"这些情绪，而是去"感受"它们。当你这么做时，你认可了身体里
的情绪能量。你敞开面对情绪能量，呼吸进入其中，不害怕，不思考……你
就可以使之流动释放。如果你可以去除对这些感受的认同，让能量重新流
动，这个过程就完成了一个内在的转化，这就解除了原来郁结在你体内的能
量。这将改变你的内在环境，也将不再滋生那些局限性的认知模式及观念。

让我们来看看一位近40岁的男士的梦：

> 我在一个果园里，在排列整齐的果树之间，看到不少巨大的蜘蛛从
> 树上垂落下来。我感到恐慌，匆忙逃开，却发现自己到了一个满是水的
> 地方。我试图摆脱这个地方，告诉自己需要找一个更安静的地方，比如
> 海边。我来到海滩，但海却并不是我希望的那样平静，事实是非常汹涌
> 澎湃的。我被巨浪冲到水里，醒来时还淹没在水里。（梦4401）

蜘蛛经常与控制型的母亲意象相关。蜘蛛在无助的牺牲品周围吐丝缠
绕。水是情绪元素。梦者想要通过找到理想的大海摆脱他的问题及焦虑的感
受。海是阴性、接纳、开放、滋养性的空间（与山脉更为"阳性"的方面相
对），这再一次更明确指向母亲。在此，这个男人依然在寻求理想的母亲形
象，可总是被情绪风暴冲垮。这一情况也被证实，这个男人的个人生活确实
被不稳定的亲密关系所困扰，他在每一个他所爱的女人身上寻求母亲的形
象，这让他一次次被拒绝。他处在非常不稳定的情绪状态中，这反映为他在
梦里溺水。不过，这个梦也呈现出很容易不被注意到的资源性元素：梦开始
的场景——果园。这里有果实，果实是滋养性资源的表达，果实在成熟后可
以收获。梦者内在的某些部分已经成熟，具有利用内在资源的潜在可能性，
这会使他可以摆脱焦虑与情绪失衡的束缚。

现在，他可以怎样解决问题呢？只是解读他的梦或分析他的"问题"
并不一定能够帮他真正解决问题。他完全把自己认同为他的内在小孩，与他
的内在父母失去联结。所以，我让他回到梦境的氛围里，联结梦里的感受、

蜘蛛、巨浪……他的身心感受里有他很容易联结到的情绪，而且都在那里。我让他敞开自己面对这些情绪，呼吸进入其中，把它们视为情绪能量——只是能量。梦者在这样做的时候，他可以去除对他受伤的内在空间的认同。我进一步引导他深深地呼吸，感觉与大地的联结，吸入力量与光亮。敞开自己面对力量与信心的存在。"此时此地，一切都很美好。只是感受……吸入感受，转化感受……"

在此应当指出的是，梦的世界是完全不受抑制的，感受会得到充分释放，我们可能会发现自己在梦中做些在现实生活中绝对不会做的事情。在梦中，不会有任何缓和我们情绪的行为，梦毫不掩饰地呈现出感受，没有好坏，都是真实的。梦中可能会有血腥的场面、谋杀或掠夺，我们只需敞开面对卷入其中的真实感受，去除对它们的认同。

一位30多岁的男士梦见：

> 我在一条街上，与我中学时候的一个同学一起走着，他是从中学之后与我没有过任何联系的一个温文尔雅的人。突然，他用枪射杀一个过路人，然后逃跑了。我看到自己报警并指控他。后来，我意识到他被判为无期徒刑，我对指控他感到内疚。当我去监狱探访他时，我看到他被穿着西服的男人监视着，那些人头发上打着发胶，看起来像雅皮士。（梦4402）

这个梦被重写为："我的一部分尽管看起来温文尔雅，却有着非常隐蔽而强烈的暴力。我目睹到来自那个次人格的攻击性行为（或体会到他的感受），我感到惊讶。我立即唤起我内在的控制力量去制止内在的暴力，这导致了内在冲突。我意识到我没有尊重我的那部分存在，当我去审视那部分时，我发现我努力试图适应商业领域，在我的事业抱负上达到成功，而那部分被牢牢地控制住。"

不需要担心害怕我们会把梦中的经历放到现实生活中去重演。无须任何内疚的感受，梦不是要唤起我们的恐惧害怕或任何评判，梦在召唤疗愈。梦中任何的表达只是当下的反映，或被带入到我们觉察中的情绪能量的一种反映，这本身就已经是一种转化过程。另外，这种能量也许甚至并不真的"属于"我们或来自我们自身内在。我们可能被来自外在环境的某些阴暗的情绪能量所传染（外界有许多这样的能量）。唯一要紧的是我们转化这种能量，这只能通过去除对其认同、敞开面对、呼吸进入其中，并把它带入到内心的能量中来达到。

平衡我们的情绪能量

疗愈与稳定情绪的过程要求植根于力量与信心的存在、我们内在的光亮及我们的深层自我中。为了去除对情绪与记忆的认同，我们必须首先识别出它们，把它们摆在我们面前，与之对话，拥抱、接纳、关爱它们，把它们带入心灵的能量中。

为了充分利用我们的情绪性的梦，以下一些具体的指南是有帮助的。

1.识别感受，识别受伤的内在小孩

疗愈我们情绪化内在空间的关键是探索体验思考与感受之间的差异。谈论感受不等于"感觉"感受，我们想让梦者真正停下思考，"只是感觉"："噢，在这里我有这样的感觉。"无须其他，只是敞开自己去感受，接纳感受，完全接纳地面对其内在真实。

这时，我们敞开面对受伤的内在空间。我们必须认识到我们的情绪体验主要是身体里的一种"感觉"！它鲜活地"在这里"，而非"外在"的我们感觉无力的事情。它是一种"能量"，是可以改变的，是我们可以赋予力量去做一些工作的。

我们想要做的是充分地敞开面对情绪能量，认可它的存在，目的不是放松或摆脱它。目的在于感觉更多，而非更少。当我们呼吸并敞开面对我们体内存在的情绪能量时，可能那个感受会消失不见了，因为能量开始流动。也可能突然间会有些画面冒出来，与这些感受相连的一些过去的情境记忆闪现

出来。这就是我们所谓的"倾听内在小孩"：我们敞开并认可我们受伤的内在空间、受伤的内在小孩。

当你从一个情绪激烈的梦中醒来，能够做的最好的事情是花些时间识别身体的感受，呼吸进入其中，把这些感受识别为能量，即体内的情绪能量。能量得到处理与释放，呼出这种能量并去除对它的认同，将会进一步激活你情绪能量的平衡。

2.去除对局限的次人格的认同

无论在梦中看到什么或经历体验到什么，都只是梦或体验而已。我们所承载的记忆，内心剧场各种各样的次人格，我们经历体验的感受与想法，所有这些都并非我们真正之所是。尽管我们必须要认可内在现实中的不同部分，如妖怪、杀手、濒死的婴儿或愤怒的次人格，但这些都只是代表了能量与感受。所有这些都可以在眨眼间改变，只要我们选择回到我们的"本性"。没有任何要认同的，任何出现的都可以被面对、接纳、认可，带入到我们深层自我的存在中。

3.转化情绪能量

能量如所有事物一样，可以被聚集到某点上固化，也可以扩散减轻如同空气一般。就像水一样，低温时是固态（冰），中温时是液态，高温时就成了水蒸气。情绪能量也是如此，或沉重或轻盈。情绪能量可以郁结卡在我们的身体里，可以液化成泪水、汗水或者其他液体，或者汽化后自由流动。我们可以把冰冷郁结的情绪能量转变为自由流动的生命力，我们如此做显然是极其重要的。

我们的梦完全参与到这些过程中，有时会极其明确地指向它们。一位男士梦见：

> 好像是在黎明时分，我盘旋在一个场景的上空。一辆救护车停在一个稍微有点向左倾斜的牧场上。我看到一些人从救护车上抬出两副担

架，担架上有死尸。这些尸体被烧过，它们还发着光亮，好像充分燃烧的木头。现在已经没有了火焰，但我可以看见里面燃烧的强烈的光热。人们把担架抬向牧场左侧的小湖或池塘，他们好像要把那些燃烧过的尸体扔进水里。我想：他们不应该那样做！最好是让它们充分地燃烧。如果他们把这些尸体扔到水里，则不能得到充分的分解……然后我就醒了。（梦4411）

这个梦被重写为："我在处理浮现到我意识的潜意识记忆（黎明表示从夜晚而来，指向潜意识记忆——我们被隐藏的看不见的部分）。我注意到两件久远的事情（死尸）处在完全的转换过程中（燃烧），从我的内心环境中释放。不过，我的某些部分好像在做一些阻止这些记忆得到完全分解转化的事情。他们把这些元素拖回到我的情绪里，像死物一样保留下来，可能污染了我的内心环境。我对此有觉察，我想应该避免此事。"

这个梦在此有个邀请，要识别出这些事情，让它们可以得到充分的"转化"，这在象征意义上由"火"这个元素来表现。"火"提供了一个很好的意象来表达转化的意义：致密的尸体分子被转化成热和光。

同样地，我们人类有能力将情绪能量从沉重转化为轻盈。我们具体如何做呢？简而言之，就是把能量从内在小孩的受害者的意识转化为内在父母的以心灵为中心的信任关爱的意识。郁结卡住的能量（冰）将会在本性的光亮热情中熔化。这项工作甚至不需要解释或理解这些事情，它很简单，我们所有人在有些时候都会自发地来做。主要而言，它要求我们从一个"内在空间"转换到另一个：从内在小孩（受害的、恐惧的）模式转换到内在父母（以心灵为中心，感到力量、关爱、信心）模式。当我们进行这种转换，从接纳的空间认可我们的感受，我们就把能量带入到一个不同的振动频率，我们在对其进行转化。这是一个自然的过程，我们只需要记住这一点，并知道在陷入情绪时如何有意识来做。有一些很有帮助的实操办法[1]，我发现最直

---

[1] 我的书《由心咨询》对这个问题有详细的探讨和阐述。

接有效且容易的方法是简单地回到我们的呼吸，回到我们的内在根基，重新扎根于我们内在的平和空间，只是处在当下，想象环绕在我们周围的光，吸入光亮，感觉光亮，让光亮充盈我们整个身心存在。

4.对资源性部分的认同

如果说应该去除对限制性元素的认同，那么就应该完全认同资源性的特质。梦中出现的任何感觉到赋予力量的特质都应当被用来更充分地与我们的内在力量空间做联结。为了从受伤的内在空间转换到有力量的关爱空间，我们可以角色扮演梦中任何的资源性元素。我们已经提到过许多这方面的梦例。（参见梦3701，3801，4101，4251，6502……）

如果梦中没有资源性元素，我们可以加以想象。从一个更有力量的视角来看这个梦，会有怎样的感受？可以想象什么不同的梦的情节或结尾？改变视角，想象一个关爱的、有力量的存在在面对焦虑无力的空间，这对去除对限制性空间的认同会有所帮助，并帮助我们重新置于真实的自我、我们内在的力量空间中。

梦中的水

情绪与水的关系可以通过我们体验情绪时身体所释放的水观察到：泪水、汗水、尿液和其他液体在释放我们情绪能量中都扮演着各自的任务角色。我们是情绪性的存在，我们的躯体90％以上由水构成。我们生活在一个充满水的星球上，水是维持生命的最关键的元素。因而水成为我们梦中最强烈、最普遍、最频繁的象征元素，就并不令人惊讶了。对水的意义有着清晰的理解是有帮助的。

一位年轻的已婚女士梦到：

> 我和我丈夫在一起。我俩都发现我们被一种病毒感染了，是通过分析检测我们的尿液发现的。这让我们感到担心，我丈夫想知道这个病毒

从何而来。他怀疑我们家的供水系统有问题，用某种粉末可以显现这个病毒。他确实在我们家的自来水里找到了病毒。（梦4421）

这个梦被重写如下："当我与我的男性部分（理性的、分析的）接触，我认识到我有一个'问题'（病毒），我为此担心。这个问题与负面情绪（尿液）有关。我的'男性'部分在寻求如何理解这个问题。我检查了我的情绪系统，确实识别出问题所在。"

梦者承认她的确为一个困扰她的情绪问题、恐惧模式所担心，她已经在一个咨询师朋友的帮助下在做一些工作，并且确实识别出问题所在。这个梦是她内在状态的清晰反映。

然而，我们在处理梦中的水这个象征性元素时，必须要区分两种不同的情况：一种是"净化与清洁"的水；一种是在我们生命中有着不同表现的水——有时溢出，有时肮脏，有时打湿我们，有时我们完全被淹没在其中……梦在"正性"与"负性"情绪之间做出明确区分：干净或不洁，清洁或污染，疗愈或危险。也许有人会争论说所有的情绪都是"正性"的，所有的情绪都只是能量，它们是要被敞开接纳的，而非害怕担心的。我当然同意这一观点。不过水这个普遍通用性的元素似乎既被用来代表"纯洁的爱的能量"，也被用来表示"较低"的情绪类型。较低是因为它们的能量振动低一些，因为它们与处在我们腹腔神经丛的情绪体中心相连。爱则位于我们的"心灵中心"（作为一个能量中心位于我们的胸部上方）。爱自然不应与关系混淆，也不应与性吸引混淆，更不应与欲望、依恋、害怕丧失、需要温情等混淆。我们谈论的心灵的能量，并不具体局限于我们的"爱情关系"。相反，心灵是我们生活运转的主要能量，是通过我们的身心来散发的能量，它将所有事情统为一体，让事情成为可能。爱是我们可以用的主要的创造性工具，爱应该是运转我们生活的能量。爱让我们处于心灵的中心，而恐惧让我们远离内心，下行到"低"的情绪能量，让我们的腹腔神经丛难受。如果我们理解了爱是更高层的情绪，我们就会懂得某些梦的象征符号指向纯净的水。

一位成年女性梦见：

我与一群人在一个风景优美的地方旅行，这让我想起好像是在西藏。天空明净，远处有山脉，山脉同有河流。我感觉很棒。我们到了一个看起来像是当地饭馆的房子里休息吃饭。我走进去，从右边穿过房子来到院子里，我想在吃饭前找点水洗洗手。院子里有绿草，湿漉漉的，好像下过雨。有条"之"字形的小路通向后面的一个小建筑物，也很潮湿。我跳跃着拣干的地方落脚。我注意到稍远处有个龙头，犹豫着要怎样过去。然后，我发现有条水管从那个小建筑物一直穿过来朝向我以及更远的地方。管子上有个小洞，喷出水来。我只需要弯腰就可以用喷出的水洗手，这看起来好像比那个旧的生锈的龙头还要好。所以，我蹲下去洗手，用干净的水拍打着我的脸。然后，我注意到水管是从一个看起来很脏的水池里穿过来的，我凑近些看到有小虫子在里面。我突然开始担心：水管里的水会不会被池子里的水污染？我是不是用了被污染的水？……我仔细检查池子和水管，好像水管在池子里没有泄漏。好像有人在那里向我确认没有问题，管子是安全的。我站起身，感觉好受些。然后我就醒了。（梦4422）

这个梦被重写为："我与内在美丽而有力的空间（风景优美，天空明净）接触。我可以看见我的更高目标（山脉）以及我的情绪资源（河流）。多样的内在存在、丰富的人格让我感到被支持。当我进入生命中滋养性的时刻（吃饭），我想要清理我的内在环境，去除一些不想要的模式（洗手）。我可以看见一个能够让我'进入'内在资源的地方，但感觉不是那么容易抵达。我意识到情绪还是切实存在于我的生活中（地上有水），但我努力让事情可控（走在干的地方）。我只是需要低调一点（弯腰），谦卑而简单一些（弯腰降低对周围环境的觉知），完全在'此时此地'。这样做的时候，我可以得到我寻求的净化……但之后我有所怀疑——我注意到我所有的负面情绪、负面思维模式（虫子）以及评判。我内心所感觉到的爱是不是也会被这些污染？我的内心指引打消我的疑虑——不会，我的爱是纯净的。我可以分辨真爱与情绪的区别。我感到平和与信心。"

这位梦者在重写梦之后，可以把梦与她的现实生活情境关联起来。她确实经历了一些工作关系方面的挑战，面对着来自同事说她过于疏离、过于独立的批评。她已经探索了"弯腰"的意义，采取更低调的姿态，她向周围的人敞开心灵。不过，她依然疑惑那是出于真正的"关心"（爱）还是出于取悦或获得赞同……梦很明确地邀请她信任自己的心灵，让事情简单起来。水管提供的是干净的水，指向她可以提取的内在联结，这是她完全可以信任的。

洁净的水可以理解为净化与转化我们身心存在的一种纯净的能量，我们同样可以看到"淋浴"是如何表达我们努力净化我们的思维与情绪的，它帮助我们释放无用的负担，使我们达到内在的一致、和谐。一位2岁幼儿的母亲，感到需要练习冥想，却难以将冥想与其他个人生活及工作匹配，她梦见：

> 我看到自己在我的大学里，我决定花7天时间远足到印度去。我在出发前必须洗个澡。我到大学的公共澡堂去，但大多数淋浴上面的灯都不亮，只有一个淋浴有灯，我的男朋友在用。一开始我想我可以过去和他共用一个，但我还是决定先做别的事情，等他洗完了再说……（梦4423）

在探讨这个梦时，她感觉到淋浴明确地指向她练习冥想的渴望，远足去印度表示她的精神之旅。不过，在她可以真正练习冥想之前，她的男性（理性、积极）部分在调谐、净化自我的过程中占用着空间。同时，她处在一个等待的位置上，等待进入她生命中更光亮的点（灯）。她可以立即加入这个过程，但她选择了等待。她让自己忙碌于其他事务，在等待一个更轻松的时刻进入她渴望的冥想练习中，从而可以继续她的精神之旅。

本书中还有许多其他与水有关的梦例（参见梦4251，3501，4401，4601等）。显然，不同形式的水会有不同的意义。无论是湖泊还是海洋，巨浪还是细雨，泥泞的水坑还是干净的水池，喷泉还是淋浴，漏洞还是下水沟……这些都有其具体的含义，梦者与水的关系也是一样（是否弄湿、受惊吓、不舒服、溺水，等等）。与水有关的梦可能却并不一定伴随着情绪性的经历、体验。有时候，它们只是象征性地指向梦者的情绪生活，为梦者提供一个象征性的讯息，而梦者未必能立刻觉察。你需要解读、探索梦的讯息，找出梦要告诉梦者关于其情绪生活的具体讯息（更多关于水元素的解读重写请见下一章）。

面对恐惧与妖怪

奇迹被认为是超自然的，因为无法被理解。同理，妖魔鬼怪与制造恐惧的经验相关，它们也无法被理解。妖怪可能由一个局限的视角被放大、夸张或扭曲了。通常，为妖怪去神秘化的最好的办法是去"注视"它，描述、形容它。下面有一些具体的问题，供你在处理有妖怪的梦或噩梦时使用：

1.详细说明妖怪的主要特征。是什么让它成为妖怪？

2.它对你造成的具体威胁是什么？

3.什么人、事件或你的哪部分感觉它会对你有威胁？

4.花些时间感觉你身体里的恐惧。无论你看到什么妖怪，它都可能只是你投射恐惧的空壳。请你确定可以识别你体内恐惧的能量所在，并承认它的存在——这是你的恐惧，它只是一种能量。呼吸进入这种能量，使之流动、转化，把它带入你深层自我的光亮之中，与之对话，敞开自己去拥抱它。"没有问题……只是能量……我可以处理……呼吸……进入我的光亮……"

5.探索你梦中的态度。你对妖怪的回应有效吗？如果你在梦中所做的只是使事情变得更糟，看看这是不是你在某些真实生活情境中反应方式的一种隐喻。这个妖怪是指你外在环境中的某种威胁吗？

6.梦中有什么表示资源或可能对你有帮助的技能？

7.最后一步，你可能想要想象一个新的梦的情节。让梦以一个不同的结果展开，看到妖怪与你对话，变得友好而无害，或者离开了……一个处理妖怪的非常有创造性的办法是询问妖怪是谁、想要告诉你什么（参见梦2310）。

任何包含令人害怕的妖怪的梦可能都充满了潜在的启示与资源。这些可怖的故事通常是一些信号，在我们转入当下挑战性的情境之前，必须予以深层的理解。

一位年轻女性报告了她的梦：

> 我在一个山区里攀登一条小径。刚下过雨，一切都是湿湿的，不过雨没再下了。好像是清晨，树还很黑。突然间，我看到有个男人在我前面。那一个很强壮的人，显然是在那儿等着抢我的东西。我感到恐慌，迅速决定转身逃跑。但在转身向后跑几分钟之后，我对自己感到生气。我是多么无用！我决定回去，抓起一根木头奋勇前进。当我到达刚才那个男人站立的地方，他不见了。我毫无困难地继续前行。（梦4431）

重写的故事为："我在朝着我生命的更高目标迈进，在一个有挑战性的小路上（狭窄、山区）前行。我的内在环境有些黑暗，相当情绪化（雨、湿），但我知道事情会很快变得明朗起来（清晨）。现在我遇到一个具有威胁性的障碍：我害怕有什么会把我的一切夺走。我的第一反应是恐慌，我想放弃自己的计划并逃离。但我很快改变想法，决定面对挑战，无论那是怎样的挑战。我面对并克服了我的恐惧，我原先视为恐惧的东西突然之间不见了。我可以毫无困难地继续向前。"

五、梦中的死亡与濒死

梦中的死亡与濒死必须要与转化这个概念相关联才会意义尽显。死亡、衰退意味着转变成其他事物，从一个阶段进入另一个阶段，从一个水平的经验进入另一个水平。无论梦里是谁死去，都表示某个内在的部分准备好消失，"离开舞台"。梦中的死者表示这个次人格已经完成他在内在舞台上的角色，他所代表的特点已经离开人格。这可能是一个负面的特质、一个局限的认知或态度……这通常是一件好事。这表示内在的变化，即使梦者有与离别相关的泪水与情绪，这都表示要放下过去，开启新的篇章。在面对梦中人物的死亡时，关键点在于具体识别出梦者把什么投射在这个人物元素上，转换与释放的具体细节是什么？

> 我梦见我和一群亲密的朋友在一起。他们在谈论我们过去认识的一位年轻的女士，好像她已经死了。（梦4501）

在对这个简短的梦进行工作时，咨询师与来访者有了下面的对话。

> 咨询师：那个人是谁？
>
> 来访者：我过去和她很亲近，但是有段时间没有见到她了。
>
> 咨询师：你最近有听到她的消息吗？
>
> 来访者：没有。
>
> 咨询师：你从她身上看到什么具体的"特质"（正面或负面）？你把什么投射在她身上？
>
> 来访者：我的朋友责怪她太尖刻、看事情很负面。
>
> 咨询师：你的哪部分是这样的？你可以识别出你身上有任何尖刻、负面的部分吗？
>
> 来访者：嗯，特别是对我自己。自责……
>
> 咨询师：你能够看到与你这部分相关的变化的过程吗？
>
> 来访者：实际上，我最近能够更好地接纳我自己了，我意识到我可以放下对自己的自责了。
>
> 咨询师：很好。这就是在死亡、衰退的次人格！你只需要庆祝它的离去。

在梦中除了有人死亡或被杀害，还可能有死了的动物或任何其他梦境要素。这总是表示梦者的某个维度的存在失去了与生命能量的联结，或者它不被允许存在。有时候，死亡的可能是狗、猫或鱼，这指向被忽略的、受伤害的或被压抑的性（参见梦4803）。

如果死亡以令人厌恶的细节加以呈现，可能表示有更为创伤性的事情，可能与未解决的恐惧相关。恐惧感愈强烈，梦者愈可能有与之相关的创伤性内容（参见梦6108）。死尸表示过去，是已经死亡但还没有完全消失、离去的东西。依然感到恐惧，代表梦者内心环境中有不想要的部分存在（参见梦4411）。在柜子里发现死尸，通常表示在内心某处有被压抑的创伤，需要被带入光亮中并加以观照审视，从而使情绪能量得到释放与转化。

梦中的死亡也可能指一种关系行将结束。丧失感可能被以这种方式来表达。我提到过这样一个案例（参见梦4211）。梦者在火山爆发侵入到他的空间后，感觉他将死去，他要死亡的部分是他与妻子的关系。需要注意的是，他只是"准备死亡"，梦者不是真的经历死亡的过程。我从未见过有人以经历死亡作为梦的真正的结束。梦者无论在梦中的何时经历死亡，他总是有些意识的，或者他会在他要死的那个时刻醒来（参见梦6108）。

无论何种情况，梦中人物的死亡通常不是指现实生活中有人即将死去。如果这种例外情况的确会发生，梦者应当会对那个要死的人有强烈的预感，通常是非常亲近的人，像下面这个案例：

> 在梦里，我接到来自我奶奶的电话。她告诉我："爷爷死了"。我在将信将疑的感受中醒来。之后几个小时，我的确接到了来自奶奶的电话，她对我说爷爷就是在当晚去世了。（梦4502）

这个梦是与外在世界"真正沟通"的案例（见第二章）。这样的特例是以这个原则为基础的：我们应当把梦中的死亡理解为我们内在转化过程的一种表达。在此应当注意，这个梦里有"电话"，这倾向于表示与梦中外在环境的联结。

像我们在第二章中所看到的，似梦体验可能包括与已经过世亲人的会面。显然这与梦中出现死亡不是同一个主题，梦中出现确实已经过世的人也非此类主题。在这些情况中，没有与"死亡"或"濒死"相关的隐喻性的关系。我们需要以同样的方式去处理梦中出现的任何人物：他们代表的是我们的什么部分？

六、梦中的时间：一个从"现在"延展开去的视角

通常，我们应当把梦视为一幅发生在当下的场景。梦反映的是当下的内在真相，是内心世界活跃的情绪与思维能量的表达。梦所展现的并非完全的"你"，你第二天的梦可能完全不同。因而，检核梦境发生的前后情况总是有帮助的。你具体在什么时间做的这个梦？前一天发生了什么？第二天发生了什么？……如果你梦见自己被巨浪卷走，可能是你带着某些遗留的情绪上床，你的身心依然在处理这些情绪能量。这并不必然意味着你处在严重的情绪困扰中。同样的梦也许很好地提供了其他元素表示你已经在很好地应对生活，没有太多问题。

大多数梦的确是与时间紧密关联的，指向或回应当下的感受或关注，但梦境内容也可能会超越当下的时间。事实上，梦常常与第二天要发生的事情相关，特别是与第二天早晨发生的事情相关[1]，比如：

> 我与其他两个人坐在湖边的石头上，其中一个是女人，另一个我不认识。那个女人背对着我与另一个人说话。水就紧挨着我们，周围环境宁静，风景优美。突然之间，之前我并没有注意到的那个女人的孩子或者是我的孩子掉进了湖里。我迅速地伸出胳膊去抓那个孩子。我把孩子放在我的大腿上，拥抱他。那个女人几乎都没有注意到这些……（梦4601）

---

[1] 在我的观察中，前半夜的梦倾向与前一天相关，后半夜特别是凌晨的梦则更多与新的一天相关。

这个梦直到那天快结束时才显现出意义来。梦者意识到这个梦与他那天下午的经历有关。那是个星期天，梦者与他的妻子及她的一个同事散步，她和她的同事在一起畅谈很久，梦者感觉被冷落在一边，他为此内心有很复杂的情绪（内在小孩掉到了水里），但并没有表现出什么。那天后来，梦者处理了自己的感受，释放了自己的想法，把自己重新置于内在的心灵空间。这个事情结束了……这个梦让他准确地预先观看了那天的经历。

有时，我们的梦也可能指向我们更宽阔延伸的生命道路、遥远的记忆或未来的远景。梦可能给予梦者未来数月或数年的有效指引。

一位50多岁的男士在他35岁时做过这样一个梦：

> 我与四五个人在一起玩，好像是在娱乐场。我们在赌钱，我已经玩了一些时间，不过没有赢钱。我想赢钱，所以决定最后冒险把我所有的钱作为赌注。这有很大的风险，但也有很大的赢钱的可能性。我赌了……我输了！游戏结束了，我身无分文回到了家，感觉一贫如洗。回到家后，我打开了一个老碗柜，令我惊讶的是，我发现一大叠价值不菲的钞票。我并不知道我有这些钱！我感觉很富有！（梦4602）

这个梦为梦者提供了一个非常有趣的信息：你**拥有**任何你需要的，你无须为挣钱担心，只要知道你拥有这些。当然，这是梦者思维状态的反映，虽然这并非完全在意识层面。这个梦之后，这个预言似乎完全可以信赖：梦者的生活变得富裕，在必要的时刻总有"意外之财"。他也充分践行了这个启示："挣钱"不是他生活的目标。信任、富有的意识、完全投入到有意义的创造性的工作中，这些在获得财富中更值得信赖。如果他陷入在娱乐场赌博的那种生活，如果他继续那样一种生活道路，他可能会面对更多失败……

这样的梦很常见。因此，在看待你的梦时，加入时间的知觉是有帮助的。梦在对你发出怎样的邀请呢？梦在告诉你一个什么样的潜在的未来呢？

为了完全抓住我们梦中的讯息，我们必须时刻谨记梦是来自我们非线性的意识部分，它是超越时空的。虽然梦来自**现在**的视角，但梦并非一定将"现在"视为我们在清醒时所倾向看到的那种局限。梦所表达的"现在"包括我们产生当下经验的**过去**部分，也包括即将呈现为现在的**未来**部分。因而，很多梦都表达了潜在的可能性：梦向我们显示出当下的真实或可能在未来呈现的真实。梦提供了即将或未来将在我们面前出现的可能性的象征表达。梦并没有在时间的早晚之间做出区别，梦只是预示呈现出被感知到的潜在的"当下"，呈现出来的感知就好像是"现在"对"后来"的投射。这里要传递的信息是：处在当下的你的存在状态，就是未来"将要成为"的样子，就是会来到你身边的现实。

这个"潜在"的呈现或可能的视角不会以任何方式剥夺我们的自由或创造力。我们总是有力量使事情逆转而不同于梦中所示的那样。梦并不是绝对的预言，梦仅仅是反映我们"当下"的内在现实和其潜在可能性。如果梦蕴含了些什么的话，那就是梦很强调**"吸引律"**：我们在我们之所是的基础上创造我们的现实，我们周围的环境只是我们内在的一面镜子。因此，既然我们有足够的力量改变我们的内在现实，我们也总是可以去逆转我们的"外在现实"。

当然，在有些情况下，我们需要采取适当的行动。有些梦带给我们非常明确的预兆，邀请我们立即采取某些行动，比如下面这个梦：

> 一个女人半夜被噩梦惊醒，她梦见吊在孩子床顶上的大吊灯突然之间从天花板上掉落下来，砸在孩子身上。她赶紧跑到孩子房间，看到孩子安详地睡着，灯依然挂在天花板上。她受到内心的推动，把孩子抱到了自己的床上。半个小时后孩子房间的吊灯掉下来，落在空床上。（梦4603）

这个梦是对梦者面临的一些潜在危险的警告，如果梦者采取适当的措施就可以避免。

有些人可能担心使他们感到惊恐的梦是未来灾难的一种预兆。尽管梦有时的确表示一种潜在的未来可能性，不过更为明智的是对这一点不予过度重视，而应视之为相当罕见的情况。即使梦是在预先警告，依然存在选择、提示、邀请，这会使得实际的结果是开放的。但我们不要忘记，大多数紧张或不愉快的梦都是我们未解决的内在冲突或面临的挑战的一种表达。审视内在、识别出未解决的内在冲突比陷入恐惧、害怕灾难要明智得多。

为了帮助你判别一个梦是否包含警告梦者的预告性信息，这里有一些参考标准：

1.预告性的梦有更为强烈的现实感受，感觉如同真实"体验"。

2.这种梦即使能被以象征性语言解释，梦者的感觉可能也不很完整。

3.梦者在梦中可能有对具体事情的担忧或急迫感，但不应有任何过度的焦虑。无论何种情况，梦不应是梦者可以识别的某种恐惧模式的表达。对预告性元素的清晰感知似乎与镇定和明晰有关。

4.梦者在梦中有强烈的直觉，"知道"要做什么，以及如何做。

七、梦与灵性成长

如果我们将"灵性成长"定义为个体逐渐向其深层潜能敞开的过程，与整个生命合一的感受，我们就可以理解这个过程是一场在意识里的历险奇遇，这是每个个体都拥有的某种东西的觉醒。这是一场内在的探索，也是我们所有人无论如何都会在某个时候被期待开启的一条完全个人的路径。

显然，一旦我们开始踏上这条道路，这个内在过程就将在我们的梦境中得到反映。无论是基督教、伊斯兰教、犹太教、道教或佛教，无论是信奉上帝还是无神论者，我们都有指引自己朝向"自我实现"这条路的梦。这些梦坚持不懈地邀请我们继续前进，去弄清我们是谁、我们为何"在此"。有时，这些梦会让我们瞥见"更高的存在"——充满光亮、力量与神圣的"灵性世界"，这让我们充满力量。

我睡着了，记得我在想"认识我自己"到底该是怎样的。梦里，我觉察到一种不可思议、难以名状的强有力的"爱的光芒"。没有什么力量能像这样——绝对是毫无道德评判的，它让我曾有的任何担心或愿望都相形见绌。它是平和、简单、康乐。它包括性，但包含的远远不止如此。处在其中的感觉就像是在"平静美丽的大海上"，我很快意识到我并不是在看着它。我就是它，我在认可自己。（梦4701）

　　我在向上飞翔，进入一个感觉就像是生命存在的空间，同时又好像是某个教堂或寺庙，是一个团体的人们用来共同冥想的圣地。我进入一个特定的地方，我知道那正是我的个人地盘。我知道我属于这里，我是这个存在的一部分、团体的一部分、家庭的一部分。这种感觉就像回家。同时，这个家是一种"存在"、一个人，就像一些感觉异常熟悉的上师。我进入与"上师"的光亮和关爱的联结中。就好像我与这个存在融为一体，同时我感觉到我已经不只是我了。我有着强烈的重聚合一的感受，这是一种狂喜的体验，催我泪下。我在泪水中醒来，感觉到幸福、满足。我知道这不是一次性的体验，这更像是我能记住的第一次，我将把这种体验带回我的意识。（梦4702）

这些"梦"不需要任何注释或评论。这类梦没有什么象征意义，而是一种"体验"——一种内在深层的感受到力量的体验，极大地帮助梦者敞开并更深入地扎根于他的本性。我们在睡眠中完全可能都有类似的体验，不过大多数人不记得了。保存对这些体验或梦的清晰的记忆，要求梦者有着可以内化整合这种体验的意识思维状态。如果你想有这样的梦，你可以做的最好的事情就是在睡觉前表达这样的意愿。

　　在另一个案例中，梦者在面对重要的任务前，感觉到被内在的存在赋予力量：

　　那是在晚上，我在外面，觉察到辽阔而深蓝的宇宙环绕着我。在我面前，有着非常明亮的开放的空间，我好像在朝那个空间走去，有千万双眼睛安静地看着我。他们好像都心怀敬意，在等待着什么重要事情的发生。我感觉到期望：现在由我决定了，我必须要做了。毫无疑问，他们看的正是我……我进入那个空间的金光之中，这像是个神圣的时刻。那个空间是空的，我不清楚我必须要做些什么，或者要发生什么。但我感觉我去那里是重要的。我把自己置于内心之中，与我的内在力量联结。我在光中，你可以说是"在聚光灯下"。我告诉自己："好，让我们走！我感觉到信心与平和，一切准备就绪……"（梦4703）

　　这个梦反映出梦者准备就绪，与其内在和谐一致。他准备好从他的内心来进行工作，自由地跟随他当下的灵感。这个体验还为他提供了特别的馈赠，提升了他的信心。

　　尽管梦似乎提供了一种神性的真实显现，但它们通常倾向与梦者的信仰保持一致。但是，这些梦常常会超越狭隘的思维，邀请我们对生活体验持更加开放的观点。这种长时间地让我们感觉到深深力量的梦并不罕见。下面是一位26岁的中国女士报告的梦，这是她16岁时做的梦。她仍然深深地受到这个梦的鼓舞：

　　我正在床上睡觉，突然来了一位黑妈妈（在美国描写农奴时代的小说中，年龄大的黑女奴被称为黑妈妈），她穿着白色丝绸袍子，尽管肤色如炭，身材臃肿，但神采奕奕，显得整洁、平和而高贵。她笑容可掬地说要带我去一个好地方。我对她似乎已经很熟悉了，我记起她是一个庄园里受尽了凌辱的黑女奴，而我对她一直充满了同情。我还很信任她，因为她喊我"孩子"。我毫不犹豫地跟着黑妈妈走了。

　　我去往目的地时是晚上，可似乎我在目的地又睡着了，醒来已是阳光灿烂的白天，黑妈妈也已失去踪迹，但我内心充满着安宁。于是，我自己一个人走出屋子来到一个花园，花园里有一个欧式长廊，还有精雕细琢的白色柱子，洁白的帘幕下垂着，随风起舞，阳光亦在周围的绿树丛上闪烁跳跃。突然迎面来了一群20岁左右的欧洲或美国姑娘（年龄比当时的我稍大，我当时16岁，正在过暑假），她们都身着白袍，和黑妈妈穿的一样。她们欢声笑语地簇拥着过来了，一个姐姐邀我去参加派对。她们都和蔼可亲。

时间跃到晚上，我来到派对大厅时，发现自己是第一个来的人。大厅的穹顶极高，洁白无瑕，没有任何摆设，只有巨大的黄金柱子，简洁而豪华。我站在大厅里，孤零零的、小小的、静悄悄的，但心中充满了宁静。没过多久，有人声传来，我看到从大厅对面进来了很多人，渐行渐近，我发现领头的女孩绝美无比，她18岁左右，金发如瀑，五官精致，融合了东西方的美，脖颈修长，鹅蛋形的小巧脸型，蓝眸镇静澄澈，棕色皮肤极其光洁细腻。最令人吃惊的是，她身上没有穿任何衣物，但其匀称小巧的体型和光洁的皮肤——尤其是其脸上的镇静圣洁，无论如何不能使人产生半分邪念，只有惊叹造化如此奇妙，如此美轮美奂。我在那一瞬间根本看不到其他人长得怎样。当她越走越近，我发现随之进来的有很多天鹅，它们拥有洁白无瑕的翅膀、优雅弯曲的脖子。她的足也非同凡人，而是鹅身，硕大的鹅身！白羽飞舞，优雅缓入。我呆立当场，目不转睛地看着她……后来我就醒了。（梦4704）

面对这样一个体验，你可能会问："这个圣洁美丽的女性是谁或者代表着什么？"答案明显只可能是："她就是梦者自己！"在这种类型的梦中，最神奇的馈赠就是与更高自我的人形会面。整合内化那个更高自我的特质，对之认同，可能是最高的灵性任务与成就。天鹅与鹅身都显示出与这种动物特质的象征性关系，即优雅纯洁的特质，这映射出梦者自身类似的特质。梦中的裸体人物呈现出她自身的透明。引领她进入这个体验的"黑妈妈"可能代表着一个熟悉的向导，或者可能是她与前世经验相关的自身某个维度的存在。

梦者以"天堂偶行"来概括这个梦，梦中唯美的情境给她留下难以忘怀的深刻印象。梦者每次回忆起这个梦，都感到平和愉悦、充满力量，她知道这就在她的生命中，这种体验甚至要比她觉醒时的经历更为真实深切。通过对这个体验更深入的理解，她认识到这个梦是一种邀请，让她更加充分地去认同她"圣洁非凡的美丽与优雅"的部分……

"灵性"类的梦并不局限于探访"天国",从登上顶峰、前往朝圣、拜访圣地,到会见圣人或天使、成为光体,或者甚至是简单的"内在父母",都可能涉及不同种类的内容特点。乘坐飞机、回家这类梦中反复出现的主题,也反映出与我们更高自我结合的基本驱力。心灵开放与赋予力量体验的多样性难以穷尽,我们只有接受并感激它们给我们的馈赠。

一位年轻的以色列女士在国外居住数年,就在她回国之前的几天,做了下面这样一个梦:

> 我和一些人在一个营地,我们不知道是什么人把我们抓到这里,但我感觉我并不像在监狱里。这只是一个营地或社区,我花了些时间才认识到这一点。我们都穿着统一的制服——黑衬衫。在这个营地,我和其他人一样工作、吃饭、闲逛等,总体上是自由的生活。但有一点很清楚,我们在那里有着使命和工作,无论这个工作是什么。在某个时间,我意识到让我感到震惊的事情:提供给我们的食物(由社区的人提供,但是由捕获我们的人准备)实际上是由社区成员的身体部位做成的,那些捕获者在按部就班地杀人。我发现那些捕获者在不停地带新人来,然后把他们杀死做食物。意识到我在吃人(其中还有我在营地的朋友)让我感到畏惧。我在梦中感到进退两难:我是应该吃那些食物(一方面它很美味,另一方面,我也没有其他食物可以选择),还是应该不吃而试图逃离营地?我想到我在吃人肉就感到极其恶心。一群人意识到这一点,却不知道该如何做。在梦里,我没能找到解决办法。(梦4705)

她在告诉我这个梦时说道:"我没法解释我为什么会有这样的梦。在做这个梦期间,我在旅行,而且很享受。有些事情好像在告诉我这可能与我回国有关,我对回国有着复杂的感受,这是个困难的选择。我不肯定,我不知道这个梦想要表达什么。"

我给她提供了这个梦的重写版本:"我意识到我在一个感觉像是集训营

或某种监狱的社区里。我们必须统一行动、统一外观（制服），这让我感到有些沉重、悲哀（黑色）。我们可以有相对自由的生活，但我感觉到我们肯定有某种职责义务（工作）需要履行。我觉察到一个可怕的真相，这使我震惊：我们的首领借助我们人民的鲜血与生命来保持我们社会的活力（供给食物）。他们用我们的鲜血为能源，维持社会却杀害无辜的人民……我面对这样一个两难的困境：我是跟随主流（吃这些食物），假装并没有参与其中，还是逃离这样一个社会？许多人都意识到了这个困难的选择，不知道该如何做，不知道答案是什么。"

我告诉她："当然是由你来识别这个梦的意义，不过在我看来很显然，这个梦可能和你的祖国有关，这个国家与邻国地区有古老的冲突，你对这整个情况可能有复杂的感受。这个梦或许在邀请你认识到这个'内在冲突'，采取一个明确的立场。"

就在探索这个梦之后的那天晚上，我自己做了这样一个梦：

一行人在静悄悄地前进，他们在向上攀登越过一个森林，森林不是很密，有着高大的树，光亮从树的缝隙中穿射下来。我和我妻子在这些人中间，但我感觉我好像是从顶上看到这整个场景，而不是真的认同为那个在走路的人。一个男人在带领这群人，去一个地方参加一个会议。会议有着重要的政治意义，好像要有什么革新的举措或创造性的政治活动。会议主题是关于"静默的意义"作为世界探索改变及解决冲突的一种手段……当我们到达那个地方时，在山顶上，那里有几间准备好举行会议的"房间"。但这些房间实际上就是围着一些木板的空间，没有真正的墙，没有天花板。我知道整个行动是通过互联网达成的，背后没有正式的组织，就像是个分布式的网络结构，人们以不同的方式自由作出贡献，采取主动，这其中不涉及钱财，没有正式管理，没有领导。这只是一个非正式的、互助的、创造性的人际网，全世界范围内的人都可以自由加入。这让人感到很有创新性，很有吸引力。这一切就发生在离我们居住地很近的地方，因为那个森林就在我们家房子后面。（梦4706）

我想到要把这个梦与那位女士分享，因为这个梦好像提供了一点线索。我写道：

> 显然，静默要比"不言说"意义深远得多。静默是要找到一个内在宁静的地方，一个可以安静思考的地方，一处开放心灵的地方……我真的可以想象人们聚集在一起，只要他们想，他们就可以手拉手围成圈，或者安静地坐在一起，而无须其他任何规则。这或许是一个可以成形并传播的想法。我感到这在面对人类冲突时确实具有创造新能量的可能性，在你的国家肯定是如此……

她答复说：

> 谢谢您不仅看了我的梦，还提供了解读。坦白地说，我确实觉得很正确。回到以色列是不容易的。除了我必须要处理的个人问题，我也回到了一个地方——周围充满了暴力的祖国，而这个暴力让我感到我并不属于其中。另一方面，它提供了很多其他方面的好东西……这对我来说的确是个两难选择。也特别感谢您与我分享您的梦。每个人应当找到一个内在静默的地方，并把它拓展开来，我感到这个主意与我的情况很相符、很正确。这肯定是我要努力去做的。

八、梦中的性

我们都知道梦有时是我们欠缺的性表达的一种补偿。性梦毫无约束地有意识或无意识地表达着我们的性欲。在睡眠中达到性高潮是件非常自然的事情，这除了平衡或释放过多的性能量，并无其他更多意义。

让我们记住，梦超越于任何道德评判，即使梦中可能出现内疚感或道德焦虑。我们可能会发现我们在梦中做着清醒状态下不会有意识选择做的事情，比如以任何方式和我们的父母、孩子、邻居或上司做爱……你并不需要对此做出评判。这些要么是幻想，这些幻想是要被认可、接受、享受的；要么是必要的，我们可以对之进行探索以识别潜在的需要或伤害。这些梦仅仅是一种能量，它就在那里，需要我们再一次敞开自己去面对并对之进行转化……又或者，我们在梦中做爱的对象仅仅是我们梦境思维创设出来的"意象"。他们可能指向我们自身的次人格，即我们感觉亲密相爱的内在部分，并不必然代表"外在的某个人"，它只是内在特质的一种隐喻象征。无论何种情况，性幻想并不一定意味着我们将以任何方式想要在"真实"生活中付诸行动。性幻想只是幻想，你不必为性幻想而感到内疚。即便我们有欲望要将幻想付诸行动，在幻想与行动之间也有着清晰的界限，那就是我们可选择是否要将幻想付诸行动。我们真正的目标是敞开自己去面对所有这些，在必要的时候，视之为我们内在小孩即我们某些未被认可的深层需要的表达。

梦是可以去关注与探究的明镜，梦是可以去感受和享受的体验。梦在发挥着平衡与疗愈的功效，而不会伤害任何人。因而，尽管我们的梦可能隐藏了某些无意识的欲望，但不应轻易把梦看作心理困扰的症状。最为重要的是认可梦中出现的感受。梦中感受到的是愉悦还是苦痛，是恐惧还是愤怒？感受总是我们最感兴趣的。如果梦中有苦痛或者困扰，那就有需要被认可与疗愈的部分在；如果梦中感到欢愉，那就好好享受吧。

以上所述是针对那些非常明确的性梦而言的，但梦也会以一种并不明确的方式指向我们的性。我并不同意弗洛伊德认为的梦总是毫无例外地表达无意识的性欲望的观点，不过，我们可以发现梦有时的确通过象征元素在表达着我们的性。发生这样的梦总是会有缘由，比如性可能代表了我们需要去考虑的问题，或者出现了某种不平衡。梦中经常以动物指向我们的性，主要是狗和猫，因为它们代表了我们自身熟悉且"驯化"的一部分，而这部分有时也相当难以预测、不好驯服甚至有些野性。

一位年轻的女性经常梦见在与狗打斗。她并不特别害怕狗，实际上正相反，大多时候她很喜欢狗。不过，她的梦反复上演她与一只相当疯狂野性的大狗打斗的画面，她难以将狗安抚下来……当我问她如果那只狗代表她的性是否会有意义时，她一下子变得局促不安，这是可以理解的。她看起来的确有较强的性欲，她的欲望很强烈，但对性生活并不满意，大部分时间她需要努力控制住欲望。

在另一个案例中，一位成熟男性分享到：

> 我看到一个女人坐在轮椅上训练她的狗：起来，趴下，起来，趴下……那条狗反应迅速，令人难以置信地听话。它看起来也很有趣，我几乎感觉这种训练是对这个可怜的小东西的过分要求。（梦4801）

这个梦显示出他的性是极其温顺的，很好地回应着他的指令：由他来决定是坚挺还是松弛。不过，发出指令的人是坐在轮椅上的残疾人，无法用她的腿。腿是关系的象征，腿能让我们走向他人，这表示梦者没有让其满意的关系。他的性是温顺的，但是他的社会性（女性化的）却是拘谨的、有欠缺的。

一位已婚女士报告说：

> 我和我妈妈一起在我家里，突然，有很多猫从开着的窗户里涌进来，引起一片混乱。我被这突然到来的景象所震慑，完全处在恐慌之中。我妈妈使我又回到理智与平静中。（梦4802）

在探索梦境内容与元素之后我们发现，显然，猫与梦者的性有关。梦者在面对新"情人"及自己丈夫的性要求时，感受着巨大的压力。已婚的她对新的情人关系感到极为不舒服，试图停止这种关系，但她的内心情感是矛盾的，她不得不与自己内在的愿望作斗争……她感觉到不知所措和困惑，但她的内在父母（妈妈）能够把握这一切。

不只狗和猫指向我们的性。有时，狼、猿或熊也有与狗相似的意义，只是更野性，也更可怕。它们更可能指向其他人的性，尤其当他人是性攻击者时。豹或狮则可能与猫有着相似的意义。蛇则经常指男性性器官，特别是在被压抑的性虐待的情况中，鱼则可能指向女性性器官。

一位35岁的女士有这样一个梦：

> 一个傍晚，我在美丽的沙滩上，除了我，我感到身边还有个女性（我并没有真的看到或认识她），别无他人。她邀请我去海里游泳，我带她一起下海探索。海水很好，开始并不太深。当我们游得远些的时候，我注意到海底有黄色的蛇，而且有很多！这吓到了我，我也为另一个女孩感到不安。我不想让她知道，因为她只是想享受一下。我游得更远，一直把头伸出水面，不往下看。海变得越来越深，海水清澈，还有许多小鱼。我们边游边玩，但我突然意识到所有这些鱼都死了，很多鱼就是那样死了而躺在海底。然后，我醒了。（梦4803）

对这个梦的重写如下：我在与我的两部分接触，其中一部分（朋友）只是想享受生活，另一部分（"我"视角）在（不太情愿地）探索我深层的情绪世界。在我们进入我的情绪世界（大海）时，我发现有与男性性攻击相关的记忆（蛇——黄色表示这些记忆更多是"心理的"而非"真正直接的经历"，这些记忆可能是父母遗留下来的）。我并不想看到这些，不过，我发现我的（女性）性（鱼）深深地受到影响——它死寂地沉在我情绪的底层。

梦者认为这个解读对她而言极为准确有效。她确实对男性总体有一种深深的不信任，对其父亲也是，在其爱情关系上也反复遭遇失败，主要是因为她在性方面的困难，她从不让自己完全放开。她喜欢出去玩，让自己开心，却不能够让自己和男人愉悦地享受自己的身体。

性创伤是人们广泛共有的生活的一个方面。我们可以将之视为人们情绪不成熟的一种反映，人们倾向于自私地从彼此身上获取他们身体的需要，而非以完全互相尊重的方式为爱庆祝。但是，所有种类的性创伤也提供了巨大的个人成长发展的潜在可能性。性创伤在强烈地要求你去敞开自己面对内在受伤的小孩，拥抱受伤的小孩，这不可避免地要求我们要扎根于内在父母。指向这一内在过程的梦很常见，我们应该对其中的信号予以识别。

　　然而，我们应当警惕：明确的乱伦性质的梦常常并非如它们显现的那样。不应把性与性创伤混为一谈。梦中与父母或孩子的温柔亲密并不一定要视为被压抑的乱伦欲望。这可能只是表示梦者对那个人即父母或孩子的深爱或合一的愿望，也可能是对其"内在父母"或"内在小孩"所"代表"的深层特质深爱或合一的愿望。我们在此也可能要处理幻想，但肯定不是性创伤。性创伤通常会以更为隐蔽的方式呈现在梦中。

　　不仅我们这个世界充满着性恐惧与性创伤，这些也深深根植于我们的集体记忆。这些被一代又一代人共有和传递。我们所携带的记忆远远超越于我们个体自身的直接经验，也不只是从父母或祖父母那里继承的记忆。因而，与强奸及对性的恐惧、苦痛或厌恶相关的梦，并不一定是我们自身生活经验的可靠指示。但是，如果梦者有切实的感受存在，则这些感受是真实的，也是你的。这些感受应当得到认可和解决，因为这些感受如同我们自身受伤的内在空间的表达。

　　不过，在有些个案中，一些记忆确实指向童年真实经历的性虐待，即使个体不存在相应的意识记忆。这些如同从我们潜意识深处冒出的水泡，释放着扰人的能量。这些记忆可能不是某些具体事件的可靠证据，但我们绝不能对之予以否定，它们在以某种方式表达发生过却被压抑的事情（被从意识记忆中抹去，却依然存在于潜意识中）。我们将在第六章回到这个主题上来，这是对咨询师而言很重要的一个话题。在这里，我只是想阐明梦是如何释放出被压抑的与性创伤相关的信息的。

　　一位年轻女性报告了这个让她震惊的梦：

　　　　我看见一个男人坐在沙发上。在他两腿之间，我看到的不是他的阴茎，而是蛇头，黑色而有黏性。我走过去坐在他身边，还有另外一个女人坐在他的另一边。我俩紧紧地黏着这个男人。我看见那个女人恶意地用她的指甲抓那个男人的胸部。我尖声叫道："住手！"我想保护这个男人不受那个女人的攻击性行为的伤害。这时候，我在一种奇怪的感受中醒来，感觉有个人就在我的床上，躺在我身边，这是个危险人物，而

我对这个人感觉无能为力。（梦4804）

梦者立即把梦中的女人识别为她的母亲，这是她认为有恶意、很麻烦的一个人。但是，她对那个男人会是她父亲这一想法感到震惊和排斥。她对父亲有着非常暧昧的感受。这个梦几乎不需要任何重写，梦很明确地契合了这个女人所知道的她童年与父母的关系：在她和母亲之间有着非常激烈的竞争关系，她与父亲有着暧昧的关系。她没有任何与父亲乱伦关系的意识记忆，只是这样一个想法就让她感到惊恐。不过我们知道记忆是不可靠的：与性虐待相关的事件可以被完全压抑，而这当然会让当事人陷入某种强烈的焦虑模式。在这个梦里，她就清楚地在父亲的阴茎处看见了黑色的蛇头。黑色是潜意识的颜色（光亮或白色与晴朗、透明相关，黑色或夜晚则指向黑暗、模糊、隐藏的事情）。与蛇有关的黏性的印象似乎显示出她有与父亲阴茎相关的躯体印象或身体记忆。她在感觉到床上有危险中醒来，这更有力地确认了这个猜疑：的确有一些事情需要她去敞开地面对。事实上，进一步的治疗完全验证了这个梦，也让这个女人摆脱了这个沉重的枷锁。

另一位离异独居10多年的女性报告了这样一个梦：

我和我丈夫在床上。一个脸色看起来苍白伤感的小女孩，迟疑地靠近并移动到床上。她在我和我丈夫之间躺下来。我丈夫好像是被惹怒了，他并不欢迎这个小孩。小孩的身体变得紧张起来，我感到她对我隐藏了什么，好像发生了某些事情，但她不想让我知道。我突然明白了：我丈夫的手在抚摸着那个孩子的性器官。那个小女孩不再有任何感觉，她的身体过度地紧绷起来。然后，我醒了，感到后背一阵疼痛……当我再次睡着时，我梦见我的房间被偷了，所有的东西都被偷了，但奇怪的是，我并不感到伤心，而我知道这并不正常。（梦4805）

在这个梦的第一部分，梦者显然是在与她的"内在小孩"相会，即那个携带着被压抑的性虐待记忆（小孩在隐藏什么）的受伤的内在空间。不过在这个梦里，记忆回到她的意识中（我明白了）。梦显现出小女孩丧失了所有感觉，这与梦者完全丧失了性欲相符合。"丈夫"这个角色好像被与她的"父亲意象"混淆。在第二个梦里，她有了性虐待的确认：她的房间是她的私人空间，这个空间被"侵入"，所有东西被抢劫一空。她注意到她对此没有任何感受，她知道这不正常。她与她的感受没有联结……

这少数的几个案例（参见梦6801～6804）向我们展示，梦在此类创伤的疗愈过程中是如何扮演着重要角色的。梦表现出潜意识的信息及需要回到记忆的情绪能量，从而可以更进一步做转化及疗愈的工作。

九、转世再生类梦

转世再生这一概念意味着人类个体的某个维度在身体死后幸存，可能在经过若干时间的转换之后，回到某个活人身上经历又一世的生命。这个观点认为，人在现世的一生是不断重复的一个循环，就像白昼与黑夜、觉醒与睡眠，进入身体与离开身体也被看作是不断进行的循环。这让个体"更高的维度"得以汇集。这个概念不仅是哲学化或宗教性的，而且被广泛地研究探索。很多对儿童及成人的研究及报告的案例声称，他们有着对前世事件清晰的记忆，或者是无人教授却拥有某些技能（如语言能力），在有些个案中，甚至是已经消失的语言。有丰富的文献可供对这个话题感兴趣的人士进一步查阅探讨。

在处理梦时，我们不可避免地会遇到指向人类这一方面体验的案例。这些转世再生类梦无论是揭示了某些事实性的信息，还是在象征意义上指向前世，通常都会给梦者带来强有力的讯息。我当然鼓励任何对梦进行工作的人对生命的这一维度存在持开放态度，这对梦者个人及灵性成长有以下几个方面的积极含义。

1.继续生活的意志决心。认真对待转世再生的人看待生活及挑战的态度会有不同，这会改变他们对苦难的理解，可能会给予他们继续前行的更多激励。

2.死亡是一种转化过渡。把死亡看作一种转化过渡而非终结，这对人们可能会产生深远的影响。这会使得人们更多地生活在当下，把生命看作一连串的体验，而非只是关注生死存在。如果生命就像是从一个房间到达另一个房间，人可能就会更为关注当下的经历和体验。

3.当下生命主题的开阔理解。转世再生类梦可能凸显了当前恐惧模式和挣扎的深层原因。人们可能在不同时期经历了虐待他人、抛弃他人、被火焚烧或溺死在大海等体验。真正认可、了解这些记忆或恐惧的意义，将会提高当下做出新选择的能力。然而，无须固守"过去创造今天"的普遍观念。如果你感觉自己识别出某个模式的根源，重要的是把它看作改变的关键而非注定的厄运。无须将那些模式视为事物本来如此的一种"解释"，寻求解决办法这一洞见会让你自由从容。（参见梦4122）

4.关系主题。爱情及家庭关系是不断上演的主题故事。与前世相关的梦可能有助于澄清某些当下对某人的深层感受。无意识的恐惧或投射也许再次展现了过去的冲突。如果是这样，梦就可能是疗愈记忆及关系的一种强力邀请。（参见梦7015）

5.极端对立的整合。如果你梦见自己是某个跟你目前人格特点完全相反的人，比如是个刽子手或军人，带着快感残杀敌人，这样的体验对你理解你现在的潜在可能性有着怎样的影响？无论前世有着怎样的行为，可能都提示梦者去整合那些自己尚未敞开面对的个人特点或特质，比如胆小害羞的人通过敞开对存在却还未激活的记忆与技能的认可，用这种方式发展强硬的领导能力。

6.生活目的的确认。有些人梦见在前世可以尽显卓越的才能。无论这些梦是否真实地显现了前世，都不甚紧要，关键是给今生提供了真正的鼓励。这些"职业类的梦"可能显露出卓越的天赋才能，而这可能是他们犹豫不决去展现与分享的。这些梦同样是一种强烈的召唤邀请，让梦者去付诸行动，分享他们内在燃烧的才能天赋。

7.承认侵害偏见。在有些案例中，人们可能会被他们梦中好像指向前世的行为所震惊。他们可能引起他人强烈的偏见，以及杀戮、掠夺、拷问、背叛……我们多数人都曾被卷入我们并不引以为豪的行为中。我们在检阅那些甚至是最无吸引力的梦时，必须放下评判。无论过去发生过什么，它们都已经成为学习经验的一部分。如同电影或文学帮助我们了解仇恨与恐惧，这些梦提醒我们在特定的时间所习得的经验。这些梦总是发出一种邀请，让我们转化能量，通过把能量带入心灵的脉动及本性的光芒中，清理与疗愈过去。

显然，在与他人进行工作时，重要的是不要把任何再生转世的解读强加于他们。你可以提议，但要给他们自由空间做出是否认可的判定。看起来最为有帮助的立场是：前世类的梦就如它们展现的那样，可以对此持开放的可能性态度，主要的问题是研究弄清这些梦提供的洞见，以丰富我们当下的生命。

下面是几个梦例。

一位成年男性梦见：

> 天仍然有些暗，在夜晚与天明交替间。我看见一个老男人经过，有个老妇人陪同。那个男人推着旧的手推车，车上装着奇怪的东西——一堆人头。它们看起来就像是腐烂的肉球，非常恶心。这对老人显然是在寻找墓地收集这些头。我感到厌恶反感。（梦4901）

这个梦显现出梦者在与其内在携带着前世遗迹（来自坟墓）的古老的（一对老人、旧推车）空间联结。这些遗迹与头脑有关，表示可能只是认知模式。这些头是腐烂的，即它们不再有任何实质内容，已经分解蜕变。尽管这个简短的梦唤起厌恶感（这个感受是相当轻微的，因为梦者并没感觉到强烈卷入），但还是表明梦者在更大的范围里已经摆脱过去的束缚。这个梦给他机会去敞开面对与前世有关的任何牵制他进入限制性经历的负面模式，并放下这一切。

让我们再看看已经在第二章提到的一个梦，来自一位男性：

> 我在整理房间，准备搬出去。我感觉这里好像是我儿时住过的地

方，但看起来又不太像。楼又旧又破，有好几层。我父亲在帮我，他坐在地板上，拆卸各种老的电子器械。每个东西都必须清干净。我走上楼。这里看起来好像是个阁楼，里面还堆放了一些旧东西。我发现一个摆满了书的书架，我从来没有看过那些书，不过它们好像只是整体的一部分。我在桌上发现了一套古式的书写工具，还有一张很大的吸墨水纸。纸上覆盖着一张防灰尘的塑料套。我翻开纸，看到背面上写着一系列姓名和日期。我知道这是指这个物件不同的主人。我看到1917、1875和更早的日期。这个物件显然有着悠久的历史。还有些照片——宗教图片，我理解其中的一位主人在几个世纪前是个修女……（梦4902）

梦者用解码的语言（我们将在后面看到如何这样做）重写这个梦为："我与儿时的记忆、我的过去相联结，这是一个深层转化的时机。我准备搬出相当杂乱的内在状态，清理我的内心空间。我感觉准备好了放下过去。我的内在父亲在帮我分解事物，识别碎片，收拾整理。我向上探索我深层的潜意识记忆，这些记忆好像是一个积聚了很多经验的庞大的图书馆。那里有很多甚至连我自己都不知道我有过的知识（书），我自己都还没有看过。我发现我的记忆（吸墨水纸）保存完好（塑料套），容纳了数个前世的有关信息。我看到一系列日期，我明白它们是指漫长的一连串轮替的现世经历。在这些生命轮回中，我曾经是一个修女。我可以识别那次宗教经历（图片）的能量……"

一位50多岁的男性回忆道：我曾经遇到一位一见如故的女性朋友，那种感觉真的如同我们早就是朋友了。她对我的工作表现出很大的兴趣，并对我的一个需要资金支持的新项目提供慷慨的支持。后来，我去拜访她，并在她家小住（她的住所离我的居住地有好几百里）。我在她家的客卧睡了几晚，在第一个晚上，我做了下面这个梦：

我发现自己在古埃及，很富有，为法老的儿子教授经文。我和男孩的母亲有着深厚的友谊。她是一位公主，来自名为沙巴（Shaba）的邻国。她的皮肤是黑色的，与我们周围的人不一样，但她的面部极为精致美丽。她嫁给了一位埃及的高层官员，我很少能见到那个人。这个女人羡慕我，对我无比信任，向我咨询很多事情……这个梦的整体氛围给我留下了强烈的印象，但我对地点或时间等具体细节却印象不深。我醒来时，对与那个女人的关系有着清晰的感受，我立即将其识别为招待我的这位女士。尽管她看起来不同，却有着同样高贵的仪态、宽宏的心灵，开放而智慧。（梦4903）

我把这个梦与这位朋友分享，她并不惊讶，她有过许多与古埃及有关的经历。但她并不知道沙巴王国，我对这个王国及黑皮肤感到困惑。在做了一点相关的调查研究之后，我了解到古时的确有个叫塞巴（Saba）的王国，在埃及南部、阿拉伯西南，《圣经》中有所提及（特别是在所罗门国王和示巴女王的故事中）[1]。但没有人说过那里的人是黑皮肤。他们也许是埃塞俄比亚人和也门人的祖先，他们确实有着美丽而精致的五官。

十、梦境混淆

如果我不提及梦境体验也会反映不同水平知觉的混淆，则是不完整的。我已经提到过一个案例（参见梦2101，电话铃声原来是丈夫的呼吸声；另外，参见"梦廊"里的梦7027）。

这里还有一个来自一位幸福的已婚男性的梦：

我和一位有魅力的年轻女性在一起，感觉与她很亲近（尽管与性无关）。我感觉对她很熟悉，好像已经认识她很长时间了，但我并不认识她，好像她来自和我同样的文化背景。但很快有件事情让我困扰。我知道我已经结婚了，我爱我妻子，尽管她来自不同的文化背景（她是中国

---

[1] 历史事实与碑文的相关证据表明塞巴王国在公元前第一个千年完全统治也门。

人，我是欧洲人）。我在那种亲近却困惑的感受中醒来。（梦4910）

这个梦在重写后显示出意义："我遇见感觉亲近的我自身的女性特质部分，这部分对我来说很熟悉。但是，关于我'内在婚姻'的观念在我的梦境意识中并不清晰，所以这个关系多少与我已婚的意识相冲突，也与我要忠诚于我深爱的妻子的愿望相冲突。"

这个梦显示出我们的理性思维在"阅读"或"经验"我们的梦时依然保持部分的活跃，不过显然不如觉醒时那样有充分的意识知觉。理性思维以字面意义体验梦，不会对梦的真实意义有任何理解。因此，我们的想法和感受可能会与梦的深层讯息相互冲突。这就是为什么当我们在梦中听到某个朋友的死讯时感到伤心，而梦的实际讯息是某个次人格离开了我们的内在舞台，而这是个好消息。

所以，谨记梦是在一个与之初始设计不同的水平上的觉察体验，我们应当尽可能回到并识别梦境讯息最原初的部分。

十一、文化和个人因素

有些人认为梦的象征性是普适的，以人类集体智慧为基础，为人类所共同分享；有些人则认为梦的象征意义是完全个人的事情。我的经验则清楚地表明梦的象征意义是两者的结合。人类大家庭中的每一员都有相似的深层内在驱力与发展模式。我们所有在这个星球上的人，无论我们的文化背景如何，都拥有给予我们指示的关于我们深层渴望、生活道路、内在小孩、内在父母、成长过程方面的梦。人类情绪的相似性远比差异性要多得多，我们都是人类这一巨大集体历险奇遇的一部分。同时，我们可以自由选择不同的道路，探索不同的体验。因此，当我们在核对与梦境要素相关的个人感受与记忆时，也存在共同性的语言。显而易见，象征语言是我们"集体智慧"的一部分，是我们共同的根本。明亮或暗淡，寒冷或温暖，高高飞翔或困在隧道……所有这些意象都对应于不同的感受，它们总是意味着相似的事情。我们都是通过相同的产道诞生，凭借相同的动力站稳脚跟。没有一个总是处在冰冷无情中的人会梦见关爱与温情。

想想火车的象征意义。任何一个有过火车旅行经验的人都可能会抓住这个经验来表达特定的信息：火车简单直接，而且相当安全快速，沿着既定的轨道运行。你被带到目的地，但不能自由停歇。火车对于不同的人可能代表着不同的意义，但它们都将以这个相似的事实所提供的相似的象征性线索为基础。某人的火车元素可能象征着狭隘的思维、缺乏自由与创造性，而另外一个人可能视火车为安全旅行的正确选择。选择是依然存在的，但只要乘火车旅行就与轨道相关，所以绝对不会有与乘飞机或骑自行车旅行相同的象征意义。因此，在我们总是必须核对梦者的感受及其个人记忆的联想时，我们也会拥有来自具体意象或情境的线索。

我的经验表明，无论我们是什么文化背景，我们这个星球上的所有人都拥有相似的梦境象征元素，为我们提供关于生活道路、内在受伤的空间及资源空间的指示，这些元素可能是水或风、太阳或暴风雨、房子或交通工具……本书中的梦例来自五大洲12个国家的不同种族、不同宗教背景的人们，他们的年龄在10岁到65岁之间……他们也可以来自同一个家庭，事实上，他们就是一个大家庭。

正是在这样的理解下，我在下一章汇编了相当广泛的梦境要素，期望借此帮助你把梦境要素破译成"左脑"的语言。

第五章
梦的象征意义：梦境要素的翻译指南

　　本章旨在探讨常见的梦中元素的"象征性"或隐喻性的含义。我想提醒你的是，梦并不总是以象征语言与我们对话。有时候，对梦中出现的一些元素，我们必须要照字面意义来理解。当我们处理预言警告性的梦、疗愈性的梦，甚至是一些灵性类的梦、再生性的梦时，当然属于这一类情况。尽管"依照字面意义"的梦不太寻常，但我们总是要保持警惕，要直觉地倾听其中任何可以理解的最有意义的内容。只有梦者可以最终判定选择怎样的解读对他而言最为准确适切。在对任何一个梦的意义进行解释断言之前，梦者的感受、记忆或联想总是应得到核查。我们将在此聚焦于一系列梦中元素的象征方面，假定从这个角度来进行考虑。

　　显然不可能列出所有可能的梦境要素，那样也没有太大意义。我们这里并非要提供一个"词典"，更多是想让你学习如何看到其中的关联，希望能够帮助你发展对梦的象征隐喻语言的感知性理解。无论我在这一章里撰写和编辑了多少条目，也绝对不可能满足你释梦的需求。梦极其富有创造性，不断出现新画面、新组合、新情境。从来不会有两个一模一样的梦。有时候，梦的意义让人极为迷惑。你也许有时会为找不到适切的词语描述你的梦境而感到失落挫败。显然，你必须要靠自己不停地琢磨以求一个更适当的重述。不要轻易地接受他人所提供的指示与选择，这些都只是供你探索的，你需要不断地检核你自身的感受和联想。

　　我把选取的梦境要素已经归为几类不同的部分。除了第一部分和第九部分分别是依据主题排序和阿拉伯数字排序呈现的，其他每部分都依据拼音排序。我建议你通读第一部分，因为这是最为基础的部分，希望你能够找到自己的方法轻松地查对你想要的梦境要素。我会尽可能把梦境要素指向书中的具体梦例，以便你可以查阅元素出现的具体梦境及其意义。本书最后列出了所有梦例的索引，以及梦中出现的象征性元素的索引。

一、梦中的自然元素

水

"我的情绪，我的情感生活"
"我的负面情绪，我的积极情绪"

我已经在第四章中提到，水是关于情绪的，这是最容易梦见的元素之一。当我们考虑梦中的水元素时，必须要精确地分析它所代表的具体含义。是小小的**泄漏**还是巨大的**波浪**，是倾盆的**雨水**还是**潮湿的地板**？……所有的情况都表示出情绪能量的存在，根据与之关联的感受，或多或少呈现出难以应对的局面。**溺水**当然表明梦者完全无法应对，迷失在强烈的情绪感受中。**江河湖泊、沼泽湿地、池塘、游泳池、跳水、在水下游泳**……无论是怎样的画面，将之视为你与内在情绪之间关系的表达。**江河**是自由流动的水元素，**游泳池**是更为静止的水环境，更为平和宁静。你是在水中还是只在观看？如果你深深地**潜入水中**，这表示你在探索你深层的情绪记忆。如果你感觉到安全自由，这反映出当你完全沉浸在你的情绪能量中时，你有多自由安全。如果你感觉到惊恐，可能是你害怕自身的情绪……**海洋**也许与母亲、子宫、阴性（敏感的、接纳的）能量有关，与生命中无意识的元素（如具有滋养性的、强大生命力的事物）关联。**下水道**表示"肮脏不洁"的负面的情绪感受。航行在江河上象征着我们的生活道路，就如同任何一条道路一样。**过河**预示着过渡转变，有必要转变到下一个阶段。依据具体的情境条件，这个过渡可能容易或艰难。**洗澡**或**淋浴**表示一个更新恢复、清洁去污的过程。淋浴也可能与冥想关联（参见梦4423）。**雨水**倾向于反映悲伤。**泄漏**是情绪未受控制地流露、扩散，这可能表示曾被压抑的情绪不可遏制地奔涌，要求引起注意。洪水表示侵入内心空间的强烈情绪危机。无论水的性质如何，你都要去注意水影响你的方式，以及你是如何与之互动的。（参见梦4213，4251，4401，4411，4421，4422，4423，4601，6906，7002，7021）

海洋　　　　　　　　　　"我的女性特质，情绪维度"

海洋是很好的女性特质的象征，如温柔、开放、接纳、包容，有时是不可抵抗的猛烈。阴性的海洋和阳性的山峰是基本的阴阳象征，柔软与坚毅，低沉与高昂……其他象征意义参见**水**元素。（参见梦4401，4803，6504，7019，7023）

江河，湖泊，池塘　　　　　"我的内在，我的情绪"

江河湖泊、池塘、游泳池……任何水体都是你内在情绪体的表达。江河是流动的水元素；游泳池是更为静止的水环境。参见**水**元素。（参见梦4411，4601，4422，7011，7021）

喷泉，泉水　　　　　"我内心纯净情绪（爱）的源泉"

任何来自纯净的泉眼的水都可能指爱的能量，这是情绪最为纯净的维度。只要水具有净化去污的效果，就可能与我们通过心灵注入的爱的能量关联。

岛屿　　　　　"我可以从自身情绪中安全退回的内在空间"

岛屿被水体（情绪）环绕，但提供了一个安全的地方。不过，岛屿通常是一个被隔离的地方，与大陆（更深更广的联结）隔开。这是一个有限的空间、有限的视角……在海的地平线上看到岛屿意味着在很多情绪挣扎之后看到安全舒适的希望。如果看到的是"陆地"（大陆），当然更好。

雪，冰，霜   *"缺乏爱的内在空间"*
"感觉冷的地方"

雪和冰都表示处在冰冻温度的情绪元素，即指冰冷或缺乏关爱。（参见梦6108）

冷   *"感觉缺乏关爱"*

感觉冷与梦者在其内在现实中缺乏关爱的体验有关。（参见梦4321）

温暖   *"爱与舒适的内在空间"*

关爱的感受通过温暖、舒适、光亮、阳光、色彩加以表达。不过，如果温暖的感受是不舒服的，那可能是指物理环境令人不适（身体感觉太热），或者是指过度的侵入性的情感。异乎寻常的热度可能表示灼热的性能量（参见**火**元素）。

冬天   *"更为艰苦的内在状态的时间"*

冬天表达缺失温暖舒适、关爱感受的时段，尤其是如果感觉氛围是阴沉、灰暗与冰冷的话。这可能有内心闭锁的感受，可能是孤独与伤感。冬天也是内省与自我反思的时间，意味着高强度的内在工作，开始播种。

夏天

"更为愉悦的内在状态的时间"

夏天与冬天相反，表达的是更为愉悦、温暖、关爱的时间。夏天是成长的季节，创造性行为不断涌现。

春天

"生命活力复苏更新的时间"

"新的创造性项目开启的时间"

春天是种子发芽的时间，是新生命萌发的时间，是新周期的起点。

秋天

"收获的时间"

秋天是生命周期的结尾，是收获果实的时节，是成熟的时刻，是丰盈充裕的时刻。

黑暗，夜晚，阴影

"在我的潜意识中"

黑暗表示一些发生在隐秘氛围、潜意识中的事情，不清晰明了，看不清楚。任何发生在**夜晚**或**地表之下**的事情也代表这样的意义。只要是黑暗的时刻，那我们就是在处理潜意识。如果你发现你在黑暗中也可以看见，这意味着你拥有部分潜意识记忆的知觉。负面的、威胁的或丑陋的存在将会以没有光亮的阴影或黑暗的形式呈现。（参见梦6504）

光亮

"在我清晰的意识中"

光亮意味着与意识、开放及明亮关联的事物。如果有明亮的阳光，氛围就会更为光亮。明亮的光线可能同样表示某些未被识别的我们更高维度的存在。光的存在总是有益的、正面的和美丽的。

早晨，黎明　　　　　　　　"即将来临，就在前面"

　　　　　　　　　　　　　　　"我敞开心灵所面对的"

傍晚，黄昏　　　　　　　　"与过去关联的"

　　　　　　　　　　　　　　　"我必须放下的"

参见梦6201。

天气　　　　　　"我的内在天气，我的内心环境"

天气是阳光灿烂还是薄雾蒙蒙，是下雨还是刮风，是温暖还是寒冷，这些都有特定的含义。一个雾蒙蒙的环境显然表示生活中完全缺乏清晰可见性（至少是在与梦中的内容相关的事情上）。梦中的天气元素经常是与时间相关的，它们就好像是"天气预报"：密切注意你第二天的情绪事件。（参见**暴风雨、风、云、雨……**）

雨　　　　　　　　　　　　　　"我的情绪"

参见**水**。雨表示潮湿的环境，意指情绪。雨的性质（小雨、倾盆大雨、龙卷风、台风……）表示梦中所指的情绪体验的强度。（参见梦3501，7014，7017）

风　　　　　　　　"我的想法，我的思维能量"

风与头脑、思维能量关联。有风的地方就有思维想法、认知模式、强迫性的思考。如果风把你吹跑了，可能意味着你被你的思维带跑了或者过度投入其中（参见**暴风雨、天气、飞翔**）。（参见梦4321，7019）

雾 "我模糊的视线"

梦中出现雾也许表示梦者的视线不清，看不清事物……如果场景模糊，可能表示缺少信息或缺少觉察意识。（参见梦0001，4214）

暴风雨 "一个内在的暴风雨的环境"
"一个情绪冲突"

暴风雨表示强烈的情绪宣泄与冲突。**乌云**表示要到来的"暴风雨天气"，可能是在亲近的关系中。**浅淡的云**表示小摩擦。灰蒙蒙、沉重的天空预示着沉重灰暗的内在氛围，当然这也可能是指外在沉闷的环境。（参见梦7007）

火 "我转化性、净化性的体验"
"我炽热的力量"
"我毁灭性的力量"

在梦中，火的含义取决于梦者所看到或体验到的火的类型。火一般与热相联，象征着能量与激情。火经常与太阳相关，火是生命的创造者，具有转化物质属性的特点。在古典文化或神话传说里，具有毁灭性的火焰被认为具有净化土地及其居住者的能力。然而，火也能够重建生活。制陶业用火把陶土煅烧成五彩缤纷的釉。基本而言，火是一种转化性、上升性的力量，是一种净化性的元素。燃烧着的事物也是正在转化的事物……火是一种阳性能量，常与剑或刀关联。因而，火还可能与激情和性能量关联，如"我感觉火烧火燎的"。你需要检核观察到的火焰是在一定范围内还是完全失控而扩散的，是转化性的还是毁灭性的。另外，火还可能代表愤怒的力量。兴奋热情的人被认为富有激情、感情强烈，他们可能有很好的领导特质，但他们也可能脾气火暴、自制力差、易于急躁。你需要具体核查是什么在燃烧，探索可能与火相关的恐惧与记忆。

土地，土壤 　　　　　　　　　　*"我内在的土壤，我的领地"*

土地是滋养性的、母性的元素。如果与土壤相关，则表示孕育滋养，可能是我们的内在**"土壤"**，我们成长的元素，我们立足的地方，我们躯体所组成的物质。一片**犁过的田地**表示内心空间被耕犁转化，准备好接受新的**种子**。如果与地球相关，土地代表生命阴性特质的部分，母性的子宫（冷且湿）给予我们生命且滋养我们，太阳则代表阳性特质的部分（热而干），使大地肥沃。地球是我们的根基，我们的母亲，我们的家。

地震 　　　　　　　　　　　　　*"深层而激进的转变"*

地震表示深层的转化，所有的基础都被震动摇晃。依据梦中所发生的具体内容，地震可能是平缓或痛苦的，可能完全毁坏了旧的方式，也可能只是震动。

景色 　　　　　　　　　　　　　　*"我内在的景色"*
"我的外部环境，我如何看待我周围的生活"

景色常表示外部环境（与在房屋内相对，这更多与"内在环境"相关），我们借此知道自己对生活的看法：它是广阔的、开放的、狭窄的、模糊的还是缤纷的？是平坦的、有障碍的还是崎岖不平的？景色还是我们内在环境的情绪、心境、视角、灵感、挑战和资源的表达。（参见梦4211，4422，7001，7005）

森林　　　　　　　　　　　"我的充满生机与未知存在的环境"

与景色一样，森林也指外部环境。只是这里我们所面对的是有限的视野和未知的存在，多少可能有些危险。氛围可能是沉重的，视野也许很小……也可能有阳光透进来，亮堂一些，视野开阔一些……这些都反映出梦者如何看待他的外部环境。森林与景色类似，只是视角不同，或开放（景色）或封闭（森林），或安全或危险。感觉到在一个密密的森林里迷失可能表示你在生活中挣扎，正在寻求应对当前挑战的答案。（参见梦3504，4214）

丛林　　　　　　　　　　　　"有威胁的、疯狂的环境"

感觉陷入丛林中表示对一个环境的不安全感。环境看起来不熟悉、不友好，可能混乱或荒芜……这些感受也许会阻碍进步，或者完全阻止了进步。

沙漠　　　　　　　　　　　　"感觉荒芜的内心空间"

沙漠是荒芜、孤独、隔离、无望、被抛弃等感受的象征。生活空洞荒芜，缺乏温情，缺乏爱的联结。沙漠也可能被看作无尽的、无目标的折磨人的旅程。

沙　　　　　　　　　　　　　"我不稳定、柔软的根基"
　　　　　　　　　　　　　　　　　　　　"我的小问题"

在沙上站立或行走通常被认为比在坚固而平整的地上行走要难一些，行进得要慢一些，需要更多的努力。我们鞋子里或任何机器里的沙指向干扰我们顺利前进的小问题。（参见梦3701，4123，4351）

种子   *"我的潜力，我的意愿，我的创造性的新想法"*

种子带有潜在的成长力。它们代表新的创造性的事物，而这需要被肥沃的土壤滋养。

山峰   *"我的更高目标，我的障碍"*

我们面前的山，不是邀请我们攀登上它们的顶峰，就是要我们找到环绕着它们的道路。根据具体的感受，山峰可以被看作挑战性的（向上攀登需要更多努力）、有威胁性的，也可以被看作更高的视角、更高的成就，与更高的内在资源的联结感。**顶峰**表示内心空间的顶点，在此可以从更开阔的视野看待生活。在经过必要的艰辛努力达到顶峰之后，我们可以放松，享受更丰富的资源。（参见梦3701，4123，4211，4431，7001）

峡谷，悬崖   *"我的危险，我需要避免的危险"*

依据具体的危险感受，峡谷可以表示困难，表示你不想陷入的任何境地。如果梦到跌落悬崖，梦者应当检核自己的处境，识别出自己陷入的困境。如果只有跌落及相关的焦虑，可能指向有关安全地带丧失的记忆，是深层的不安全感（参见**跌落**）。

山谷   *"视野有限的景色"*

山谷位于两个山脉之间，看起来可能肥沃且生活舒适，但它们缺少开阔的视野。（参见梦7010）

洞穴，地下　　　　　　　　　　"我探索我的潜意识之所在"

梦到自己处在一个洞穴里，表示你在与一个问题或状态的潜意识方面接触，可能表示你潜意识中的某些东西开始浮现到表层。

田地和庄稼　　　　　　　　"我的内在工作；我可以工作的事物"

田地表示梦者可以工作的地方，是他期待从生活中得到的某种结果，他的目标所在。田地是大是小？其中种植着小麦、水稻，还是花朵？（参见梦7015）

树木　　　　　　　　　　"我的技能、特质、行动、资源……"

绿色健康的树表示活力。树会生长且结出果实，树（特别是在我们自家花园里）可能代表着我们的技能或特质，也可能代表着能带来结果的行动。树也可能代表有着具体特征的景色的元素：巨大的、危险的、黑暗的、强壮的、平滑的、保护性的、弯曲的……（参见梦7010，4214）

果实　　　　　　　　　　　　"我的收获，我的所得"

果实代表工作的结果，指的是内在工作所带来的收获。（参见梦7010）

高处，上升　　　　　　　　"我感觉在高处，上升的地方"

光亮，喜乐，灵性的上升，爱，智慧，生命的光明面……（参见梦4314，6502）

低处，下降   "我感觉下降，更为沉重"

沉重，情绪化，生命的阴暗面，苦痛，困苦的记忆，困扰的欲望，我们想隐藏的事物……（参见梦4314）

左   "我的潜意识，女性特质的一面"

我们的左边与右脑关联，表示我们的女性特质、接纳的、非理性的、潜意识的一面，与我们的过去关联。

右   "我的意识，男性特质的一面"

我们的右边与左脑关联，表示我们的男性特质、理性的、行动取向的、给予的、意识的一面，是未来取向的。（参见梦4241）

前面   "位于我面前的，我的未来"

后面   "位于我后面的，我的过去"

向后，颠倒   "我内在的反向机制"

依据梦的具体情境，这一方面可能意指谨慎而有技巧地从做错的事情中退却。这也许是"心理逆转"的条件，暗示着自我破坏、自我毁坏模式。（参见梦7019）

圆形   "和谐的，女性的"

圆形是流畅、和谐的象征。

方形　　　　　　　　　　　　　　　　　"牢固的，理性的，男性的"

方形可能表示对可靠的理性方法的需要，也可能表示冲突、反抗或张力。

三角形　　　　　　　　　　　　　　　　　　　　"和谐，创造性"

三角形是个和谐的图形。如果顶点朝下（底边在上），代表着阳性的力量。如果顶点在上，底边在下，代表着阴性的力量。它们都表示灵性与物质的合一，也就是指人类。

二、梦中的动作、行为

搬家　　　　　　　　　　　　　　　　　　"我改变我的内在环境"

搬家、打包、清空旧的空间、清理无用的东西……这些都显示出完全改变内在环境的内在转化过程。（参见梦2307，4902）

被追赶　　　　　　　　　　　　　　　　　　　"我感到被威胁"

被追赶表达的是压力与威胁的感受，这些可能源于当前情境或过去记忆，可能存在于意识或无意识层面。（参见梦2310，6103）

奔跑，被追赶　　　　　　　　　　　　　"我在试图逃脱危险"
　　　　　　　　　　　　　　　　　　　"我不得不赶紧，我太匆忙了……"

追赶的梦常常是由你日常生活中的焦虑感受引起的，这一类梦是我们回应真实生活中的焦虑和压力的典型表现。逃离是我们对环境中的威胁的本能反应。在这些梦的脚本中，梦者逃离、躲避，或者试图战胜追击者。真正的威胁往往来源于潜意识的记忆，以及未解决的受困扰的情绪。追赶一类的梦表现了应对恐惧或压力的一种方式。但识别出恐惧，对之进行转化，直面内在或外在的情境，要比试图回避远为有益。问问自己是谁或什么在真正追赶你，这样会获得对你的恐惧和内在压力源泉的一些理解。（参见梦6103）

吃
"我在滋养我的内在"

就象征意义层面而言，吃是在内化资源，把外在的事物转化为自身的存在。吞咽同样表示内化、消化的经验。参见**食物、厨房、烹饪**。梦中吃的行为偶尔也许与真实的（生理性的）吃的经验相关，身体在就具体的食物表达感受。如果你梦见把自己"塞"得满满的，感觉像是病了，你可能要检查一下你对待及喂养你身体的方式。（参见梦4313，7021）

打牌
"我如何进行生活这场游戏"
"我手上的王牌"

你在自己手上发现的牌可能指向你在现实生活中具有的力量、资产、绝招。依据具体的梦境故事，它们可能指你感觉你拥有什么，而你实际上拥有更多。（参见梦4603）

跌落
"我在跌落，丧失立足之处"
"我在进入另一个维度"

坠落到一个空间及相关的焦虑可能预示着难以控制情境的感受。这也许有"丧失根基"或"脚底下坍塌"的感受。这些坠落的梦可能表示缺乏内在控制、内在安全、内在资源，即你感觉没有任何可以牢牢站立的地方……不过，如果没有焦虑，可能只是与从一个空间维度到另一个维度相关，就好像穿过一个能量中心，登陆到另一个地方。我有过数次这样的体验，并不可怕，只是短时间地完全放下，被带入螺旋的能量中。坠落的感受也可以与在深睡阶段"坠入"或回到身体有关，在这个阶段，我们倾向移开我们的躯体或与它分离。只要是这种情况，就不会有与之相关的明显的象征意义。**坠落在硬地上**也许表示从舒适状态到不舒适或痛苦状态、从高到低的令人不适的转换。

发现珍宝 "我发现我是多么富有"

发现珍宝，无论是钱、珠宝还是其他有价值的东西，这是梦中相当常见的主题。这并不奇怪，因为我们都有着无尽的内在资源，而多数时间我们没有对之进行认可和识别。这些梦呈现出梦者开启了对其内在价值的意识，联结到他内在的力量与富有的内心感受。参见**钱、水晶、珠宝**。（参见梦4602）

飞翔 "我感觉自由，能够隔开一段距离"
我从我的头脑、我的思维中体验我的生活"

飞翔与探索态度、变得更轻、隔开距离（从某个具体情境）、开阔视野、感觉自由关联。自在地飞翔，享受眼底的风景，表示站在某个情境之上。你已经在鸟瞰事物，也可能意味着你获得了看待事物的不同视角。飞翔的梦和你控制飞翔的能力代表着你自身的力量感。（参见梦2303，3501，7023）

飞翔也可能表示你的思维（空气、风）在你的内心空间中是主导性元素。过于生活在头脑中的人可能偶尔会有在空中遨游的梦。

开飞机如同开汽车，是你驾驭生活的方式，无论是否可以操控。不过飞机要比车更为自由，可以从更高处看待事物。不过，查看一下飞机的飞行状态如何，是否安全。**起飞**意味着你隔开距离，能够开始一些新的更为自由的事情。**降落**表示回到与真实生活及困难的现实的联系中，或抵达一个终点。**坠毁**表示你有着艰难的问题，感觉无法应对。在可能的自由与无忧之后从高处坠落，表示你感觉到完全的失败。

粉刷，装修   "更新我的内在环境"

梦常指向改变。重新粉刷、重新装饰一间房子，显然表示梦者在努力更新自己的内在环境。（参见梦6902）

赶火车或飞机   "我必须要抓住这个机会"
                              "我该采取行动了"

急着要抓住一个机会，要前进，要开始，这可能是内在的旅程……也许是有时间压力。我们可能不得不赶紧跑或面对障碍……生命给予我们机会，我们却往往没有抓住……我们的梦可能在提醒我们有机会在那里。梦在提醒我们：我们的内在深层希望，我们最为贴近的目标。（参见梦7018）

购物   "寻求新资源、变化、滋养"

你可能购买不同种类的物品。如果你在寻找新衣服，这会与你想要改变的愿望相联系。如果你在寻找镜子，这表示你自我探索、自我认知的愿望。如果你想要购买食物，你是在寻求营养元素……（参见梦6101，7008，7013）

怀孕   "我正携带或孕育一个新项目"

梦到自己怀孕表示你个人生活的某些方面在成长和发展。它可能代表着新主意、新方向、新项目或新目标的诞生。如果宝宝在你肚子里死亡，可能表示你的新项目未能得到充分滋养，流产了。

驾驶
"我驾驭我的生活……"

　　驾驶任何交通工具都与你驾驭生活的方式关联。这可能与你的个人生活或工作关联，或者两者兼而有之。谁在驾驶？是你在驾驶吗？能否掌控？要开到哪里去？什么样的路？是泥泞的还是干燥的，是上坡还是下坡？你被卡住或无法继续前行吗？可以看清吗？有障碍吗？你是在倒车后退吗？……需要理解其象征意义，这些是你当前驾驭你生活的一种意象。（参见梦6201，7014）

结婚
"我的内在婚姻"
"我的次人格间的和谐与合一"

　　无论梦者是否已婚或期待很快结婚，婚礼都是梦中相当常见的主题。婚礼象征着梦者的内在婚姻，他内在不同部分的重新结合，对他内在和谐的庆祝。当内在父母与内在小孩聚集到一起时，这是对一体感的最好理解，表示内在的疗愈过程。这也可能同样指我们内在的女性与男性特质部分的结合。婚礼是一个人内在成就的庆祝时间，回到**家**的时间。婚礼当然同样表示我们与所爱的人结合的愿望与期盼，如果这样的外在环境情形占据我们的想法。（参见梦7002，7015）

考试
"我在压力下，我被测试，我怀疑我的能力"

　　考试表示梦者感觉到压力，可能尚未准备好去面对挑战。这一类梦仅仅表达焦虑或缺乏信心，而非以任何方式表示真的未准备好或即将到来的失败。这种情况可能与马上要发生的一个具体事件相关，也可能是怀疑或丧失信心这一更为普遍的倾向的表达。仔细注意可能的资源性存在。（参见梦4350）

哭泣 　　　　　　　　　　 *"我在释放情绪能量"*

梦中的哭泣是情绪能量的释放。这是放下紧张，进入更为流动的状态。这通常是有益的、清净的。如果在泪水中醒来，那就敞开自己面对这个情绪能量。无须思考，只要呼吸进入，然后放下。如果是梦中某个人物在哭泣，则意味着梦者也许还未觉察的内在的悲伤空间，那就需要识别出来，然后对其开放。

裸体的，无保护的 　　 *"我感觉容易受伤害，感觉无掩蔽"*
　　　　　　　　　　　　　　　　　　 "我无处可藏"

没有保护，透明的，容易受到伤害的。我们内在现实的真实，毫无遮蔽，可能是不舒服的。当众毫无遮掩地裸体行走，意识到这点会让人感到羞耻丢脸，这常是你的脆弱或羞耻的反映。你可能隐藏某些事情，但害怕别人能一眼看穿你。衣服的象征意义是一种隐蔽，通过衣服，你可以隐藏你的身份或成为另一个人。但不穿衣服，每件事情都赤裸裸地展示给众人，你便没有任何防御……如果没有尴尬或羞辱，赤身裸体将象征你的内在自由，你完全接纳自己的本然。你没有任何要隐藏的……（参见梦4312，4704，6802，6803，6804）

旅行 　　　　　　　 *"我超越于通常的界限在探索我的生命"*

旅行是探索生命，探索新的方面，走向新的目的地，感受自由与开放。在旅行中或**旅馆**里表示你生命中的一个暂时的阶段，一种转换的情形。（参见梦4122，6503，7014）

溺水

"我完全被我的情绪体验所淹没"

溺水与**游泳**相对，表示你无法控制你的情绪，你无法应对。参见**水**。
（参见梦4401）

攀爬

"我取得进步的努力"

攀爬通常反映了面对一个挑战需要付出努力的感受。向上攀登几乎都表示一个挑战，梦者攀登的斜度反映了其面对挑战时成功或失败的主观感受。这也可能是某段生活的隐喻，即生活要比期待或想象的更为艰难，或者某些感觉更像是"向上攀登"的事情。（参见梦4431，6502）

烹饪

"我在准备内在营养，照顾我的需要"

烹饪是在准备营养，照顾，保持健康和活力。参见**吃**。（参见梦4313，6801）

骑，驾

"我可以掌控"

骑马、象或任何动物及驾驶交通工具，表示你在控制着那种力量，除非显示出相反的一面。参见**驾驶、车、马**。（参见梦7005，7030）

潜水

"我探索我的内在水域"

在水下游泳与探索个人的情绪空间相关。水域或深或浅，或洁净或浑浊，或安全或危险。所探索的水域环境也可能与一个外在的情绪环境或一个情绪性的关系有关……（参见梦7023）

清洁，清扫　　　　　　　　　　　　"我在清扫我的内心环境"

做家务或维修保养工作当然表示我们如何为一个更好的内在环境而照顾好自身意愿或采取主动。**肮脏**或**异味**表示有很多要做的工作……（参见梦4215，6904，7026）

庆祝生日，晚会　　　　　　　　　　　　"庆祝我是谁"
　　　　　　　　　　　　　　　　　　　　　"认可我的身份"

生日庆祝会是个人生命获得认可和尊重的所在，这表示我们庆祝我们自身的存在，完全接纳生命本有。（参见梦4313）

燃烧　　　　　　　　　　　　　　　　"我放下某些事情"

燃烧如同火焰，表示事物的瓦解，与转化过程相关。这其中也许有丧失、结束、死亡、转化。（参见梦4411）

杀戮　　　　　　　　　　　　　　　　"我的内在暴力"
　　　　　　　　　　　　　　　　　"我想去除我自身扰人的部分"

杀戮可以是某些深层伤害的表达，伤害太深而转变成攻击。注意是谁被杀了，识别出在内在暴力之下的疼痛。不过，梦中的杀戮也可以表示有着强烈的愿望要去除某些我们痛恨或恐惧的内在方面。这意味着转变的愿望（参见**衰亡**），只是要以某些内在冲突为代价。显示出什么内在冲突？哪些内在部分被"否认"、"否定"、拒绝、惧怕？（参见梦4315，4341，4402，6108）

上厕所，小便，大便　　　　"我在释放不想要的情绪"

"清除"这个主题表示释放与过去相关的情绪能量的需要，就像是心理的"垃圾"。**需要小便**可能也与划出一个清晰的安全领地有关（如同大多数哺乳动物一样）。**找厕所**象征着需要找到自己的安全空间，一个你可以表达自我和关心自身需要的地方。因为周围有人而不能小便表示难以找到合适而安全的空间，这也许存在着很大的易伤害性，感到无法表达自我，不被尊重。尿道有灼烧感可能表示被压抑的在童年期发生的与性活动或性虐待相关的事情。梦见周围有**屎、粪便**，或者是跌到粪坑里，可能表示被"负面"情绪淹没的感受，如恐惧、愤怒以及可能的仇恨。潜意识思维要求释放这些不想要的情绪能量、心理垃圾。（参见梦6802，7015，7024）

死亡，衰亡　　　　"在我身上死亡的，是我所放下的部分"

梦中的死亡只有与转化这一概念相联，才能够得到适当的理解。死亡是转变成另外一些事物，从一个阶段进入另一个阶段，从一种经验水平进入另一种经验水平。梦到任何人死亡表示内在的某些部分准备好消失，"离开舞台"。也许有与分离相关的泪水与情绪，放下旧的会有困难，但这个过程最终总是表示对新的内在变化的敞开。死了的动物、树或者其他植物，可能指向某些内在的生命能量被切断，这是处在绝望中需要引起注意的部分。参见**死亡、死尸**。（参见梦4211，7025）

无法动弹或说话　　　　"我感到无力"

不能动弹或发声表明无力与抑制感，这通常与某些恐惧模式有关。可能在你的现实生活中你就感到被卡住、不被认可、无法表达自己的情境，但也可能是内在空间有未解决的创伤性的记忆。如果没有强烈的感受或恐惧，无法动弹可能只是与你身体的深度放松相关。在梦的影响下，你也许会感到与

147

躯体失去联结感，失去对躯体的控制感。（参见梦4331，6803）

洗涤，淋浴   *"我在清理我的情绪空间"*

洗涤表示与水关联的清理过程，意指情绪或更高形式的爱。它可以指情绪的净化，或灵性的净化。参见**水**。淋浴在某些情况下指冥想，如同沐浴在光亮下。（参见梦4422，4423，7002）

向后或颠倒着做事   *"我生活中任何反向的事情"*

任何向后、颠倒着做的或与期待相反方向的事情，都意味着你生活中的某个方面处在错误的方向上。无论是往后倒车、倒着写、看到事物颠倒过来……注意这些向你反射回来的意象。（参见梦7019）

性，性行为   *"我在体验亲密、开放……"*

性梦也许只是我们生理需要的一种表达。它们也象征了我们深层的欲望及融合。根据我们发生性行为的具体爱人，梦可能表示出我们与具体的某一内在部分的体验合一。

隐藏   *"我有些事情想要隐藏"*

                                           "我感到被威胁"

隐藏要么与内疚的感受关联，要么表达梦者受到一些威胁性力量的压制而感到恐惧。参见**逃跑、被追赶**。（参见梦0001，4805，6103，6504，7009）

游泳　　　　　　　　　　　　　　　　"我在应对情绪"

游泳（与**溺水**相反）可能表示你对自己的情绪感到舒服，事情差不多如情境所展示的那样在掌控之中。如果你几乎无法把握，这便指向你在应对当下某些情绪挑战时感到有困难。如果你惊讶地发现在水下游泳时呼吸轻松自如，这可能只是你在睡眠时生理呼吸的感受，没有特别的意义。参见**跳水**、**水**。（参见梦4803，7021，4401）

战场，战争　　　　　"我的内在战争，我的内在战场"
　　　　　　　　　　　"我内在的不安全空间，我内在的战争游戏"

战争如同士兵，是自人类诞生以来就有的人类悲剧的一部分，与这一原型相关的恐惧被所有人分担。不过，一个人梦中所表达的战争及战场可能是他自身内在战场的反映，它们在召唤我们内在平和的存在。参见**士兵**。偶尔，梦到战争也许反映了我们参与的外在冲突，但外在冲突将反映内在冲突。

在梦中体验战争可能指向个人或集体性记忆，也可能是与生存相关的创伤与焦虑的指示。如果战争是由梦者"扮演"的，则表示的是竞争性的内在空间，或者可能是暴力与内在冲突的内在空间。同样注意，它可能与电子游戏关联。参见**死尸**。（参见梦7016）

三、梦中的人物和角色

请铭记在心，你梦中出现的所有人物首先都应被看作代表你自身的某个方面。大多时间，他们都将是你自身的次人格，戴着你知道或不知道的某个人的面具。对这些人物的问题都是："这代表我的哪一个部分？"为了找到答案，你必须识别出你把什么投射在这些人物身上，你如何看待他们，他们代表了什么"特质"。

当你自己认同其中的某个角色时，则表示你有意识地认同自己为你人格中的那一部分，至少在那个情境中如此。无论你在外在观察到什么，那些都是你更难以去认同的，但你可以"看到"他们。看到自己在梦中表示你能够隔开一段距离去审视你自身的人格，如同在照镜子一般。

爱人

"我的内在爱人"

"我心爱的女性（男性）特质部分"

爱人象征着接纳、自尊，对自我内在价值的确认。爱人也许代表的是内在妻子（女性化的、敏感的、母性的、接纳的特质），或者是内在丈夫（男性化的、理性的、行动取向的特质），他们也可能代表的是我们如何看待我们的爱人，我们内化的他们的模型。参见**婚礼、丈夫、妻子**。（参见梦4321，4421）

残疾人，瘫痪者

"我残疾的部分"

我们都在某处有所残疾，某个内在部分无法良好运行，不能以满意的方式表达自身。这里可能存在某个抑制模式，或者感到被否定的某个次人格。注意是身体的哪个部位（在梦中观察）看起来残疾了。参见**"梦中的身体元素"**部分的具体含义。（参见梦4801）

盗贼，强盗

"我的恐惧，我的不安全感"

"我自身要侵入他人的倾向"

盗贼代表了梦者对身体被侵犯、个人界限被威胁的恐惧。另外，也可能代表了自身对他人无礼、侵入他人隐私的倾向。参见**小偷**。（参见梦4315，4805）

敌人

"我的内在敌人"

梦中的敌人代表相反的看法或矛盾的态度，表示你所反抗的某些事情，你否定或拒绝的某人。这当然表示你自身某些内在的冲突。

儿童，小孩

"我的内在小孩"

梦中的孩童，无论是否是你的，无论他看起来是否熟悉，都与你依然在成长的内在部分相关，这部分需要滋养、关心和照顾。"内在小孩"也许是一个受伤的内在空间，也许是你未发展的特质、潜力，有时甚至是一个具体的项目。比较例外的是，梦中的孩童可能代表一些未识别的天真特质、内在自由、喜乐与热情……你必须认清他所代表的具体特质（见第四章）。参见婴儿。（参见梦3701，3801，4312，4331，4351，4601，4805，6109，6801，6804，7012）

法官，裁判，审判者

"我的内在法官"

法官帮助你做出正确评判，保持秩序，实施规章制度，停留在设定的规章内。

父母

"我的内在父母"
"我内化的真实父母的模型"

如果是**资源性**的父母，代表的则是内在父母，即我们富于关爱、滋养的部分，也是内化的积极的模型；如果是**非资源性**的父母，则是内化的经验中父母的负面形象（参见第四章）。

这样的区分很重要，梦中的父母代表了梦者的某个内在部分，不过我们必须弄清楚那是我们想要认同的还是我们想要去除认同的部分。参见**父亲、**

母亲。（参见梦3501，4124，4313，4331，4341，4343，7025，7029）

父亲

"我内化的父亲模型"
"权威，既定的秩序"
"我自身的力量"

　　理想的父亲象征着权威、保护、朝着正确方向的智慧和引导、安全和内在信心，但你必须看一看你具体把什么投射在你的父亲身上（参见第四章）。广义而言，父亲的形象代表既定的秩序、权威、国家。它也可能代表你自身内在的阳刚力量和你深层的安全感。如果内化的模型是负面的，你应当对之进行工作，放下那个模型，敞开自己去面对理想的内在父亲，即你真正的"内在父亲"。（参见梦0001，2301，4341，7013）

工程师，电气技师，技师

"我的内在技师"

　　系统专家、能量专家，他是对你的能量系统进行工作的人。你具有修理所需的能力。

工作者

"我工作的那部分"

　　根据"工作者"的具体态度，可能是你工作努力的部分、工作懒惰的部分，或者其他任何所指……这个工作者也许是你所认识的某个人的特点，那你就必须识别出那个人的具体特质。（参见梦6903）

寡妇，鳏夫

"我内在的寡妇、鳏夫"

　　寡妇或鳏夫可能代表了孤独与悲伤。你也许感到被隔离或抛弃，失去了某人。这可能指向相反的一方，即男性或女性的特质部分未得到充分发展。

怪物，妖怪

"我内在的怪物"

"我的恐惧"

怪物代表着恐惧或其他压抑的情绪（参见第四章）。看到怪物表示意识用扭曲的视角去看待真实存在的事物，重塑视角可能带来完全不同的体验。与外在事件或梦者生活中的他人比较起来，怪物代表更多的是梦者自身的恐惧情绪。无论这个情绪与什么相关，去除对恐惧情绪的认同都是重要的，只需要把它看作困扰内心的一种情绪能量。在有些案例中，怪物扮演的是令人畏惧或被拒绝的次人格。去面对它，搞清楚它究竟想对你说什么。参见**吸血鬼**。（参见梦2310）

鬼

"我内在的鬼"

鬼通常象征着你自身恐惧的方面，可能是某些未完全解决的创伤性记忆，某些深层的无意识愧疚，任何困扰你的模式，或者只是负面的想法。鬼暗示梦者知道在外表之下没有真正的实质内容。（参见梦4213）

国王，总统

"我内在的国王（总统）"

"我内在的权威"

一个国家的国王或总统代表着权威、权力、控制，是一个父亲的形象。它代表着内在权威、最高的责任位置，尤其是与"世界性事务"关联，除非梦者觉得它代表着其他不同的意义。如果梦中的国王或总统有着熟悉的面孔，则代表着投射在这个认识的人身上的任何东西。（参见梦7016）

家庭

"我的内在家庭，我的次人格"

参见**亲属**。（参见梦4313，4321，6109，7012）

建筑师　　　　　　　　　　*"我创造性的自我，我内在的设计师"*

建筑师描绘新房子的计划，是新项目的建筑者，是你创造性的自我，你内在的设计师。

教授，教师　　　　　　　　　　　　*"我的内在老师"*

教授或教师是我们拥有智慧与知识的部分，通常是走上前引领其他次人格的部分。（参见梦4215）

警察　　　　　　　*"我内在的法律与秩序的强制实施者"*
　　　　　　　　　　　　　　"我内在的权力"

警察是法律的强制实施者，代表着权力。在梦中看到警察也许表示焦虑或内疚感。如果你被警察追赶，这可能意味着你在潜意识中试图隐藏使你感到重负的某些东西。如果你梦见自己是个警察则代表着你自身的道德感与良心。（参见梦4402）

客人，访客　　　　　　　　　　*"我新的内在资源"*

新的访客表示梦者人格中的新资源或新特质。如果你在梦中是个客人，可能表示你在处理一个临时性的问题，或访问一个并不真的属于你的地方。参见**陌生人、外人、不认识的人**。

会计　　　　　　　　　　　　*"我内在的会计"*

会计代表你掌控生活和平衡资源的能力。会计记明账目，知道花费了什么，资源是如何被使用的。这对清晰的结构、秩序及成功有帮助。

老板　　　　　　　　　　　　　　　"我内在的老板"

你内在的老板，依据具体的情境与感受，他是引导你的部分，或是采取主动或滥用支配的部分……根据所投射的特质具体确定。

老人　　　　　　　　　　　　"我内在的经验与智慧空间"

老人可能代表的是我们内在的智慧空间、我们的经验。不过依据具体的感受，也可能指向老龄化带来的虚弱、疾病，或者只是"过去"。（参见梦4901，7026）

旅行者　　　　　　　　　　　　　"我内在的旅行者"

旅行者是在探索和发现新的世界，意指梦者人格中探索的部分。如果旅行者感到迷失，可能表示某些内在部分对其周围环境或曾经变化的环境感到不确定，他可能也表达对于安定、承诺、投入自我的阻抗和困难。

律师　　　　　　　　　　　　"我内在的律师、顾问"

律师、顾问或内在指导者是你知道规则是什么、如何去遵循规则的部分。梦见律师可能意味着你可以获得帮助或建议。

门诊病人，住院病人　　　　　　"我经过疗愈过程的那部分"

你梦见病人表示你将经历一个疗愈过程。参见**医生、医院**。（参见梦7020）

魔鬼 "我内在的魔鬼"

魔鬼代表了梦者"负面"的部分，即他所感受的自己"坏"的一面。这里可能存在诱惑，梦者也许在处理道德方面的问题。

陌生人，外人，不认识的人 "我自身不知道的部分"

一个外人或陌生人象征着你自身未被发现的部分，你仍然不熟悉或不知道的部分，虽然代表的是你人格的一部分。

母亲 "我的内在母亲"
"爱，接纳，共同体"

梦中的母亲可以代表你自身富于滋养、关爱、母性的特质。不过，如果梦中的母亲有你现实中真正母亲的负面特点，则意味着这是你内化的她的模型（参见第四章）。你需要放下那个模型，敞开自己去面对理想的母亲，即你自身的富于关爱的内在母亲。广义而言，母亲象征着共同体、肥沃、子宫、无意识……参见**父亲、父母**。（参见梦2301，3501，4124，4343，4802，7012，7015，7025，7029）

木讷的人 "我未觉知到、未处在当下的部分"

这表示你没有完全在当下、没有完全觉察的那部分自我，犹如在半睡半醒的状态下生活。如果你看到一个睡着的人，则表示你完全不活跃的那部分。（参见梦6804）

男人

"我的内在男人"

梦中的任何男人都表示梦者的男性特质部分，即坚定、武断、理性、好强、竞争的一面（除非那个男性表达女性或其他方面的具体特质）。如果你认识那个男人，梦可能反映了你对他的感受和投射。如果你是一位女性，在体验与男人的亲密，这表示你接纳并欢迎你人格中强大而坚定的一面（参见**爱人、丈夫、女人**）。

女人

"某个女性的次人格看起来像……"

梦见女性代表着女性化的次人格，即表达接纳、敏感、温柔、关爱等方面的女性特质。如果你在梦中看到怀孕的女性，则表示你的某部分在孕育一个新项目。

朋友

"我内在支持性的部分看起来像……"

梦中与你的朋友在一起，表示你与这个朋友代表的友好而支持的次人格感觉亲近。他或她代表着你可以依靠的一个资源，不过你可能还没有完全识别或认同这个资源。（参见梦4101，4221）

妻子

"我的内在爱人"
"我的女性特质部分"

梦见你的妻子可能表示你与现实妻子的关系及对她的感受，也可能表示对自己内在的女性特质部分，即拥有女性特质的敏感、直觉、关照、接纳、温柔的次人格的感受。如果你在梦中清晰地识别出她是自己现实生活中"真正"的妻子，你必须要认清你把哪些特质投射在她身上。

亲属　　　　　　　　　　　　　"我熟悉的次人格看起来像……"

梦中的亲属通常指向投射在所涉及的人身上的具体的感受。他们可能表示你"熟悉"的次人格，你感觉亲近的内在存在的部分。（参见梦4313，4321，6109，7012）

人们　　　　　　　　　　　　　　　"我的各种次人格"

很多人代表着许多次人格，即你人格的不同方面。依据具体的感受，人们可以被看作保护性的存在，或者是对"我"视角有威胁的存在，对"我"来说可能难以找到自身安静的空间。这可以表示缺少中心与融合，内在世界过于复杂，缺少内在的和谐。（参见梦4311，4331，4353，6802，7028）

僧侣，道士　　　　　　　　　　　　　"我内在的僧侣"

僧侣是你虔诚而奉献的部分，象征着灵性追求者。

士兵　　　　　　　　"我内在的威胁，我内在的暴力"
　　　　　　　　　　　　　　　　　"我内在的斗士、勇士"

如果士兵看起来是杀人魔，是侵犯性、暴力和威胁性的力量，它们就表示无法抵抗的恐惧，受迫害的恐惧，或与个人的完整性与生存相关的恐惧。这些恐惧是人类多少世纪以来遗传下来的一部分，每个人都多少背负了一些，特别是儿童可能对这一原型更为敏感。如果有必要，则需要寻找未解决的内在恐惧。另外，士兵也可被看作秩序与纪律、力量与等级的一种表达。这可能与对一个组织严密的"体系"的归属感关联，具体核查你在梦中的感受（参见梦7016，7029）。如果梦者把自己视为士兵、勇士或斗士，这可能表示内在的斗士，他的这一部分参与某种战斗，这可能是内在或外在的、建设性的或破坏性的斗争。需要通过梦境的具体内容来澄清这个元素的意义。**参见战场、战争。**

受害者   *"我的内在冲突"*

梦见自己是个受害者，表明你把自己认同为特定情境下无力和无助的那部分存在。如果你视某人为无力的受害者，则表示你自身的某部分就是如此，尽管你并不如此认同。

双胞胎   *"我内在的双重性看起来像……"*

在梦中看到双胞胎表示人格的双重性、相对性或互补性的方面，可能是某些内在的冲突，显示两面的事物。梦境的具体内容应该可以对此进行澄清。（参见梦6108）

水管工   *"我的资源性的自我"*

意指修理工，对水管系统进行工作，而这与情绪关联。参见**水**。（参见梦6906）

司机，公交司机，卡车司机   *"我内在的司机"*

司机是引领者，提供方向的内在部分，及驾驭或控制你生活的部分。参见**驾驶**。（梦6201，7014）

瘫痪

参见**残疾人**。

天使 　　　　　　　　　　　　"我内心的天使，我内心的指导"

天使象征着仁慈、善良、纯洁、保护和安慰。对天使传递的讯息给予特别的注意，它可能指引你去达到你期待的成就与幸福。

同事，同志 　　　　　　　　　　"我的某部分看起来像……"

他们代表的是你认识的人们对你有着怎样的意义：努力工作的部分，评判的部分，幽默的部分……注意你投射在他们身上的特质。

吸血鬼 　　　　　　　　　"我内在的吸血鬼，我的瘾或嗜好"

吸血鬼或类似形象以令人厌恶和恐怖的气氛综合了引诱人的特质。比如，成瘾同样具备这样的诱人和病态的双重特点，有些关系可能也是基于对个人能量的剥削而"滋养"他或使他满意的。对界限有困难的人如果在经历这样的关系，可能会梦到吸血鬼。另外，吸血鬼可能扮演**怪物**的角色，尾随它们的目标，因为它们表达了某些未解决的内在冲突，这可能是一个令人恐惧、被拒绝的次人格。

小丑 　　　　　　　　　　　　　　"我的内在小丑"

小丑代表有趣、幽默、轻松，以及你性格中孩童的一面。小丑的面容是你自身情绪感受的反映，小丑的行为可能表示你不可抑制的特性。他的外貌邀请你在日常生活中采取更大胆的态度，或者邀请你更为谨慎。如果焦点在于小丑的伪装，这可能代表了你自身隐藏在面具下的某一面（或你生活中的某个人），或者假装成某人。

小偷 "我内在的小偷、强盗、骗子"

小偷是一个相当不成熟的次人格，需要占有事物却感到无法通过个人的技能获得。他抢夺、欺骗、使用不公平的方法。他可能是个入侵者，是个威胁性的存在，或者是一个熟悉的次人格。他肯定需要获得认可，他需要滋养性的内在父母的关爱在场。参见**盗贼**。（参见梦4315，4805）

兄弟姐妹 "我内在的兄弟姐妹"

你梦中的兄弟或姐妹可能代表你与他或她关系的某个方面，但也可能指向你在他或她身上看到的某种特质——实际上你可以在自己身上找到。如果你并没有兄弟姐妹，但梦中有，这肯定表示某个特定的次人格，你很熟悉但还没有认同的部分，可能是你需要去认可、识别的部分。（参见梦7010）

医生 "我的内在医生"

医生代表内在疗愈者，如内在资源。如果与"外在"有联结也可能是外在资源。在这种情况下，医生可能指向梦者生活中任何具有治疗性存在的人，梦者在治疗过程中可以依靠的人。（参见梦6901，7020，7028）

艺术家 "我内在的艺术家"

你艺术的自我。梦到艺术家画画表示你的人格中创造性和直觉性的方面在创造和谐与美。

银行家 "我内在的财富提供者"

金钱提供者或管理者。银行家管理资源、财产，有能力提供充足的资源。

婴儿，新生儿 "我的新身份"

婴儿表示新生命，新的"你"，你转化的人格，你的新潜力。婴儿指梦者显现的新的存在。即使婴儿还未出生（如果你看到一个孕妇，或者自己是一个孕妇），这通常都指向你成形的新身份。婴儿是表现出强壮还是虚弱，丑陋还是可爱，熟悉还是陌生，显示出你对自身变化过程的信任水平。比较少见的是，婴儿可能代表某些新诞生的依然需要培养的项目。参见**怀孕**。（参见梦3801，4213，4221，6105，6107，6501，6804，6901，6903）

邮递员 "我内在的信息传递者"

邮递员带来讯息，是提供联系的人。

丈夫（爱人） "我内化的爱人模型"
"男性特质部分"

你梦中的**丈夫**也许表示你与现实中真正丈夫的关系及对他的感受，也可能表示你的内在男性特质部分，即具有男性特质的行动、决策、主动、理性的次人格。你需要认清你所看到的或投射在爱人身上的主要特质。参见**男人、婚礼**。（参见梦4321，4421）

侦探 "我的内在侦探"

侦探试图解决问题，他寻求事情的真相。可能有些"罪行"要公之于众……

侏儒，矮人　　　　　　　　　　　　　　　"我的内在侏儒"

侏儒（或任何看起来明显比预期矮的人）可能表示你自身未完全发展或被压抑的部分，这可能会有不受重视、不值得的感受。另外，侏儒也许表示你与自然和大地联结而扎根很牢的部分。（参见梦4102，7012）

祖父母　　　　　　　　　　　　　　　　"我的内在父母"
　　　　　　　　　　　　　　　　　　　　　"我的遗传所得"

梦中出现祖父母常象征着无条件的关爱、智慧与保护，如果是这样则代表着你的内在父母。不过，他们也可能指向你从祖父母那里的遗传所得，既包括正面的也包括负面的部分。（参见梦4315，4321）

四、梦中的房屋、建筑与地点的象征意义

与房子或建筑物内部相关的梦，无论是怎样的梦，通常指自我的不同方面。在分析你梦中的房屋时，你需要考虑房屋维护的情况与条件。屋内的状况与你人格的方面有关，不过也可能表示你当前所关注的焦点或内在活动的具体方面。

搬家　　　　　　　　　　　　　　　　　"我的内在转化"

搬家表示重要的转化过程，我们准备好面对一个全新的内在环境。（参见梦2307，4902）

办公室　　　　　　　　　　　　　　　　"我的内在办公空间"

办公室与你积极的职业工作的那部分生活相关。不过实际上，你是在对

任何对你来说重要的项目进行"工作"，无论它是否是职业性的。梦中的办公室可能与你的"生命工作"、你的内在工作关联。（参见梦4212，4352）

博物馆　　　　　　　　　"我内在对过去或过时东西的收藏"

博物馆是我们保存个人或集体经验与记忆样品的地方。我们可能需要去看看它们，但它们已经从真实的生活情境中抽离，不再是"鲜活"的了。博物馆也可能代表着你的过去与历史。你都看到了什么？你看到了被灰尘覆盖的无用的东西，还是发现了一些稀奇的珍宝？

餐馆　　　　　　　　　"我内在丰富的滋养性资源的地方"

餐馆是给养之地，有很多可供选择的食物。梦见餐馆表示梦者与其内在资源的联结。不过，餐馆的具体特点有其特别的意义。（参见梦6804，7003）

超市　　　　　　　　　　"我内在资源丰富的地方"

与商店一样，但超市有着更为丰富的资源。（参见梦4343，7008，6101）

城堡　　　　　　　　　　"我的资源性的内在环境"

感到有力量的地方，拥有巨大丰富资源的地方。参见**豪华房**。

重建，重新装饰，粉刷　　　　　　"我的内在转化"

这表示高强度的内在工作。这也许是一个全面的革新，推倒老墙（旧有的限制性模式），打开新的视角，或者你会重新粉刷，给这个地方提供更明

亮的氛围。（参见梦6801）

厨房　　　　　　　　　　　　　　"我自我给养的内在空间"

厨房是我们准备食物、提供给养、应对需求、提供关爱的地方，在这里，我们与资源（给养性元素）联结。**食物**是任何给养、滋养我们的存在，并让我们成长的东西，不仅是身体的成长，还包括心理与灵性的成长。食物是一个非常基本的主题，表示我们与内在资源的联结。我们最初的象征性食物是把我们与父母相连的脐带与乳房。广义而言，这象征着我们与我们的本性的相连。需要食物代表我们感到与本性的分离，所以需要补充能量。参见**烹饪**：准备滋养性食物、给养、关照、保持健康与活力。（参见梦0001，4313，6801）

储藏室　　　　　　　　　　　　　　"我隐藏的东西"

梦中的储藏室可能表示你有些东西隐藏在你的人格（**墙**）架构下，它们可能是某些需要"从储藏室出来"的东西，需要得到释放和公开。如果是某些丑陋吓人的事情，记住那是你自身的评判与恐惧。

窗户　　　　　　　　　　　　"我的视野，我与外在世界的通路"

窗户使得阳光可以进来，还提供了更为开阔的视野及与外在的联结。窗户让我们可以看到他人，也可以让他人看见我们，因而建立起与外在环境的关系，这是封闭的墙所不具备的。注意通过窗户可以看到什么。通过窗户看到里面表示你正在挖掘和审视自身。破损的窗户可能表示痛苦和放弃，或者是某些暴力侵入的信号……（参见梦4321，4802，6903）

大门   *"我的通达路径，我的通道"*

大门与门一样，指我们为了抵达前方必须要通过的地方。它们通常指我们必须经历的具体体验，这将创造我们所需要的内在条件。（参见梦7017）

底层

参见**楼梯**。

地板   *"我有意识的记忆，我的过去"*

地板代表支持你的事物，你可以走在上面。这可能指你的过去，你设定的价值观，你的立足点或参照点。根据呈现出来的具体特点，这个梦境要素可以非常有意义。（参见梦6904）

地下室   *"我的潜意识"*

地下室是房屋在地下的部分，黑暗而隐蔽，是访客不会去的地方。这是我们与自身潜意识接触的部分，是我们未解决的情绪问题，我们秘密的想法，我们的坏习惯。可能还有一些秘密的通道和紧锁的房门，在那背后可能仍然有等待触及与释放的无意识记忆。梦到地下室很混乱表示你觉察出需要对事情进行分类整理。进入**地窖**，表示你深深地进入自己的过去，面对自身的恐惧和担心。

法庭   *"我内在的正义之地"*

梦中的法庭表示梦者内在渴望正义公平的空间，寻求正确的决定，可能是梦者解决某些内在冲突的一种方式（参见梦4251）。你梦见自己站在法庭支持控告，可能表示你对害怕内疚的事情有所挣扎。参见**法官**。

房顶

"我内在的保护，我的限制"

"我更开阔的视野"

房顶象征着内在与外在之间的限制或障碍，它也保护着房子的里面。如果你站在房顶上，这表示你站在里面望着外界。如果你感觉安全，这也许是个有利的位置；如果你感到害怕，则可能表示你在应对外在世界时感到不安全，你可能需要一个更好的内在基础。如果你的房子没有顶，这可能表示与"天空"、你的灵性存在有着开放性的联结，也可能表示缺乏保护，由于缺少界限、暴露太多而感到不安全。（参见梦4314）

房子

"我的内在环境"

房子是我们居住的地方，是我们内在生命体验的舞台，里面有不同的房间、不同的层次水平，颇为复杂。它会反映我们的内在环境，可能与我们真实居住的房屋看起来完全不同。你有着怎样的感觉？我们在房子里的哪个部分？或正在看着哪部分？房子是大还是小，是明还是暗，是干净还是肮脏？参见**新房子、老房子、贫民窟、豪华房、父母的房子、搬家**……（参见梦4101，4121，4321，4802，6401，6905，7015，7024，7026）

废墟，坍塌的建筑

"我的内在变化，我的废墟"

废墟可能表示人格受到了深度的震动。如果梦者有绝望感、深深的痛苦感，可能是其自我身份感被破坏瓦解。如果建筑坍塌只是由于时间原因或是被有意破坏，则表示梦者准备好进行深入转化。梦中大多数坍塌的建筑都表示毫无丧失或痛苦的变化。（参见梦2303，4331）

坟墓，墓地　　　　　　　　　　　　　*"我已埋葬的过去"*

墓地是埋葬过去的地方。梦中看到或参观墓地可能表示你重访和你已经无关的过往记忆，那些已经死亡的需要释放的部分。

父母的房子　　　　　　　　　*"与我童年记忆相关的内在空间"*

父母的房子经常表示我们与父母的关系。如果是我们童年时候居住的房子，可能表示我们在处理某些童年记忆。如果是有关爱之心的父母居住的地方，同样可能表示我们渴望拥有内在资源的地方，在那里，我们可以找到我们的内在父母。（参见梦4341，7013）

高层　　　　　　　　　　*"我的更高存在，我的有意识的渴望"*

房间里的高层部分让人感觉更亮堂、更明亮。它们是更富有资源性的空间，可能是因为更开阔的窗户、更多的亮光、更好的视角。不过阁楼可能正好相反，满是灰尘，塞满了属于过去的东西，尽管可能同样是资源性的……（参见梦2307，4101，7003，7015）

阁楼

参见**台阶、高层**。

公寓　　　　　　　　　　　　　　　　　　*"我的内在环境"*

如同"房子"，公寓是我们居住的地方，是我们内在生活经验的舞台，其中错综复杂，房间各有不同，层级也可能不同。这反映了我们的内在环境，当然它看起来可能与我们真实居住的处所完全不同。它带给你怎样的感受？你在房屋的哪个部分，或在看哪个部分？房屋是宽敞的还是狭窄的，是豪华的还是破旧的，是干净的还是脏乱的？参见**房子、新房子、老房子、豪华房、父母的房子、搬家**……（参见梦4101，4121，4321，4802，6401，6905，7015，7024，7026）

工作室   *"我内在的工作空间"*

你工作、修理东西的地方。这里有什么设备和器材？你在做什么工作？这个地方是被人使用着还是闲置废弃了？

海港   *"我内在的安全空间"*

海港表示安全的空间或目的地。安全抵达岸边，可能表示我们可以躲避暴风雨的内在空间，在此我们可以找到庇护，也可能表示我们所归属的地方——家。（参见梦7019）

豪华房   *"我内在感觉富有的环境"*

表示感觉有力量的内在空间，有着丰富资源的地方。

花园   *"我的内在花园"*

如果私家花园对你来说有特别意义的话（在西方是如此），这可能表示你私人内在空间的某个部分被打开了，敞开了，有了更多自由，尽管它是被隔开的且安全的（如果是这种情况）。你必须核查你对花园的感受以及其他具体方面。一个杂草丛生的花园清楚地表示你忽略了你的心理与灵性需求，这是在提醒你整理你的内在空间。（参见梦4422，6905）

火车站 　　　　　　　　　　　　　　"我的新起点、新机会"

火车站是启程或到达的地方，无论如何都是转换的地方。我们可能有可以赶上的机会（火车），不想错失。（参见梦2305，7018）

机场 　　　　　　　　　　　　　　"我的新机会、新的起点"

机场是出发和离别的地方，是你准备"起飞"的地方。生活继续往前。你有机会可以抓住，不想错失。参见**火车站**。

家 　　　　　　　　　　　　　　　　　　　"我内在的安全空间"
　　　　　　　　　　　　　　　"我的本性，我的深层自我"

"家"表示的是感觉像"家"的内在空间。它真正的意思是指：我们内在的安全空间，我们感觉与深层自我联结的内在空间。"回家"很可能有重要意义，是我们的目标所指却还未抵达的地方。感觉幸福地待在"家"里可能表达梦者与内在安全空间很好的联结（参见梦3501，3503，3801，4212，4331，4602，7011，7013，7024，7029）。不过，"家"也是夫妻生活的地方，指向关系或家庭情况。（参见梦4321）

监狱 　　　　　　　　　　　　　　　　　　"我的内在监狱"

监狱是你被监禁、不自由、无法表达自我的地方。你被卡在狭隘的模式中，卡在受伤的内在空间中。这可能与体验到被压制的外在环境有关。（梦4402，7022）

角落　　　　　　　　　　　　　　*"我内在的陷阱，我的优柔寡断"*

角落通常表达被卡住的感受，可能有挫败感和缺乏对做出决定的控制感。你也许感到被限制，被"逼至绝路"。

教室

参见**学校**。

教堂，寺庙　　　　　　　　　　　*"我内在的圣所"*

根据具体的信念与感受，教堂或寺庙既可以代表祷告的地方、内在的神坛、观光的地方，也可以是其他地方。这个要素将是梦者价值系统的代表，是他或她在表达自己是如何看待宗教的。

垃圾　　　　　　　　　　　　　　*"我的内在垃圾"*

垃圾指我们自身的废物，我们不必要的行李或记忆。我们自身内在的垃圾，可能与我们的负面思维、负面情绪、负面记忆、创伤性的经历有关。

老房子　　　　　　　　　　　　　*"我旧有的内在环境"*

老房子表示旧有的经验，可能是智慧的、久远的资源。不过，注意你对它的感受。这房子看起来是富有的还是非常糟糕的？是被精心打理的、干净的，还是脏的、塞满了无用的东西？老房子可能需要重新粉刷，或者你想离开这个地方，去找一个更好的去处。（参见梦6905）

楼梯，楼上，楼下　　　　　"我进入另一个内在水平"

往上或往下走一段楼梯表示你正在进入另一个水平，探究你内在其他的某些部分，某些不同的内在层面。**楼下**，如果是与**底层**相关，可能表示当下时刻，"现在"这个维度，与实际关联。**楼上**，如果与上面的楼层相关，也许表示过去，即你堆积和储存记忆的地方，有时也是**阁楼**。参见**地下室**。（参见梦4101，7015）

旅馆　　　　　"我暂时的住所，我的过渡之地"

旅馆是转换、过渡的地方。根据具体的条件，旅馆可能是舒适放松的，也可能是杂乱不堪的……你梦中的旅馆可能表示某些你不熟悉的地方，某种新的思维状态，或者个人身份的转换。梦者尚且不能把这个新的地方认同为"家"，而是一种新的体验。旅馆同样可能表示一种自由的感受。在度假中，你也许需要暂时规避常规的生活习惯。（参见梦3504，4211）

门　　　　　"我的内在通道，我的通路"

门是从一个空间到达另一个空间，从一个经验、视角达到另一个经验与视角的通道。门是打开的还是关闭的？是容易打开还是难以打开？上锁了还是没有障碍？穿过一扇门表示从一个经验水平进入另一个水平。门打开通向外在表示视角从内在环境朝向外在环境。门向内开表示梦者准备好向内探索，要进行自我发现。打开的门表示接纳、准备好欢迎。梦见有人通过打开的门进入你的房间可能表示有新的关系进入你的生命。锁上的门表示梦者还不能获取的资源或内容。（参见梦3801，4101，4121，4321，7015）

闹鬼的房间　　　　　　　　　　　"我未解决的情绪困难"

闹鬼的房间和鬼表示未完成的情绪事件，可能与童年、家庭、死去的亲人、压抑的记忆或情绪有关。令人烦扰的潜意识内容也许时常浮现在你的内在空间里，它们需要被认清而后释放。

贫民窟　　　　　　　　　　　　"我感到贫穷的内在环境"

感到无力、无资源的地方。

墙　　　　　　　　　　　　　　　　"我的内在限制"

墙把我们与外在世界隔开，局限了我们的视野，代表着限制、障碍与界线。墙是坚硬而难以移动的，你房子的墙面与你的人格结构相关。墙是安全的界线，但同样需要扩展。高墙（在外在环境中）表示没有视野、没有眼界、盲目。两墙之间狭窄的通道表示无路可逃：你陷入单行道或无边无际的体验中。推倒一面墙，表示你打破障碍，克服你自身的限制。建立一堵墙，表示你对限制你内在自由的接受。穿过一面墙意指你敢于冒险克服限制，探索自由。

清洗，扫除　　　　　　　　　　"我的内在清理过程"

做**家务**或者**维修保养**工作当然表示我们为了更好的内在环境而照顾好我们自身的渴望。清扫房间表示我们清理无用想法的工作，去除旧有的方式，寻求自我提高。（参见梦4215，6904，7026）

商店，食品店   *"我内在的资源之地"*

商店是你可以找到所需之物的地方，这表示内在资源正在解决任何你要处理的问题。资源的丰富性可能通过商店的大小得以表示，它是一个小的售货亭还是一个大**超市**？（参见梦4343，7008，6101）

神圣的地方   *"我内在神圣的地方"*

神圣的地方传递出和平、神圣的感觉，感觉像"家"一样，与我们自身内在的避难所——我们的本性相联。参见**寺庙，教堂**。（参见梦4702）

塔   *"我到达更高的地方"*

塔是让我们到达高处、更靠近天空的建筑。它们可能代表了我们深沉的渴望，我们向上的努力，我们的思维结构。不过，塔也可以被看作阴茎的象征，特别是当它们以完整的形状出现时。它们公然挑衅天空，它们表达着男性的力量与欲望。

外国   *"我内在未知的空间"*

外国代表着我们不熟悉或不够熟悉的地方，是我们感觉不自在的地方。根据梦者投射在具体国家上的感受，不同的国家代表着不同的价值观。国家的名字可能是双关语，需要核查与这个国家名相关的联想。

卫生间   *"去除我内在的粪便"*

卫生间与亲密及裸露关联，这是我们去除不想要的东西的地方。**粪便**是我们自身肮脏的东西、坏习惯及负面的态度。**小便**是液体，更为情绪性。

需要小便同样表示需要划分出清晰而安全的领地界线，与大多数哺乳动物一样。因为太多人在周围而**无法小便**表示难以找到适当而安全的空间，无论是外在还是内在环境：内化的父母模型可能没有给予足够的支持……（参见梦6802，7015，7024）

卧室 "我的隐私"

卧室是你拥有个人私密生活的地方，或任何其他对你来说的特别意义。床是最亲密的事情发生的地方，很可能与性经验有关。（参见梦2306，7009）

污垢，臭味 "我的负面模式"

难闻的气味、污垢或者垃圾废物表示有很多内在工作需要去做以清理内在环境，这反映了梦者对这项工作的觉知。参见**清洗、垃圾、下水道**。（参见梦6904）

洗浴间，淋浴，洗漱 "我内在的清理过程"

洗浴间是我们进行内在清理，去除不想要的东西（脏通常表示负面的想法、情绪能量、局限性模式）的地方。这是净化和自我更新的地方，也是我们暴露身体、变得透明和易受伤的地方。（参见梦4423，6102，6906，7015）

新房子 "我新的内在环境"

新的内在现实，新的资源。（参见梦6905）

悬崖

"我突然出现的新视野、新启发"

"我的令人惊恐的挑战"

你梦到自己站在悬崖边，感觉很棒，深深地呼吸，极目远眺，这可能表示你已经达到一个更高的理解水平，一种新的觉察意识和新的视角。不过，你必须警惕，保证自己不会过头。如果你感觉到惊慌害怕，也许表示你处在生命中的危急关头，你可能害怕失去控制。如果在梦里**坠落**，可能预示真正的危险。

学校，教室，大学

"我内在学习的地方"

这些是学习的地方，是与学习过程相关的内在空间。（参见梦4215）

钥匙

"使我到达内在空间的途径"

钥匙提供途径，是进入我们想要去往的地方的必要资源。（参见梦4101）

医院

"我内在的疗愈空间"

医院是我们接受治疗的地方，是我们被关照的地方。如果你发现自己在医院里，这通常指你与内在疗愈性的资源空间的接触，你在关照你自身，为自己提供治疗。如果你是在外面看到医院，这可能表示你需要使用可以获得的疗愈资源。（参见梦7020，7022）

遗迹

"从过去遗留下来的"

遗迹通常表示从未完全遗弃的过去中留下来的东西。如果它看起来是已经被破坏的，则可能表示创伤。梦者很可能处在完全的混乱中，如果他在现实中的感受与其在梦中的感受相一致的话，可能还存在自我同一感的丧失。（参见梦6905）

与童年相关的地方　　　　　"我内在与童年记忆相关的空间"

这表示与童年记忆、家庭遗产的联结。当梦发生在我们童年住过的房屋时，表示我们在与源于我们童年的问题接触。（参见梦2302，7013）

栅栏，屏障　　　　　　　　　　　"我的内在障碍"

梦见栅栏表示限制，是指限制你自我表达的障碍。栅栏同样可以代表你自我强加的限制性认知模式。注意它们的具体方面，如果你可以穿过它们，它们将无法再限制你的视野。

走廊　　　　　　　　　　"我的内在通道，我的进展"

走廊常被看作你生命中一个阶段到另一个阶段的通道，如果它引领你去到某地，那么它是一个资源性的转换。如果你梦见自己走过一条长长的走廊，但没有出口，则可能表示你绝望地试图逃离某个情境，或者某种限制你视野的行为模式。（参见梦6903）

五、梦中的交通工具和道路

船，艇　　　"可以让我安全地穿过我情绪空间的交通工具"

船是适应水上条件的交通工具。当我们被水（情绪）围困时，船就代表着安全的地方，可以让我们漂浮在水面上，保持对我们情绪特性的控制。

我们当然需要检查是怎样的船，以什么样的条件、在什么样的水面上航行。船是大而安全的，还是小而危险的，或难以维持平衡的？（参见梦7019，7023，7025）

道路，小径   "我目前的生活路径"

任何道路、街道、轨迹都指向你自身的生活路径。它看起来是怎样的？狭窄的还是宽阔的，平坦的还是颠簸的，笔直的还是蜿蜒的，向上的还是向下的？你是否有开阔的视野？浓云密布还是天气晴朗？路伸向哪里？目标是在你的视线中，还是依然遥远？你看着哪个方向，你到哪里去或者从哪里来？路上有什么障碍？（参见梦3502，3701，4213，4431，6201，7001，7010，7014，7017）

飞机   "我飞翔的工具"

飞机是可以让你在生活中起飞的工具，让你可以到达更高的地方，感觉更自由……它可以带你更快到达远方的目的地。这可能表示一个重要的新项目，或你个人的发展、你"更高"的目标，也可能是"回家"……**热气球**可能和飞机有着同样的意义，只是慢点。开飞机如同开车一样：是你驾驭生活的方式。你可以据此判断生活是否在掌控中。只是飞机要比汽车更能自由移动，可以从一定高度进行俯视。不过，要检查飞机飞翔的状态是否安全。**起飞**表示你要到很远的地方去，开始新的生活，变得更为自由。**着陆**表示回到与真实生活的联系、与艰苦现实的联系，或者表示到达了一个目的地。**坠落**表示你遇到艰巨的问题，感到无法应对（参见**事故**）。在极为自由无忧的飞翔之后，从高处坠落，这是一败涂地的感受。参见**飞翔**。

赶火车或飞机　　　　　　　　　　"我目前的机会"

赶火车或飞机代表抓住机会、前进或者开始内在旅程。你可能有时间压力，你不得不追赶，你也许面对障碍……生活经常充满机会，我们却经常没有抓住。我们的梦也许在提醒我们存在的机会，我们的深层内在希望，我们最隐秘的目标。（参见梦7018）

火车　　　　　　　　　　　　　　"我安全的轨迹"
　　　　　　　　　　　　　　　　　"我当前的机会"

火车沿着铁轨走，没有真正的自由。整个行程完全被设定好，是完全可以预测的。你跟随主流的模式、最安全的路径。如果伴随你的是积极感受，可能表示这是个安全的机会，是完全被肯定的项目，让你毫无风险，甚至不用你个人主动去预先设定目的地。如果伴随你的是负面感受，火车可能表示缺乏一种创造性和自由感，被限制，过于传统，太过主流，你不是真的想要如此。参见**铁轨、赶火车、火车站**。（参见梦2305，6201，6503，7018）

火车站　　　　　　　　　　　　"我的新起点、新机会"

火车站是出发或到达的地方。无论如何，火车站都是转换的地方，也许也是选择的地方。你可能有一个机会（一列火车）可以抓住，你不想错过，或者你也可能不想要这个机会，而选择用其他方式旅行。参见**飞机场**。（参见梦2305，7018）

驾驶（任何交通工具）　　　　"我引领生活的方式"

你驾驶的方式表现你是如何驾驭生活的。这可能与你的个人生活或你的职业生活相关，或者两者兼而有之。你是否在驾驶，是否在掌控？谁在驾驶？要到哪里去？路面怎么样？你卡在某处无法继续前行吗？路是泥泞的还是干燥的，上坡还是下坡？能见度如何？有障碍物吗？你是在后退吗？……所有这些都需要在象征意义上去理解，这就如同你当前驾驭你生活的一幅画面。（参见梦0001，6201，7014）

卡车，公共汽车，有篷货车 *"我的大型交通工具，我的生活"*

你的交通工具可以很大，运载很多东西——可能是整个房间，里面有可以放松的床，或者可以联系的电话机……无论你在路上驾驶或携带的是什么，这仍然是你的"交通工具"，你的具体化的维度存在。也许你感觉驾驶是一项巨大的责任。所有的细节都意义重大。如果你在等一辆公共汽车，这可能表示一个可以获取的机会（参见**赶火车**）。参见**汽车、道路、驾驶**。（参见梦7014，7001）

汽车 *"我的交通工具，我的身体，我的生命"*
"使我前进的"

无论是大车小车，豪华车还是普通车、被损坏的车……你的"交通工具"可能表示你的身体，也可能有更为广泛的意义：你的生命，你在生活道路上所经历的体验。你必须要检查车的具体状况、行驶状态：是跑得很快还是静止不动？是在路上还是在路边，或者卡在某个地方？你是坐在后座上，还是你开车带着其他人？你是在主导自己的生活，还是只是跟随他人的意见？解释你梦中的汽车或其他任何交通工具要求你考虑和感受工具的具体特点以及它们对于你的意义（安全、奢华、自由）。汽车需要修理，缺少马力（能量）、油用完了或者出现其他任何故障，都代表梦者个人身体或心理健康的状态。（参见梦0001，6201，7006，2310）

桥

"过渡到新的情境"

"两个不同空间的联结"

"通路"

桥是两个世界、两个空间、两个不同方面的联结，表示朝一个新情境的过渡和转换。检查一下它是一架稳固的桥、危险的桥还是破损的桥……（参见梦4351）

十字路口

"我当前的选择"

十字路口表示你来到了生命中有数个选择的地方，梦中的这个要素显示出你需要做出重要的决定。通常梦会提供一些线索，呈现出哪个方向是最适当的选择。

事故

"我的生活发生碰撞和受到伤害的地方"

事故指向痛苦的体验、失败的感受，是"交通工具"受到损伤的一段经历。这可能表示潜在的危险即将出现，如果采取适当的措施，危险可能被转移。

铁轨

"我固定的轨迹"

铁轨代表一套固定的程序，你无法选择转移的路线。在象征意义上，铁轨可能指狭隘的思维（没有自由，僵化的认知模式），也可能指一条清晰的线路，笔直向前。参见**火车**。（参见梦2305，7018）

自行车   "我简单的交通工具"

自行车与任何其他"交通工具"有着同样的基本意义。它指向你生活中的实际方面。你骑车的感觉怎样？走在什么样的路上？差别只在于这个"交通工具"有着非常简单而轻巧的特性，或者具备任何梦中表达的具体特点。自行车有时被看作穷人的交通工具，它不反映真实的富有或舒适，你仍然需要用你的体力让它移动，但这是非常个人化的。像通常一样，我们应当核查梦者的感受。（参见梦3701）

六、其他物体的象征意义

靶子   "我的目标"

参见**弓箭**。（参见梦4214）

宝石，水晶，美玉   "我的内在珍宝，我的内在价值"

宝石和水晶指内在美、我们深层的内在珍宝，还表示与内在纯真的联结。参见**黄金**。

爆炸，炸弹   "我的爆发性；一种意外的灾难"

如果炸弹还未爆炸，就具有潜在的爆炸性，这可能是对未来的负性事件的恐惧。如果爆炸了，也许是对分裂情境的认可，由于某种暴力某些事情遭到破坏。炸弹当然也可能指向梦者的内在暴力，或者梦者由于某些事件受到震动的感受。（参见梦4211）

报纸，杂志　　　　　　　　　　　　　　　　*"信息，人们所说的"*

报纸和杂志，发布新闻信息，通常代表我们从外在环境中听到或获取的信息。

大门　　　　　　　　　　　　　　　　*"我的通道，我的进路"*

大门像门一样，指我们为了达到任何前方的目标而必须要穿过的地方。这通常指我们必须要经历的某种具体体验，从而创造出所要求的内在条件。（参见梦7017）

蛋　　　　　　　　　　　　　　　　*"我的新项目"*

完整的蛋就像是一粒**种子**，表示孕育、生命，可能表示某些新事物在酝酿之中。梦见一个满是蛋的窝可能表示极其重要的创造性的新项目，或者可能的经济上的收益。反之，被破坏或破损的蛋则表示可能的失望或不幸。敲破你的壳，表示要出来成为你自己。

刀　　　　　　　　　　　*"我切割、刺入、伤害……的能力"*

刀是阴茎的象征，是刺人、切割的工具，具有潜在的伤害性，可以导致流血。应当核查梦者的具体感受和梦境：刀是在你手上的工具（让你可以去切割需要切的东西），还是让你感觉到威胁的攻击性的工具？参见**枪**、**工具**。

灯　　　　　　　　　　　*"可以让我看清楚的内在资源"*

灯让我们在黑暗中看得更清楚，指我们的内在光亮，或者是我们发出光

183

亮的部分。

电话   "我的沟通技能"

给某人打电话指你与那个特定的人或你的某个次人格之间的沟通质量。参见**手机**。（参见梦3802，4502，6503）

电视机   "我面向世界的窗户"

电梯   "我抵达我存在的不同内在水平的能力"

梦中的电梯表示上或下水平的变换，一种探索高（灵性）或低（情绪）水平的能力。**地下**指无意识，慢的电梯也许表示梦者准备好用这样的速度抵达那里；电梯被卡则表示难以抵达想要去的水平；到达错误的楼层则可能表示你还没有找到你在寻觅的东西。（参见梦4314）

电影   "我过去的记忆、画面，我自己的故事"

看电影有着与看**电脑屏幕**相似的意义：我们的潜意识在邀请我们去看些什么。我们可能观察到影响我们生活的某个场景，这可能与深深隐藏的记忆或模式相关，也有可能是从我们父母那里传递给我们的某种东西的表达，或者是与大的家族系统甚至"前世"有关。在电影中看到自己让你能够以必要的距离审视自己的处境，从而重塑你的视角。（参见梦3504，7029）

雕像   "我的僵死的过去"

雕像是生命僵硬的表现，不再有生命存在，它们代表的是完全僵化的、陈腐的、与过去关联的某些东西。参见**化石**。

弓箭   *"我的意志力与有组织的行动"*

这些是达到目标、完成任务的工具。你如何使用它们表达了你如何运用你的内在力量。**弓**可以与意愿、意志力相关，**箭**与思维及行动（即投射在外界，进入物质内部）相关。**靶子**是你所瞄准的目标。可以看到靶子吗？能够达到吗？（参见梦4214）

工具   *"我的内在才能，我的技能"*

工具像其他多种多样的器材、设备一样，表示有价值的资源、有用的技能。从**手机**（沟通资源）到**刀**或**剑**，都表示我们所擅长的、可以依靠的**技能**。核查可利用的具体器材和设备。它们好用吗？如果不好用，缺少什么？

果实   *"我的收获，我的所得"*

果实表示工作的结果，这是内在工作的所获。（参见梦7010）

化石   *"远古生命的痕迹，深层隐藏的记忆"*

化石代表某些完全僵化、死亡的事物，与久远的过去关联。

黄金   *"我的最高价值，我的内在财富"*

黄金是最高价值的象征，这种金属反映出神性。它与太阳相联，它本身就是生命的供给者。我们梦中的黄金首先指向我们自身的内在价值。除非我们认可内在的富有，否则不存在外在的富有。

婚礼

"庆祝我的内在婚姻"
"我的次人格的和谐统一"

　　无论梦者是否已婚或者是很快就会结婚，婚礼都是梦中相当常见的主题。婚礼象征着梦者的内在婚姻，梦者内在不同部分的重新结合，对他内在和谐的庆祝。当内在父母与内在小孩聚集到一起时，这是对合一的最好理解，这表示内在的疗愈过程，指我们敞开心扉面对本性。这也可能指我们内在女性与男性特质部分的结合。婚礼是庆祝一个人获得内在成就的时间，是回到**家**的时间。婚礼当然同样表示我们与所爱的人结合的愿望，如果这样的外在情境占据我们的想法的话。（参见梦7002，7015）

计算机

"我复杂的系统"
"我的潜意识记忆"

　　计算机代表着我们的内在"系统"，我们广大的记忆资源，大部分是无意识的。**计算机屏幕**显示的是我们思维的屏幕，但计算机存储器拥有无尽的数据。我们的梦可能邀请我们去看与某个具体"问题"关联的图像。一个女性在她的电脑屏幕上看到让她感到极其恶心的画面，她不想再看，想点击鼠标让画面消失。这表示有些内容想要回到她的意识中，可以被重新激活。这是与困扰她很长时间的一个创伤性经历有关系的，但被她完全压抑了。她的潜意识记忆想让她再次看到，她出现了阻抗。

价钱，付款

"我的个人投资"
"为达到目标我需要付出的努力"

　　为某物付款是为了达到目标所付出的必要努力。请核查：价钱是否是你付得起的？你是否乐于付出这个价钱？参见**便宜**。（参见梦7002，7008）

驾照　　　　　　　　　　　　　　　"我的身份（感）"

驾照是你身份及驾驶技能的证明。参见**驾驶、身份证**。

箭　　　　　　　　　　　　　　　"我的行动，我的思考"

箭是投射出去的想法或者行动，让你可以达到一个既定的目标。参见**弓**。（参见梦4214）

金钱　　　　　　　　　　　　　　"我的能量，我的财富"

金钱是能量。金钱让财富得以被使用，指我们内在的富有感、充裕感，或者指我们为了达到目标而准备付出的努力或代价。参见**价钱、钱包**。（参见梦3801，4602，7004，7008，7011，7028）

镜子　　　　　　　　　　　　　　"我自我探索的需要"

梦中的镜子表示想要或需要看清自我意象，或者探索自身的内在现实。"我到底是谁？"（参见梦4313，6101，7026）

聚会，节日　　　　　　　　　"我的内在庆祝、内在聚会"

聚会是众人聚集在一起庆祝的时刻，也许是与喜悦联结的感受，也许有别样的感受。这显示出不同的次人格是如何聚集在一起沟通交流、庆祝他们的整体性的。如果聚会是欢乐的、有食物的，那么一切都是最好的。如果他们并没有享受欢乐，你也许要做些工作使之和谐……参见**婚礼、音乐会**。（参见梦4704，7015，4313）

空白页 　　　　　　　　　　　　　　　*"我开放的未来"*

空白页表示对你创造性的投入持开放态度，等待着你一步步书写你的人生。这提醒你每件事情都依然可能，一切取决于你。你打算下一步写什么？你想要在你的生活中创造什么？（参见梦2301）

盔甲，防护物 　　　　　　　　　　　　　　*"我的保护"*

穿着盔甲表示你把自己与某些可能伤害你的东西隔离开，这象征着你的防御机制。

垃圾，废物 　　　　　　　　　　　　　　*"我的内在垃圾"*

垃圾指我们自身的废物，我们不必要的行李或记忆，我们自身内在的无价值之物，可能与坏习惯、局限的认知模式、恐惧、评判或创伤性经历有关。

栏杆，扶手 　　　　　　　　　　　　*"可以让我扶着的东西"*

扶手是在你脚步不稳时帮助你站得更牢固的东西，它表示某些内在资源帮助你应对暂时的不稳定。（参见梦4314）

链条 　　　　　　　　　　　　　　　*"我的内在链条"*

链条指任何约束你、让你无法自由移动的东西。

笼子　　　　　　　　　　　　　　　　　　"我的内在牢笼"

如同**监狱**，梦中的笼子表示自由的缺失。你的某些部分感觉压抑、未被认可、无法表达自身。

裸露　　　　　　　　　　　　　　　"我觉察出我的脆弱"
　　　　　　　　　　　　　　　　　　　"我觉察出我的透明"

裸露意味着没有保护、易受伤害、透明。我们的内在现实的真相赤裸裸地暴露出来，可能是令人不舒服的。你意识到自己赤身裸体走在公共场合而为此感到苦恼丢脸，这经常是你的弱点或羞耻感的反映。你也许隐藏了什么事情，但仍然害怕别人会识破。衣物是隐藏、隐蔽的一种隐喻。穿上衣服，你可以隐藏你的身份或者扮成他人。不穿衣服，一切就会裸露在外，让人观瞻，你便没有任何防卫……如果没有感到尴尬或羞耻，那么象征着你拥有未限制的自由，你没有什么需要隐藏……（参见梦4312，4704，6802，6803，6804）

母乳　　　　　　　　　　　　　　　　　　"我内在爱的资源"

母乳是母性本能和母爱的象征。喝奶表示内在的滋养。梦者可以接触到他内在父母的关爱，不过，他人格的某些部分可能需要更强有力地与这个关爱做联结，所以需要奶水。参见**食物、吃、烹饪**。（参见梦4312，6501）

便宜或昂贵　　　　　　　　　　　"我花在事情上的精力"

任何数量的金钱可能都指你为了达到一个既定目标所愿意或需要付出的精力与努力。代价也许表示梦者与其内在资源的联结。避免去付出所设定的代价可能表示梦者对特定目标感到懒惰、缺少意志力或热情。参见**代价、金**

钱。（参见梦7002，7008）

钱包 "我的金融资源"

我们的钱包存有我们的金融资源。**钱**是能量。丢钱包可能表示丧失能量、丧失安全感，欠缺通往内在资源的途径。参见**金钱**。（参见梦6503，7011）

枪 "我的内在暴力的表达"
"我对暴力的恐惧"
"男性性攻击"

枪是致死的工具，是内在暴力的表达（特别是当它被用来对抗别人时），或者是恐惧的表达（特别是当它被用来对抗梦者时）。枪也可能表示的是对他人暴力的紧张压力，这很可能是曾经被暴力攻击的记忆。枪还是阴茎的象征，有时候表达男性性攻击。（参见梦6108）

庆祝，生日 "我的内在庆祝"

庆祝是相聚的时光，是喜乐合一的时刻，也可能是对已经达成的成就的一种认可和肯定。不过，并非所有聚会都必然是令人高兴的，某些内在冲突可能被带出来。具体的要素和感受应当可以提供进一步的指示。参见**婚礼**。（参见梦4313）

燃料，石油，燃气 "我的身体能量"

燃料表示身体的能量、动力，让我们能够前行。

伞   "我的保护"

伞是保护性资源，给予安全感，是情绪或任何威胁的庇护。不过它只是一个"简易"的保护，容易被吹走或有泄漏……（参见梦7007）

身份证，护照   "我的身份感"
                                          "存在的权利"

这些物件清楚地指向我们的身份感——"我是谁"。丢失或没有这些证件肯定表示身份感的丧失，或与身份关联的内在混乱的感受。这可能表达了梦者没有真正存在的感受，或者没有权利在那里的感受。显然，这种感受经常是与梦者人格的某个具体部分相关的。我们必须识别出"我的哪个部分"没有感觉到它的存在。（参见梦6503，7011）

生日   "庆祝我的存在"

庆祝生日是一个认可某人存在的时刻。庆祝身份，认可我是谁。参见**庆祝**。（参见梦4313）

食物   "我的内在给养"

食物是梦中非常重要且常见的要素，食物让我们得到补给。食物经常代表任何滋养我们的存在、让我们成长的事物，不仅是身体上的，而且是心理上的成长。食物表示我们与内在资源的联结。我们原初的象征食物是把我们与母亲相联结的脐带与乳房，这在潜意识层面提醒我们与母亲的联结与合一。从广义和象征意义上来说，它把我们与我们的本性相联结。对食物的需求代表了我们感觉到与本性的分离，需要以力量和更广泛的存在来充实自己。不同类型的食物可以象征范围广泛的事物。一般而言，果实象征收获、成果。糖果、蜂蜜指向温情、温柔或美好。牛奶代表爱。冷冻的食物可能指你冰冷的情绪和冷淡的方式……参见**烹饪、吃**。（参见梦4313，6501，6903，7025）

手机   "我的沟通技能"

打电话给某人指你与你的某个次人格或者与你外在现实中某个具体的人之间所具有的沟通特质。电话指向外在环境中的某人的确并非罕见，某人并没有在场，但是有"联结"存在。如果没有具体的交流，你的手机代表你沟通交流的能力或资源。如果你丢了手机，可能表示你在接触人方面有困难，难以表达你自身及你的感受。（参见梦3802，4502，6503）

书   "我的知识"

没有具体书名的书通常代表知识，它们可能表示梦者依赖的资源。书也可能指研究、工作、学习。如果你梦中的书有具体的书名，你必须要探索那个书名对你来说具体有什么意义。（参见梦2304，2307，4902，7015）

书架，图书馆   "我所有的知识"
                                                "我过去的经验"

满是书的书架表示梦者积累了可以使用的重要知识、经验与资源。参见**书**。（参见梦2304，2307，4902，7015）

水晶   "我的珍宝，我的内在价值"

水晶指内在美、内在富有、内在纯洁。参见**珍宝**。

锁 "我的内在阻碍"

锁让我们无法触及某些事物，指我们任何的内在信念或感受让未解决的事情处于严格的掌控下，这通常表示需要开锁。

梯子 "我去往更高内在空间的通道"

梯子让我们可以攀爬到更高处。梯子可能是陡峭而令人害怕的，或者是容易攀爬的，这表示我们从低层移向高层的内在空间是否困难。（参见梦6502）

天线 "我的接收、接纳能力"

天线是一个沟通工具或资源，可以获取及发送信息或能量。这可能表示梦者被"联结"的能力和获得信息的能力。（参见梦7007）

铁轨 "我的固定路线"

铁轨代表固定的路线，你无法选择转向。从象征意义上来讲，它通常指狭隘的思维、没有自由、僵化的认知。参见"交通工具"部分的**火车**。

图片，图像 "某些关于过去的具体记忆"

在梦中看到图片表示与过去特定的记忆相联结。参见**电影、计算机**。

伪装，盛装 "我的角色，我的角色扮演"

盛装所呈现的外表与我们通常显现的会有不同，这让我们可以扮演暂时性的角色，拥有暂时性的体验。有可能会有不自在的感受，这表示某个角色并不符合内在真实。看看你所做的那些并不真正契合你本性的事情。参见**衣服**。（参见梦6104，7004）

鞋子

> "我的认知模式，我的参照点"
> "我的资产，我的根基"

你的鞋子是你赖以站立、行走的事物，可能是你的"立足点"、你的认知模式或当前的"态度"。鞋子让你可以自由移动，去你想去的地方，向前走。如果你发现自己只有一只鞋，这也许表示你丧失了一半可以促使生活前进的资源，有时候这也可能把你完全困住。不得不光脚走路表示缺失或忽略了让你更易于前进的必要资源。（参见梦3504，4351，7011）

信号，路标

> "我需要看的"

"信号"是需要特别注意的，这肯定是给你的讯息。

信用卡

> "我的资源"
> "我的能量，我的价值"

信用卡可能象征你给予自身以及别人给予你的总体信用。这常比经济信用有着更多的意义，可能代表你深层的力量与自尊感。信用卡基本上代表着你达到既定目标的资源。参见**金钱**。（参见梦7002）

行李，皮箱

> "我的内在行李"

我们可能在梦中发现自己拖着各种各样无用的行李，这些指我们与过去关联的未完成的事件、认知系统、恐惧、未解决的苦痛……我们通常需要去检视并放下它们。我们的梦不断地提醒我们需要"轻装"旅行。

衣服   "我的外表，我的身份"

衣服是保护层、外貌，有时是"社交"表现、身份的要素。**厚重的衣物**（"我有很多保护层"）表示过度保护、太多层的保护、秘密。**制服**表示依据外在义务所设定的身份，自由是有限的，要顺从既定的标准。**旧衣服**表示旧身份、被忽略的人格或需要更新与改变。**新衣服**表示变化、新身份、更新的人格。参见**伪装、裸露**。（参见梦6801，7011，7013，7027）

音乐会，音乐   "我和谐的内在庆祝"

音乐是一种和谐的庆祝，表示梦者有可以达到的和谐空间。音乐会是庆祝和谐、庆祝合一的相聚，去听音乐会表示你在内在和谐之旅的途中。参见**庆祝**。

邮箱，信件，包裹   "重要的讯息"

这些物件通常指我们与外在世界的联系，它们可能发出讯息。一大堆信就像是一大堆未解决的事件。（参见梦6907，7013）

照相机   "我的视觉印象"
                                         "我的观察能力"

梦中的相机表示我们记录图像的部分，这部分可以观察，也可能指梦者对图像更感兴趣的次人格，这部分比梦者实际体验的部分对图像更感兴趣。

种子 　　　　　　　　　　　　　　　*"我潜在的创造性项目"*

种子有着潜在的生命力，可能表示你已经播种，或者你所拥有的在未来可能表现的潜力。收获会在晚些时候到来，如果种子在肥沃的土壤中得到照料的话……

七、梦中的身体元素

疤痕 　　　　　　　　　　　　　　　*"我过去创伤留下的痕迹"*

疤痕表示已经痊愈或部分痊愈的旧伤（心理伤痛），某些痕迹依然显现，某些记忆依然活跃。

鼻子 　　　　　　　　　　　　　　　*"我的感觉和直觉能力"*

鼻子指嗅觉、好奇、知觉能力。检核常用表达或联想的意义。

病毒 　　　　　　　　　　　　　　　*"我的问题"*

如果你发现一个病毒，通常表示你觉察出你"系统"中的"问题"——困扰你而让你功能失调的问题所在。（参见梦4421）

出生 　　　　　　　　　　　　　　　*"我新的开始"*

出生表示新生命、新开始。参见**怀孕、婴儿**。

耳朵   "我的倾听能力"

耳朵指我们听的部分、我们接收与倾听的能力。如果梦里关注到身体的这个具体部位，可能表示你需要更为开放地接纳来自他人的指引和帮助。你也许过多依赖于你自身的评判。

胳膊   "我的行动能力"
                                         "我的伸展和给予的能力"

胳膊可以让你行动、拥抱生命、伸向他人。梦见胳膊受到伤害或者缺失（无论是你自身还是梦中的其他人物）表示严重的抑制，你无法做必须要做的事情。你可能有被限制的感受，你的自由或活动都受到限制。右胳膊与你的外在特性有关，与男性能量有关。左胳膊与接纳或滋养特性有关，与女性特质关联。缺失或丧失任何一只胳膊都表示你无法表现各自的特质。如果你梦见把某人的胳膊拽断了，可能表示你不允许你的某个次人格采取行动。（参见梦6803）

骨骼   "我的内在结构，我的内在力量"

骨骼是我们的基本结构，是我们的生命赖以依托的所在。骨骼表达我们的信念，我们深层的信念系统和原型，我们的自我身份感，以及基本的自信。

任何对我们骨骼的碰撞就是在抨击我们深层的"我是谁"的感受及我们的心理结构。在梦中看到我们自身的骨骼，可能表示对潜在力量的发现。梦见骨折则表示你发现内在存在的某个部分的弱点，可能是指暴力引起疼痛，并深深伤害到你。参见**骨架**。

骨架

"我的内在结构"

"没有实质内容的结构"

我们的骨架如同我们的骨骼，代表着我们的基本结构，我们赖以承载生命的所在。它表达着我们的信念，我们深层的信念系统和原型，我们的自我和基本的自信。从这个角度看，骨架也可能表示某些还未完全发展的东西，你可能依然在某些项目的计划阶段。另外，骨架也可能代表死亡，属于久远过去的某事或某人（特质），已经不再有任何实质的内容。

骨盆

"我的基础，我的根基"

骨盆是我们的骨架或基本结构与母亲关联的部分，或者与我们的深层内在力量、我们的根基相关。大骨盆（大屁股）表示坚实的基础、很深的根基，小骨盆则表示根基较弱。梦见骨盆也可能指与创造性和自我表达相关的问题。（参见梦4251）

后背

"我的承受能力"

你的后背（特别是上部）代表着你承受负担的能力，你在生活中的姿态，这可能与你身上的生活压力有关。后背也与我们的尊严、自尊相关，受到侮辱可能会影响到后背。僵硬的后背可能表示个体的自我意象和社会环境之间的冲突，反映出缺少灵活性（参见**骨架、骨骼**）。后背也可能与你"后面"的或你看不见的东西关联，因而可能与潜意识记忆或内容有关。我见过数个梦见狼或其他野兽的个案，这些动物在梦者的后背上留下疼痛的抓痕，这清楚地显示出某些被压抑的创伤（经常是性创伤）性记忆。

呼吸　　　　　　　　　"感到开放、联结或者焦虑、退缩"

你在梦中觉察到自己的呼吸，如果呼吸是舒畅的、轻松的，则表示你体内的能量在自由流动，你感到开放、联结、安全。相反，如果你无法呼吸，或者有哮喘，你也许是接触到内在紧张不安的空间、让你窒息的空间。紧缩的喉咙可能表示未能释放的情绪或压抑的愤怒。（参见梦7023）

肌肉　　　　　　　　　"我的内在力量，我的身体力量"

肌肉在梦中通常象征身体力量，可能是暴力或者意志力。

疾病　　　　　　　　　"我的弱点，我的不平衡之处"

疾病可以指心理及身体的困难。需要确认是谁生病了，我们的什么部分需要关心照顾，哪个次人格感到虚弱，需要什么。不同的身体症状都有其象征意义。参见**病毒**。（参见梦2308，4124）

肩膀　　　　　　　　　"我的承载、忍受能力"

肩膀是行动的基础，任何我们无法付诸行动的事情都会影响我们的肩膀。屈服或无力行动会让肩膀向内，后背弯曲。感到受困或缺少与行动相关的支持都会影响肩膀。在梦中尤其关注肩膀可能指向力量感、责任感和负担。

脚，脚趾　　　　　　　　"我的根基，我向前移动的能力"

脚代表我们的根基，代表稳定、存在的特质，脚与我们站立的能力、坚守我们在生活中的位置、坚定我们的信念相关。它们表达了我们在与外在世界的可能冲突中是如何站立的，也可能表示无法移动的感受，感觉处在困境中。**脚趾**让我们知道脚放在哪里，我们究竟是怎样感知所站立的土地的。五个脚趾与五个手指一样，有着相似的意义。参见**手指**。

脚踝   "我的据点，我的资产"

脚踝是腿与脚的连接部位，也是内在与外在资源的联结。脚踝可能代表我们的资产、我们的安全感，或者为了获得安全感需要抓住的东西。它也可能指我们所立足的基础。

颈部，脖子   "我的心脑联结处"

脖子表示我们的头脑与身体之间的关系，代表着意志力、自我限制、我们控制及检查感受的需要。梦见颈部受伤可能表示心脑的分离。注意检核常用表达或联想的意义，如"脸红脖子粗"……

脸   "我的身份感，我的自我意象"

脸是我们的身份、自我意象最清晰的表达，是我们的"面具"。面容改变或者任何导致面容变化的因素（甚至是事故），均可能表示我们自我意象的深层更改，需要用新的眼睛去看待我们自身。

裸露   "我觉察出我的脆弱"
                                "我觉察出我的透明"

裸露意味着没有保护、易伤害、透明。我们内在现实的真相赤裸裸地暴露出来，可能是令人不舒服的。意识到你赤身裸体走在公共场合而为此感到苦恼、丢脸，这经常是你弱点或羞耻感的反映。你也许隐藏了什么事情，害怕别人会识破。衣物是隐藏、隐蔽的一种隐喻。穿上衣物，你可以隐藏你的身份或者扮成他人。不穿衣物，一切就会裸露在外，让人观瞻，你没有任何防卫……如果没有感到尴尬或羞耻，那么象征着你拥有未被限制的自由，你没有什么需要隐藏……（参见梦4312，4704，6802，6803，6804）

脑　　　　　　　　　　　　　　　　　　　　"我的思考能力"

脑通常指我们的思维能力、思想、信念模式。根据梦中具体的情境与感受，脑可能表示思维压力、过度思考，或者与之相反，邀请梦者进行更多思考，表示问题解决的能力。

尿　　　　　　　　　　　　　　　　　　　　"我的情绪能量"

尿液表示我们内在的废水，"清除"（去**卫生间**）主题表示有释放情绪能量的需要，这就像是心理"垃圾"。需要小便与需要划出清晰安全的领地相关（如同大多数哺乳动物）。因为周围有太多人而**无法小便**表示难以找到合适而安全的空间，这可能是外在环境的或内在世界的：内化的父母模型也许没有足够的支持性。参见**卫生间**。（参见梦6802）

皮肤　　　　　　　　　　　　　　　"我的身体，我的身份"
　　　　　　　　　　　　　　"我的外在保护，我与外在世界的联结能力"

皮肤是我们的身体与外在世界联结的部分，它保护我们，或者显示出我们缺乏保护。我们的皮肤可能表达出与触摸、不想要的亲密、感觉肮脏相关的创伤。缺乏爱、害怕被拒绝、担心被抛弃，同样会导致慢性皮肤问题。你的皮肤代表你内在自我的保护或庇护。皮肤作为身体的界面，也可以显示出你让他人与你有多接近。此外，皮肤也是浮现在表面的东西，我们的自我形象。

脐带

"我与母亲的联结，我的来源"

"我自己，我的中心"

脐带通常象征着自我，在梦中关注脐带表示需要找到自我的中心。另外，脐带也指与母亲的联结。

肉，肉体

"我的食物"

"我所反感和厌恶的"

如果伴随的是厌恶、恶心的感受，肉可能表示的是与尸体类似的东西。梦者也许存在创伤性的身体体验，可能与性有关。如果肉被视作食物，则代表梦者对它的感受。

乳房

"我的给养能力"

"女性的温柔甜蜜"

乳房代表母性、滋养。女性通过**阴道**获取、接受（或拒绝），通过乳房给予、提供、喂养（或无法如此做）。与乳房相关的症状表达了作为母亲或爱人的女性角色失败的感受。梦见暴露乳房且感觉到不舒服表示不安全感、过多暴露或感觉隐私被侵入。梦可能表现出对成为女人或母亲的焦虑。（参见梦4312，6501）

屎，屁

"我内在的粪便"

屎代表从我们身心存在"排除"出去的东西，从我们系统中释放出去的东西，通常指负面的情绪、局限的思维模式或恐惧。场面可能让人非常讨厌，但这肯定表示做了一些有益的工作。参见**尿、卫生间**。（参见梦6904，7015，7024）

手

"我的行动"

"我的给予能力"

手让我们发出命令、采取行动、驾驭生活、把握实际事物、给予和拿取。手表示我们与所有物之间的关系，我们如何把握或者放下事物。手还是我们沟通交流的一种方式，使我们与世界相联结。如果你梦见某个人向你伸出手来，这种感受可能是一种支持性的存在。总体而言，**左手**象征着女性、接纳的特质，**右手**象征着男性、主动的特质。**拳头**是攻击和力量的象征。参见**手指**。（参见梦4241，6502）

手指

"我做事情的能力"

手指指向我们身体和思维的灵敏性，表示操纵、行动。如果手指变得僵硬，也许表示我们以僵化的方式处理日常生活。**大拇指**与权威、力量和压力、对事情的掌控能力相关。**食指**给予命令、批评，指出方向。**中指**获取、占有，也与创造性、愉悦和性有关。**无名指**与我们的爱情关系、联结感相关，有些作者把它与居住者、清洁者、光亮给予者关联。**小指**与直觉、洞察力、内在倾听相关。**指甲**（我们的"爪"）指我们自我防卫的能力、我们的安全感。咬自己指甲的人一般是在表达一种深层的不安全感。

死尸

"我的创伤性记忆"

"我的未解决的过去"

死尸与过去相关，与那些已经死亡但还未完全消失的东西关联，它可能以没有生命却吓人的鬼魂的方式出现。这就指向了过去的记忆，很可能是创伤性的，这是梦者需要去处理的。在柜子里发现死尸则表示内在环境隐藏或压抑的某些创伤性内容，是需要拿出来放到亮光下好好看待的，如此其能量便可以得到释放和转化。（参见梦4411，6108）

死亡，死   "我的内在转化"

梦中的死亡只有被看作转化的象征时才能得到真正的理解，一切都是关于释放陈旧、迎接崭新的。梦中人物的死亡表示内在舞台上这个次人格已经完成他的角色，无论他代表什么，他都已经离开了人格。这通常是一件好事，这表示内在的改变，即使有与这个分离相关的眼泪和情绪。不过，如果死亡以很可怕的细节的方式呈现，则可能表示某些创伤性更强、未解决的恐惧。参见**死尸**。（参见梦4411，4342，4803，4501，4502，6802，7025）

疼痛   "我的伤痛"

参见**疾病**。

头   "我的思维能力"

头通常指我们思考的部分，我们的思维、思想或信念。人们经常更多是从脑而非心来生活，因而梦见头从身体上断开或者身体没有了头并不罕见。这表示放下主导的思维模式，重新回到身体的重心。一堆人头很可能指已经抛弃的旧的思维和认知模式。参见**头发**。（参见梦4901）

头发   "我的外貌"
                              "我的思维模式"
                              "死的、呆板的东西"

我们的头发在头上生长，因而它可能与我们的思维或创造性思维活动相关。卷曲的头发表示复杂的认知模式，浓密的头发则表示丰富、多产的思维。梦见脏头发表示需要"更新"的负面认知或思维模式。直发可能表示率直的人格特点、直率的思维。

头发也可以与自我意象或活力相关，掉头发可能表示抑郁状态、丧失能量。如果有强烈的恶心感，那么头发可能与死亡或令人恶心的东西相关，特别是如果我们发现自己在吐出头发的话（参见梦6106）。核查与头发相关的谚语，如"头发长见识短"，或者可能的有关联想。（参见梦6106，7002，7029，0001）

头骨　　　　　　　　　　　　　　　　　　"我的思维能力"

梦见头骨可能象征着死亡，或者与过去相关的事情。另外，也可能指头脑，表示思维的力量。

腿　　　　　　　　　　　　　"我向前移动、遇见他人的能力"

腿是把我们与外在世界相连而建立关系的部位。腿使我们可以向前移动，遇见别人，建立关系。发生在腿部的症状也许与在生活中向前的困难或恐惧相关，抵抗变动。若梦中的人物没有腿或是瘸子，则表示无法拥有自己立场的次人格，是一种虚弱的状态，没有能力"生存"。你若梦见自己或梦中的另一个角色有三条或更多条腿、多余的腿，可能表示你承担太多事情、太多项目，超出你把握的能力，也可能表示额外的资源……（参见梦2308，4342，6803，7026）

膝盖　　　　　　　　　　　　　　　　　　"我的灵活性"

腿使我们可以移动，**膝盖**则提醒我们需要灵活、谦卑和接纳。膝盖反映我们屈身、降低姿态的能力。

血，流血

"我的生命能量"

"我的苦痛"

失血表示生命能量的丧失、与某些创伤相关的剧痛、敞开的创口、生命能量通过伤口在流失。梦见自己流血很可能代表情绪能量枯竭的感受。不过，血并不总是与痛相关。在深层象征水平上，血与我们最神秘的自我身份相关，它拥有我们是谁的所有信息。经血可能有这个含义，也可能指曾经历的羞耻或恐惧感……（参见梦4124，4251，6108，7012）

牙齿

"我的咀嚼能力，我的生命力"

"我的热情、胃口、意志力"

牙齿是我们啃咬和咀嚼的部分，因而与我们的力量感、热情、生命力有关，或者是与我们的意志力有关的更为特定的事情。牙齿脱落表示虚弱、身体脆弱的感受，或者是我们生活的某些方面缺乏清晰的意向行动。不过，我还是必须提醒之前提到的观察（参见第二章）：很多与牙齿问题相关的梦是牙齿中的金属物导致身体感到不舒服的一种表达。（参见7012）

咽喉，喉咙

"我的说话、沟通能力"

喉咙通常指我们表达自我、交流思想观点或感受的能力。梦见喉咙发炎表示你在表达真实想法或感受方面有困难，你在克制某些事情，这也经常与未解决或未表达的愤怒有关。如果你无法呼吸，或者有哮喘，你可能在触及紧张而不安全的内在空间，一个让你感到窒息的空间。另外，喉咙也可能与你的吞咽能力相关，也许有东西"粘在你的咽喉里"。

眼睛   "我的觉察"

眼睛代表我们看的部分，我们对事物的觉察。在梦中，你自己的眼睛代表你的理解、你的觉察。梦见你只有**一只眼睛**表示你考虑问题时只看到一面；梦见你有**第三只眼睛**象征着内在视觉和洞察；梦到你的眼睛受伤或者紧闭表示你拒绝看到某个事情的真相。**盲目**表示你自身看不见、未觉察或不知道的那一部分，当然也可以表示一个无法看到的具体的次人格。（参见梦3503，4703，6104）

阴道   "我的女性化的性特点"

阴道是女性性能力的象征，也许只是性欲望的焦点，也可能是幻想回到母亲的子宫。如果存在恐惧，则可能与压抑的记忆有关，或许曾被女性的性行为伤害。

阴茎   "我的阳性力量"

阴茎代表着侵入、创造的力量、阳性的力量。阴茎在我们的梦中出现，可以明确指向我们任何与之关联的直接经验记忆，因为它可以是性欲望的焦点。阴茎也可以指更广泛意义上的阳性力量，可能是来自丈夫或父亲的力量。（参见梦4804）

右侧   "我有意识的、阳性的一面"

我们身体的右侧与左脑相连，表示我们阳性、理性、行动取向、给予、有意识的一面，这是未来取向的。参见**左侧**。（参见梦4241）

| 在……背后 | "我的过去，在我之后的" |

| 在前面 | "在我正前方的" |
| | "我的未来" |

| 肘 | "我寻找并获取自我位置的能力" |

肘部是我们的欲望（头与肩）和我们实现欲望的能力（小臂和手）之间的主要连接物。我们必须在我们可以达成与不能达成的事情间保持灵活。肘关节疼痛也许表示我们在达到想要的目标时遇到困难，或者在寻找生活中想要的位置时有困难。肘关节可能还透露出我们的雄心或怠惰。

| 嘴 | "我的说话或吸收、吞咽能力" |

梦见嘴表示对某事需要进行言语表达，也可能是指吸收、吞咽的能力。

| 左侧 | "我的无意识、女性化的一面" |

我们身体的左侧与右脑相关，表示我们女性化的、接纳的、非理性的、无意识的一面，以及我们的过去。参见**右侧**。

八、梦中的动物

梦中的动物代表了我们的"动物属性"，我们未被驯服的、原始的、非理性的、不可预测的方面，我们最原始的欲望。不过，每一种类又代表了我们看待它们的基本"特质"，这可能和文化相关。我在此提出一些最为明显的特点。

豹　　　　　　　　　　　　　　　　*"我的豹性……"*

豹表示力量、未被驯服的女性美与优雅，可能也表示凶猛残暴。另外，豹也可能表示某些潜伏的危险。

蝙蝠　　　　　　　　　　　　　　*"我的蝙蝠特性……"*

蝙蝠生活在黑暗的环境里，这指向潜意识。由于蝙蝠丑陋的外表，它们通常象征着不洁、邪恶的魔鬼，或令人厌烦之事。它们一般指我们的潜意识所在，向我们呈现令我们害怕的某些内容。另外，它们也可能表达我们寻找通向我们潜意识路径的能力。

苍蝇　　　　　　　　　　　　　　*"我的徒劳的兴奋"*

苍蝇象征着徒劳的兴奋，矫揉造作，期望从最小的努力中获得最多。苍蝇还与污物关联，围绕着垃圾、粪便盘旋。核查与苍蝇相关的常用语，可能有什么想法会自发在你头脑里出现。

豺　　　　　　　　　　　　　　　　*"我的豺性……"*

豺是在荒漠独行的动物，我们并非总是能理解它的特性。它被古埃及人敬畏，因为它拥有更高的灵性力量。豺出现在你的梦中，可能指你联结更高智慧、孤独、神秘、自信与疗愈力量的那部分。豺也可能表示你内在灵性指引的出现。

臭虫　　　　　　　　　　　　　　*"打扰我的事情"*

什么真正困扰了你？臭虫经常代表负面的思维或认知模式，任何困扰你、让你因很多小事情而感到生活不适的东西。臭虫也可以代表"记忆"，任何引发厌恶和拒绝的事情。不过也要具体去解读相关的每种动物。

大鼠

"我的大鼠特性……"

大鼠通常被认为与浪费和垃圾有关，表示不洁、怀疑、内疚或嫉妒等感受。另外，它们可能与贪婪相关。检核具体的感受以及相关习语。

袋鼠

"我的袋鼠特性……"

袋鼠通常指母亲的保护，可能表达的是你滋养性的、母性的特点。

动物

"我的内在动物"
"我未被驯服的动物特性"

一般而言，梦中的动物代表我们的"内在动物"，我们这部分的存在拥有其具体特质。梦者对动物的态度是其对内在环境影响的表达。这可能是资源性的，也可能表达了某种内在冲突。如果你发现自己在与动物**斗争**，如果它在咬你，这可能表示你在挣扎着要控制住自己的那一部分，或者那部分对你的人格有负面影响。典型的案例是与**狗、猫、熊**或其他野生动物斗争，这代表了梦者难以控制自己的性欲望。对某个动物感到厌恶恐惧，可能表示某些与过去经验关联的未解决事件。攻击性动物在身体上留下的**疤痕**或**伤口**表示人类攻击的记忆和未解决的情绪伤痛。**爪子**或尖锐的**牙齿**侵入皮肤很可能指向某些创伤性体验，可能是性虐待。你梦到自己拯救动物表示你成功地认可那种动物所代表的特定情绪与特征。关在笼子里的、被忽略的、被折磨或饥饿的动物通常表示你自身被忽略、压抑、未被认可和接纳的方面。

独角兽   *"我的独角兽特性……"*

独角兽表示更高的灵性联结，代表着纯净的精神力量，显示对当前情境的洞察与透视。它具有女性特质的力量、温柔与纯洁。

鳄鱼   *"我的鳄鱼特性……"*

鳄鱼表示你好斗的、有闯劲的、爽快的一面，在为生活的努力中毫不犹豫地制造受害者。鳄鱼也可能指一种"错误"的态度，在贪睡的表面下隐藏着危险。鳄鱼经常代表背叛、欺骗和隐藏的本能天性。

羔羊   *"我的羔羊特性……"*

羔羊通常代表单纯无知，可能指梦者未觉察被垂涎的那部分，需要警惕掠夺者。

鸽子   *"我的鸽子特性……"*

鸽子（特别是白鸽）象征着和平、宁静、和谐与纯洁。

公鸡   *"我的公鸡特性……"*

公鸡通常表示骄傲的特质，也可能是炫耀。公鸡也可能表示傲慢自大、自吹自擂、自命不凡。与公鸡争斗表示竞争反目的心态。核查可能的其他联想。

公牛

"我的公牛特性……"

公牛被看作拥有巨大力量和强大意志力的动物，也被看作生殖力和繁殖力的象征，可能也是强盛的性能量的象征。一头暴怒的公牛也许代表着失控的激情。还可看看与"像头牛一样"等习惯用语相关的联想意义。

狗

"我的狗性……"

"我的性特点"

狗通常代表我们或多或少被驯服的动物特性，这一般指我们的性欲望、性特点或我们体验性的方式。**猫**通常更多指"女性化"的性（温柔感性），狗则更多指男性化的性（直截了当）。如果狗是可爱温顺的，表示你和你的性有着和谐融洽的关系；如果狗是狂野而难以驾驭的，则表示性欲望迫切得难以控制。如果是一条将死的小狗，被遗弃或者不开心，则表示梦在邀请梦者认可他自身的性需求，更加关心并照顾好他的这部分存在。对狗的强烈恐惧则表示创伤性的性经历的记忆。侵入皮肤的**啃咬**或**撕抓**的痕迹强烈地显示出性虐待，这也许是已经被压抑的记忆。另外，狗还可能象征着直觉、忠诚、慷慨、保护。如果你梦见一条熟悉的狗，你可能想要去检核它所代表的具体特质。（参见梦4801，7026）

海龟

"我的海龟特性……"

海龟表示智慧扎实的特性，前进缓慢却很稳定，可能代表一个年老灵魂的安静平和的特质。因为海龟背负着自己的"家"，这可能指向你完全意识到的自我的部分，你所整合的自身的灵性维度。另外，也可能表示你在庇护自我。

海豚　　　　　　　　　　　　　　　　　"我的海豚特性……"

海豚通常代表灵性的指引，你的更高的智性特点，你的心灵力量。正在遨游的海豚也可能表示你探索和驾驭情绪的能力。（参见梦6504）

猴子　　　　　　　　　　　　　　　　　"我的猴子特性……"

猴子可以象征你人格中淘气好玩的一面，或者是某些不成熟的态度。

蝴蝶　　　　　　　　　　　　　　　　　"我的蝴蝶特性……"

蝴蝶表示自由、喜悦与灵性，象征着在毛虫阶段之后所出现的新生命。不过，蝴蝶也可能表示倾向于徘徊而不做出认真的承诺，表示需要安定。

狐狸　　　　　　　　　　　　　　　　　"我的狐狸特性……"

狐狸通常代表聪明伶俐和足智多谋，可能表示你为解决问题运用你的顿悟能力和智慧。另外，也可能表示孤立或孤独感。

鸡　　　　　　　　　　　　　　　　　　"我的鸡特性……"

鸡被认为是非常有母性的，它们孵蛋或孵育小鸡。鸡也可以表示过分地喋喋不休或闲谈，或者愚蠢糊涂……

鲸　　　　　　　　　　　　　　　　　　"我的鲸鱼特性，我的灵性力量"

鲸代表直觉与灵性的觉知。

昆虫

"我的问题和烦恼"

"我内在的困扰……"

梦中的昆虫经常表示需要克服的小障碍、小问题，需要处理的烦恼。可能有事情或有人"打扰"或"纠缠"你。昆虫可以指你生活中的外在挑战，也可以指想法和认知系统、坏习惯。另外，昆虫也可能是敏感性、警觉度的象征。参见**臭虫**。（参见梦3504，7010）

狼

"野性的攻击性的力量"

"我的狼性"

狼通常被看作掠夺者、潜在的危险者，破坏和毁掉安宁生活的暴力存在。如果有强烈的焦虑感受，狼可能代表着攻击性的记忆，也许与身体或性虐待有关。就像狗一样，狼也可能与人类的欲望、性相关。但与狗不一样的是，狼被感知为威胁性的力量，具有野性和暴力。侵入皮肤的**撕咬**和**抓痕**清楚地显示某些依然疼痛的身体"侵入"。但是如果梦者没有恐惧感，狼可能象征着孤寂、神秘、自信和骄傲。对有的人而言，梦里出现狼可能意味着他开始认可自身的力量，以及与自然的和谐。

老虎

"我的老虎特性……"

老虎通常代表力量、领导力。另外，老虎也可能代表女人的性、攻击或诱惑。梦见被虎攻击可能表示你感到被某人或你自身未被驯服的力量侵犯和制服。被关在笼子里的老虎可能表示你在压抑自身的力量。

鹿

"我的鹿特性……"

鹿通常象征优雅、柔和、自然美。鹿具有雌性特质，可能指向你内在的女性特质，也可能代表你所爱的人，你感觉非常"亲近"的人。

骆驼 　　　　　　　　　　　　　　　*"我的骆驼特性……"*

骆驼因其超强的坚忍而闻名，它可以在艰苦而干燥的条件下负载重荷，不吃不喝，却依然坚持前行。你梦中的骆驼可能表示你生活中的类似状态，探索具体或个人的联想。参见**沙漠**。

驴 　　　　　　　　　　　　　　　*"我的驴特性……"*

驴常代表倔强、不愿合作。不过，如果你是在骑驴，驴就被看作一个**交通工具**，简单但结实方便的工具。

马 　　　　　　　　　　　　　　　*"我的马特性……"*
　　　　　　　　　　　　　　　"我的能量，我的内在力量"

马通常代表强壮的身体能量，是人体的延伸。马是有力量的、高贵的，但也是野性的、敏感而情绪化的。如果马的主人爱护、尊重它，马可以被控制和驯服。因而，马表示你需要驯服的那部分自我，偶尔也可能表示你想要"驯服"的他人。如果你发现自己骑在马上，这表示它是你自身的"**交通工具**"、你的身体力量、你的身体，或者也可能是你在"驾驭"的一个具体情境、一种关系……注意马的具体特性：是温顺的还是野性的？是机灵的还是犹豫的？是有力量的还是疲惫的？……一匹**白马**可能表示女性的力量、纯洁和智慧，一匹**黑马**或深色的马可能表示神秘、野性和未知。一匹**死马**也许表示你的体力已经耗尽。一群**野马**表示自由与力量感，没有责任与义务，也有可能表示未受控制的力量或情绪。参见**独角兽**。（参见梦7005，7015）

蚂蚁   "我局限的认知模式"

蚂蚁如同蜜蜂，可能象征着努力而勤奋的工作，尽管也可能表示社会从众性、群体行动，从而少了积极意味，这可能会使梦者有生活太过结构化和秩序化的感受。蚂蚁也可能代表恼人的小东西、局限的认知模式、负面的思维、太多的从众性。（参见梦3504，7010）

猫   "我的猫性……"
                                               "我的性"

猫表示感性与独立的精神，它们常与感性及性关联，通常是更为女性化的特性。如果猫是具有野性或攻击性的，可能表示你对自身或爱人的狂野的性的表达有困难。如果猫在咬你，则可能表示贪婪的女性性欲或曾经的攻击。参见**狗**。（参见梦4802）

猫头鹰   "我的猫头鹰特性……"

猫头鹰象征着智慧、洞见和美德。

毛毛虫   "我的毛毛虫特性"

毛毛虫可以被看作一种要蜕变为蝴蝶的希望。不过，毛毛虫经常激起厌恶感，如果是这样，那么毛毛虫就像蠕虫一样，表示某种潜意识深层的对男性性器官的厌恶。很多毛毛虫可能像臭虫一样，一般表示负面的想法和认知模式。

蜜蜂

"我忙碌的蜜蜂特性"

"我的苦痛或不幸"

蜜蜂辛勤工作，酿造蜂蜜，它们通常表示成功和富有。被蜜蜂蜇可能是积极的含义：如果感觉是一个刺激，它可能是一个唤醒你去行动的邀请。如果感到受伤，可能表示未预料的不幸或痛苦，或真正令人困扰的事件，尽管通常不会有持续的创伤性后果。蜜蜂蜇在你身体的什么部位？看看这个身体部位的象征意义。

绵羊

"我的绵羊特性……"

绵羊通常表示缺乏主动性、创造性，代表着不很聪明的温顺，只是怯懦地随大溜。

母牛

"我的母牛特性……"

母牛指向你被动、温顺和慷慨的特性，通常代表多产、滋养和母性的女性特质。如果是肥胖的，则可能表示富有；如果是瘦削的，则可能表示限制约束的时期。如果你梦中出现成群的牛，则可能表示缺少个性。一头**小牛**可能指单纯无知、不成熟或无经验。

鸟

"我的鸟特性……"

鸟是自由的，它们能**"飞翔"**，不会受限于地面。鸟是自由与灵感的象征。鸟的啁啾声或飞翔的鸟代表着愉悦与和谐。鸟巢象征着安全的避难所，可能是退缩和寻找安宁的地方。注意不同种类鸟的具体含义。

螃蟹   *"我的螃蟹特性……"*

螃蟹表示内向、坚定的倾向，可能也表示易怒的人格特点。一篮子螃蟹指复杂冲突的情境，人们互相攻击。

青蛙   *"我的青蛙特性……"*

青蛙是群体性而吵闹的，也是开心而友好的。青蛙在**水**中感到舒服自在。与乌龟不同（移动得慢而稳），它们跳跃前进。青蛙更不可预测，它们也许代表着潜在的变化、伪装的王子或公主，真正的美可能还未显露。一只跳跃的青蛙表示从一处跳到另一处的倾向。

蠕虫   *"我的恐惧"*

蠕虫是隐藏在黑暗中的看不见的小东西，代表着我们的负面认知模式和恐惧。不过蠕虫如果引起厌恶感，如蚯蚓，则可能与男性的性器官相关：一种丑陋而吓人的小东西，这可能时常萦绕在一些小女孩的梦中……

鲨鱼   *"我的鲨鱼特性……"*

鲨鱼通常被看作肆无忌惮的贪吃者、危险的威胁者，是可能会吃掉你的家伙。它是绝对的掠夺者，代表着可以投射所有恐惧的怪物，因而鲨鱼也代表任何依然潜伏在深层潜意识水平的恐惧。另外，鲨鱼也可能是你自身展现掠夺者特性的人格方面。（参见梦6504）

蛇

"我的蛇性……"

"我不得不面对的麻烦"

"我与男性性器官相关的创伤性记忆"

"转换，过渡，死亡"

蛇作为积极的象征，代表着转化、知识和智慧，表示自我更新和积极改变。蛇也被看作阴茎的象征，指向创伤性的记忆或被禁止的性。偶尔，蛇也可能指麻烦的情境，或者难以相处的、邪恶的、狡猾的人。也有可能你梦中的蛇有非常独特的意义，可以将以上这些释义作为基础来解读适合你的意义。（参见梦4803，4804）

狮子

"我的狮子特征……"

"我的不可抑制的主导力量"

"我的不可遏制的暴力"

狮子是阳性的象征，通常代表强大的力量、激情、男性力量、父亲和权威。狮子被看作森林之王，代表忠诚、领导、骄傲和支配。如果梦者有恐惧感，那么可能是有潜在的攻击或未受控制的暴力，可能表示难以克服或不能抑制的情绪或攻击性。如果狮子是关在笼子里的，也许意味着被压抑的内在暴力。

水牛

"我的水牛特性……"

安静而平和，强壮而坚决，稳稳扎根大地，实际而直率……参见**公牛**、**母牛**。

219

螳螂   "我的内在害虫"

螳螂被认为是害虫，在脏乱的地方，它们会侵入我们的空间。它们可能表示你需要清理你的心理、情绪或灵性，需要补充活力。

鹈鹕   "我的鹈鹕特性……"

鹈鹕表示培养和关爱他人。

天鹅   "我的天鹅特性……"

天鹅是优雅、美丽与高贵的象征。（参见梦4704）

鸵鸟   "我的鸵鸟特性……"

众所周知，鸵鸟在危险来临时会把头埋在沙堆里。这表示你可能不愿去面对现实，否定或不愿意去接受现实情况。

蚊子   "吸吮我的东西"

蚊子表示有些事情在消耗你的能量和资源，它在"吸取"和困扰你。

乌鸦   "我的乌鸦特性……"

乌鸦是黑色、伶俐而多话的，它代表你个性特点中黑色的部分。它也可以被看作来自你无意识的讯息。它可能表达你某种潜意识的智慧或更高的智能，也可能表达黑暗的想法、负面的思维。

象

"我的大象特性……"

象是女性力量的象征，拥有平和的力量与温和的智慧。你梦见自己骑象，表示你能够控制自己的内在力量。（参见梦7030）

小鼠

"我的鼠性……"

小鼠代表藏在洞里的小问题、家庭问题。

蝎子

"我的蝎性……"

蝎子表示秘密、死亡、复活和深层转化。梦见蝎子表示你达到生活中的一个新阶段。在此，去除陈旧的事物，为新事物腾出空间很重要。另外，蝎子也代表某些威胁你、可能伤害甚至置你于死地的事情。

熊

"我的熊性……"

熊如同狗或狼，可能指我们的性。不过，在商业方面，熊代表这种动物在冬季冬眠的倾向：在情形变得糟糕时睡觉，等待转机到来。对孩子而言，熊，特别是小熊，也许代表着友好的令人想拥抱的朋友，一个安全的存在。

熊猫

"我的熊猫特性……"

熊猫指天真烂漫的特质，或者某些令人喜爱得想要搂抱的东西。

鸭子

"我的鸭子特性……"

鸭子是有着多种才能的动物，它们可以走、游泳和飞翔，可以野生、迁徙或是被驯养，可以适应不同的环境。因而，鸭子也许代表你的灵活性和适应能力。在亚洲，鸳鸯代表着婚姻幸福和稳定。另外，可以根据具体的语言文化来加以理解，如在中国，"赶鸭子上架"意指强迫去做能力达不到的事……

鼹鼠   "我的鼹鼠特性……"

鼹鼠生活在地下（表示潜意识），总是与某些隐蔽的事情相关，秘密地工作。某处可能有隐秘的安排，或者在秘密策划某些事情。鼹鼠有时被看作入侵者、间谍，装作喜欢他人但实际并非如此，这也可能是个人倾向。另外，鼹鼠可以是你无意识动机及非表面事情的象征。

鹰   "我的鹰性……"

鹰是至高无上与荣耀的象征，也代表高贵、力量与自由。更为简单的是，鹰也指深入敏锐的视觉。

鹦鹉   "我的鹦鹉特性……"

鹦鹉通常代表反复唠叨，重复别人的话而不经过任何个人的思考。也可能表示闲谈或嘲弄的态度。

鱼   "我的鱼性……"

鱼可以代表很多不同的事物。一般来说，一只游动中的鱼是在**水**中（情绪）感到自在的一个要素，这表示梦者有情绪方面的事情要去看一看。一大群鱼象征着财富、金钱、富有。作为食物的鱼可以被看作富有和营养……不过，因为有着相似的形态，小鱼经常代表女性性器官，或者表示女性的性。

死鱼，特别是整条且腹部被切开的鱼，显然同样表示女性性器官。死鱼可以表示死的（不活跃的）女性的性活动。进一步探索你个人与之关联的联想。（参见梦7003，7021）

猿   "我的猿性……"

猿指向你内在的野性，特别是指你的性。一只**高大的黑猩猩**或**大猩猩**也许象征着你或某人野性、原始的冲动，可能是你压抑的性能量。猿也可能表示欺骗、恶作剧、谎言，因而可能代表着性攻击。参见**猴子**。（参见梦7020）

蟑螂   "我的内在害虫"

蟑螂代表你不受欢迎的一面，是你需要去面对和考虑的方面。

章鱼   "我的章鱼特性……"

章鱼无论遇到什么都用它的触须和吸管紧紧抓住，这可能表示一种过度占有的态度，对一个关系或者所有物过于依附。

蜘蛛   "我支配性的女性力量"
                                     "我专横性的母亲意象"

蜘蛛是创造性与力量的象征，因为它们编织复杂的网。蜘蛛经常是女性力量的象征。如果梦到蜘蛛而感到恐惧，则可能表示你感觉到陷入一种非常粘连而被控制的力量中。某人或某种情境也许在吸吮破坏你的生活，这经常代表与母亲或某个支配性的女性的冲突。蜘蛛也可能是一个控制型、占有型或虐待型的母亲的隐喻。（参见梦4401）

猪

"我的猪的特性……"

猪的象征取决于梦者把什么投射在猪身上。猪可能象征肮脏、贪婪、懒惰或自私，也可能象征着财富、富有或过度放纵等。（参见梦4241，6108）

九、梦中的数字

数字也许指向具体的字面意义（比如日期），或者是具体的联想，只有梦者自己能够区分。但数字也可以从象征层面来理解，在这样的情况下，就需要注意数字所携带的"能量"。多位数一般要通过相加直到得到一位数，所以525就会变成12最后变成3。让我们来看看这些主要数字的基本意义。

0（零）

0表示永恒、无限、超意识和绝对的自由。它与"圆圈"联结，代表着力量。0并不必然表示无，它具有激活所探讨的所有问题答案的潜力。

1（一）

1通常表示整体、合一，代表新的开始、新的循环。1也可能代表成为第一、赢、领导力或原创性。它拥有高度的创造性和灵性力量。偶尔，数字"1"也指个性、单一或者自我。

2（二）

2代表双重、相反、合作伙伴或差异。2具有张力，因为两个相对的力量在相互弥补或对抗。这样一种张力具有创造性和成长的潜力。2的能量与经历、学习、目的相关。2也可能指向关系——男性和女性、母亲和父亲或阴和阳。2还象征着一对或一双，任何成对成双出现的东西、双重弱点或双重力量。

3（三）

3与三角形相关，它表示生命、活力、内在力量、完整、想象力、创造力、能量或自我探索。3代表过去、现在和未来，或者父亲、母亲和孩子，在基督传统中也代表圣父、圣子和圣灵。3是和谐与稳定的象征。

4（四）

4与方形相关，表示根基、理性思维、实际的逻辑，可能还有僵化。4能提供稳定性，但也具有张力，因为方形中的每一方都面对着相对的力量，几乎不可能移动。不过，张力提供了学习、成长和力量的潜力。

5（五）

5是2（女性）和3（男性）的和，代表着地球上的生命，指向基本的人类特性（五个手指、五种感觉、五角星）。这个数字表示行动、转化和变化。

6（六）

6表示合作、平衡、和谐、温暖、重聚、家庭和关爱。2乘以3表达双三角。6是一个稳定和平的数字。

7（七）

7是个神圣的数字，指神圣的完美（一周7天，7个主要能量中心，7个音符……），表示思维的完美、疗愈、完整、音乐和达到的高度灵性。

8（八）

8代表着权威、成功、物质所得、再生与财富。8是两个4，意味着在更高的水平拥有4的能量：方正和实际。阿拉伯数字8的形状与表示"无限"的形状相似：两个圈彼此相连。因此，8也可能被看作永恒、富有和好运的象征。

9（九）

9是一个周期的结束，有着完整的能量，包括周期中其他阶段获得的所有知识。3乘以3是和谐的，其能量具有疗愈性。

10（十）

10对应着结束。实际上它也是一个新的"1"，新的开始，新的机会。不过，这个新的"1"更多是一粒种子，而非真正的开始，依然只是一种潜在性。

11（十一）

11是有着更高而增强的力量的"1"，它拥有彻底转化与再生的力量。11能够在重建之前毁坏旧有的一切，是一个非常有力量的数字。它也代表直觉、在某一具体领域的掌控、灵性、开悟或胜任的能量。

12（十二）

12表示灵性的力量与神圣的完美，和谐与完整。

十、梦中的颜色

梦中的颜色可以意味着多种多样的事情。在考虑这一节里提供的颜色的象征意义之前，可以首先探索你对梦里吸引你注意的颜色有怎样的个人联想。这个颜色激起你什么样的感受吗？让你想起什么具体的事情、人、身体部位、儿童玩具或其他物件？

白色　　　　　　　　　　　　　　　　　"我存在的光明面"

白色与光相关，与灵性、意识、觉知的世界（与**黑色**相反）关联。白色代表纯净、完美、单纯、高贵、干净、平和或新的开始。白色实际上是光谱所有颜色的全部叠加。在具体的情境里，白色可能有它具体的含义，比如说白发（年长）、白纸（空的、开放的、等待填充的），或者医院的诊疗环境（冰冷的、无生命力的）。

橙色　　　　　　　　　　　　　　　　　　　　　"火"

橙色可能指火焰、净化、纯净，也可以指社交与友谊。

粉色　　　　　　　　　　　　　　　　　　　　　"爱"

粉色通常代表着爱、甜蜜、情感、善良、快乐、喜悦。

227

黑色

"无意识的"
"我阴影面的存在"

黑色表示光亮的缺失，象征着无意识、未知、神秘、危险、黑暗。黑实际上并非一种真正的颜色，而是颜色的缺失，是白色的反面，和生命与意识相对，常与死亡相联。黑与阴影密切相关，可能指"坏"的，与"好"相对。因而，黑可以表示我们存在的"阴暗"面，我们无法反映自身内在光亮的部分。（参见梦4804，7020）

黑与白

"我看待事物有限的视野"

与有颜色的梦相反，黑白梦表示缺乏细微差别，看待事物或黑或白，是对现实的一种扭曲或灰暗的视角，可能意味着思维狭隘。这就像是一个过滤器，使你无法看到五彩缤纷的全景。这些梦与很远的过去关联，与久远的记忆相关，与深层的某些无意识有关，因为缺少光亮，所以无法生成清晰且有颜色的画面。黑白肯定缺少了颜色。参见**颜色**。（参见梦3504）

红色

"热情，生命"

红色是可见光谱中低端的颜色，比其他颜色的振动频率要低。红色经常表示能量、力量、活力与强烈的激情，可能与火或愤怒相关（参见梦0001，红发女人），也可能指鲜血或身体攻击、性攻击。红色是温暖的、令人激动的。在中国，红色是一种与长寿和好运相关的颜色。红色也被用来作为示意"停"的交通信号，以及商业上作为下跌、亏损、"负面"领域的表示（绿色则表示"上升"或"上涨"）。（参见梦7021）

黄色   "知性的"

黄色常象征着知性、思维的能量。不过，更浓郁的黄色会让我们想起太阳、金子、成熟的小麦和稻谷的颜色，所以黄色也可能与财富和力量有关，特别是温暖而金灿灿的黄色。在中国，黄色过去是皇帝的颜色，表示神圣的力量。在有些文化里，黄色也可能与耻辱或不健康相关，需要核查个人的联想。黄色还被广泛应用于交通信号中，表示需要格外注意、慢行。

灰色   "疾病"

灰色表示恐惧、抑郁、疾病、混乱、悲伤。

金色   "富有"

金色反映了你灵性的回馈、富有与细腻。金是一个完全稳定的元素，不会受到任何暴露的影响，代表着永恒与神圣的力量。参见**金子**。

蓝绿色   "和谐"

蓝绿色是治疗力量与自然能量的象征，它是绿色与蓝色的融合，如中国九寨沟的水，有抚慰及再生的功效，指向有着疗愈功能的水体。

蓝色   "平和的"

蓝色通常代表真理、智慧、天堂、永恒、奉献、宁静、忠诚。蓝色是治疗性的、清凉的、安抚人的。

绿色   *"生命活力"*

绿色经常表示成长、生命、疗愈、健康、活力、生命力、希望。绿色交通灯表示"行"：道路是开放自由的，可以继续往前。

颜色   *"生活"*

与黑白相反，梦中看到事物有着丰富多彩的颜色表示对现实有着充分、完整的知觉。鲜明的颜色与阳光和喜乐关联。有时，梦里的颜色比我们肉眼通常感受到的颜色更加鲜明生动，这可能与感知到的更高的环境振动有关系，这也许是一种"离体"经历的指示。

银色   *"金钱"*

银色通常代表纯洁与公平，也可能与金钱、硬币、财富关联。

紫罗兰色   *"灵性"*

紫罗兰色处在光谱（可见）的高端，有着最高的振动频率，因而表示高的灵性、宗教的启发灵感、纯净与平和，也经常与超自然力量、直觉性理解、综合相关联。

紫色   *"魔力的"*

紫色是灵性、灵感的代表，可能有疗愈的能力。有些紫色与魔力或超自然的力量相关。参见**紫罗兰色**。

棕色，褐色

"土地的，地球的"

棕色、褐色也许与世俗的、实际的物质关联，与保守的东西相关，也可能代表着地球与大地，或者粪便……

第六章
梦的治疗

　　我想在这一章里从心理咨询师或治疗师的视角来看看梦的工作。对任何想要透彻地理解梦，从而实现最大可能的个人成长与内在疗愈的人来说，进一步的阅读是很有帮助的。这当然对咨询师更是不可或缺的，因为梦是来访者内在进程必不可少的一部分。显然，梦的治疗所需要的很多技能与我们在前面章节中所探讨的一样，所以有些内容看起来像是在复述，但这里的重点是在咨询关系中如何展开梦的工作。

　　对他人的梦进行工作包括好几种技能，这些技能可以被概念化并加以传授，但主要是需要进行实际操练。两个基本技能是：

　　（1）积极倾听的艺术，包括为了澄清相关信息或启示所需要的提问的艺术。咨询师在这个过程中必须经受住诱惑而不提供一个准备好的解释。

　　（2）敞开面对梦的讯息的直觉性理解的艺术。这当然包括对梦的语言的熟悉和了解，以及对右脑功能的激活。

　　到目前为止，咨询师都不得不通过自己来找到这些技能，因为好像几乎没有这方面的培训能够提供实操而实用的关于梦的方法。显而易见，咨询师在对来访者的梦进行工作之前，需要做的第一件事是对他自己的梦进行工作，熟悉梦所携带的讯息。梦工作坊（与一群人有规律地一起工作一段时间）当然是获得经验的最有帮助的方式。与家人和朋友分享并重述梦也是非常有意义的体验，这对进一步学习梦及让彼此关系更加信任、透明都有所裨益。在此我假定咨询师已经拥有对自己的梦进行工作的信心，并且已经足够熟练了。

在治疗中，来访者的梦常常提供了对梦者及咨询师而言有价值的引导。梦给出了来访者正在面对（有意识或无意识）的问题的性质的指示，梦将向梦者提供可获取的资源以及可能找到的解决办法。有时候，梦也给咨询师提供了进一步治疗的指示。当然，我们知道有不同类型的梦，并非所有的梦都与咨询目标相关。

梦的治疗包括四个阶段：探索梦境，寻找启示，加工处理与实际行动。在**探索梦境**阶段，咨询师邀请来访者讲述梦，搞清梦中不同的元素。咨询师也会探索做梦前后的情境、梦者的总体状态以及梦境前后可能发生的相关事件。在**寻找启示**阶段，咨询师帮助来访者理解梦的意义，识别梦的讯息。通过转译梦的元素，重述梦境故事，梦的讯息会逐渐显露。这一步只有在梦者能够总结概述他对梦的讯息的理解时才算完成。在**加工处理**阶段，无论何时，只要有需要，都将为梦者提供机会回到梦中的感受，敞开自己去面对感受，有意识地转化情绪感受。来访者通过识别梦中可能存在的资源性要素，探索并整合、内化这些资源，通过角色扮演认同这些资源。然后就是**实际行动**阶段，咨询师帮助来访者认清与梦关联的现实生活问题。这里的行动可以包括内在和外在两个方面的环境。梦对梦者发出怎样的邀请？可以在什么方面采取怎样的行动？做的可以有什么不同？这意味着在态度、思维模式、关系策略方面有什么变化？

一、对来访者介绍梦的工作

我在首次见我的来访者时，会对他们的总体状态和个人背景等进行评估性会谈，询问他们的首要问题之一是他们的睡眠质量如何。你睡得好吗？你的睡眠是烦躁不安或难以平静的吗？你记得自己的梦吗？你是否有过噩梦或者任何反复出现的梦？这通常会提供关于梦者的梦及他与梦联结能力的指示。无论来访者是否记得自己的梦，我总是邀请他们格外注意自己的梦并开始做记录。我建议他们分四步走，当然这由他们自主选择是否遵循。如果他们有梦，那很好；如果没有梦，也没有问题。

（1）意愿和注意至关重要。晚上在睡觉之前，准备好自己的状态，告诉自己："我想记住有意义的梦。"

（2）在自己的床边准备好纸和笔，早晨在做任何其他事情之前先记录下自己的梦。

（3）醒来时，在起床之前，用些时间重温一下自己的梦。

（4）当梦境的整个画面清楚地回到意识中时，立即做记录（即使是在半夜，不要等到第二天早晨，否则梦会跑掉的！）。尽可能详细地记录下细节。

二、梦的故事

如果合适，我经常以询问来访者他们近期的梦作为咨询或治疗的开始："你有什么有意义的梦吗？"如果有，在感觉到是探索梦的时机时，我会让来访者把梦的故事读出来或讲给我听。只讲梦本身，不涉及与真实生活相关的任何信息。我总是坚持让来访者只是说梦，避免在讲述过程中把梦与现实混淆。也就是按照时间的顺序叙述梦是怎样发生的，在什么地方开始的，场景是怎样的，在"我"的视角上有怎样的行为、人物、画面、感受……没有其他的评论。在必要时，我会提醒他们之后可以提供另外的信息。不过大部分情况下，我感兴趣的问题不会是来访者想到的那些问题，因为一般的倾向是认为梦指向现实生活，然而我们知道肯定不是如此：作为一个原则，梦在阐述梦者内心世界的一些事情，而不是关于外在环境的。我们知道有一些例外，但当我们发现梦之后就知道，关注内心世界是我们的主要选择。

在来访者讲述梦时，我总是记笔记，以便记住细节，并勾出关键要素。这可以帮助我把握基本内容，在后期，当我需要回过头来再看这个梦时，也可以作为备忘加以使用。

让我们从不同阶段探索下面这个梦。梦境为：

那是晚上，天已经有些黑了。我坐在车的后座上，车在蜿蜒曲折的山路上奔驰。车上有另外三个人和我一起。我们好像是朋友，不过我无法识别他们。车开得特别快，我感觉紧张，一点都不安全。我担心会出事故，一切变得越来越令人害怕，我决定不再看着路了。我闭上眼睛，等待最糟糕的事情发生。我们肯定要翻车了！……在某个时刻，我感觉车是在用两个轮子跑，完全失去平衡。我感觉："就是这样了！"但车又再次落回四个轮子上，依然快速行驶。我想："我不会再坐汽车来了，下一次我要坐火车。"然后我就醒了。（梦6201）

我经常复述一下我的笔记，核对我是否有了完整的梦境故事。这是把梦映射回去给来访者的第一个机会，这使得来访者可以听到他的梦，开始敞开自己去面对梦中的感受。这同样可以使来访者提供更多细节，或者澄清一些刚才没有完全表达清楚的事情。我会确保来访者的梦境完整准确。

在有些个案中，来访者会有很多梦，我会邀请他们把自己的梦用电子邮件发送给我，这样我就可以选取并加以准备，为咨询节省些时间。

三、澄清梦的前后情境

当我感觉到一个梦有潜在的意义值得探究，需要找出其中的信息时（并不总是如此），我会用一些时间探索来访者做这个梦时的情境是怎样的。什么时候做的这个梦？在做这个梦的前一天有没有发生任何有意义的事情？这是与真实生活情景有关的梦吗？有什么情况对理解这个信息是有帮助的吗？

上面提到的梦例的情况是：来访者在三天前做了这个梦。她已经花费好一段时间在寻找新工作，她在犹豫，考虑几个不同的选择，但还没有做决定。她不能完全肯定她想要什么。在做这个梦之后的几天里，没有发生什么特别的事情。

四、识别信息

当基本信息都清楚时，我会问来访者他自己对梦的讯息是否有什么感受："你对这个梦的讯息有怎样的感觉？你有怎样的想法？"我从来不会立刻转入解释中，告诉来访者这意味着什么，而是和他一起渐进地探索其中的意义。

如果这个梦很明晰，不需要进一步的解释（这同样会发生），我们可能会立即进入下一步：探索、体验、感受。如果不是这种情况，那么需要澄清这个讯息，我会和来访者逐一探索其中的不同元素，识别出梦所发生的地点，这可能预示着梦所关联的主题、"我"的视角、梦中包括的其他人物（其他的视角或次人格）、感受、行为、结果或结局。

我自己经常不能够立刻抓住梦的意义。我必须借助识别元素并核对梦者的感受，通过这个过程去感受梦。然后，我进行转述，提供不同的措辞，运用象征性的元素解码释义，进行镜射："你的那一部分看起来像这个人或那个人……做了这个或那个……你内心空间的这一部分看起来像……你生活道路的那一部分看起来像……"通过对梦的转述，我可以得到更多线索，我可以检核出来访者的感受。我可能会继续问一些补充性的问题，澄清细节或感受。我可能询问一些关于梦中诸如姓名、地点或人物的特定元素的记忆："这让你记起什么吗？这对你意味着什么？在你眼里，这个人有些什么特点或品质？你在这里投射了什么？你在这个情境里确切的感受是什么？……"

只有尽可能核对完梦中的要素，我才会复述整个梦，对梦进行简化，把梦的情境带回到日常语言中，镜射出来访者的内心现实。到了这个时候，事情对我来说开始变得异常清楚。当然，如果来访者还没有明白，我会给予更多提示。在查找梦的元素的象征意义时，我会提供我个人的经验和感受，但我总是会予以核对："你感觉这样对吗？这是有意义的吗？你是怎么想的？有怎样的感受？……"

然后，我会进一步与梦者探索他的梦的深层讯息，直到他获得完全的启示。"这告诉你关于你自己的什么呢？这是在对你发出什么邀请呢？"

梦例6201：核查不同元素，然后进行重写

我坐在我生活的后座上，我不很清楚是我的哪部分在驾驭它，但可以肯定的是我没有感觉到我自身的力量。事情进展得太快，一直都在变化方向。我不想再关注那些事情，也不想搞清楚我在哪里。在某个时刻，我的生活看起来完全失去了平衡（只靠两个轮子）。我蜷缩到我的小角落里，感觉到无能为力，等待最糟糕的事情发生。幸运的是事情稍微好转，至少有了些平衡（四个轮子）。不过我依然感觉事情完全失去控制。我终于做出决定：选择更加安全的道路，选择更为舒适的生活，不再冒险，我只是必须要让自己抵达我的目的地（火车）。

——你怎样感觉这个梦的讯息？

——嗯，我可以看到我没有驾驭，我没有感觉到生活完全在掌控之中。我并不真的知道我要去哪里。我愿意拥有更简单的生活，少些冒险……

在探索梦的讯息时，我需要觉察梦者特定的"视角"，那双"眼睛"，那个"我"。梦者把自己认同为的那个特定角色、那个"视角"表示了什么呢？梦者没有认同的其他视角仍然存在于他的内心世界，又表示着什么呢？资源性的元素在哪里呢？

如我们所看到的，不要忘记要把梦者引领回到他自身。梦告诉梦者关于他自身的内心世界而非他人的一些事情。梦中涉及的人物必须被理解为他自身的"次人格"。梦是一面镜子，梦者可以从中发现他未觉察到的自我的某些方面。当然，梦可能指向"外在"的情境或关系，但你要确保不要过快让步于外在信息。完全认可梦中元素的物主身份总是更有启发性的。当你识别出外在方面时，应与来访者探索可能指向的人或物，确保梦者为自己的感受和选择负全责。

梦者梦中的姓名、词语、颜色、写下的地名或听到的讯息……所有这些都需要与梦者的感受或过去的经验进行核对。比如，一个梦者看到路标上

有个具体的地名。这个地名也许与梦者的某些记忆有关，或者通过联想指示某些事情。然后，很重要的是要领会那个标志的意义，梦者如何具体识别那个元素。在梦中出现名称或词语并不罕见，这在开始时看起来神秘，与已知的经验没有关系，或只有很少的关系。在这种情况下，我们只需倾听声音，体会它所暗示的力量。梦中的词语通过联想传递含义。梦所使用的是直觉性的、以感受为基础的右脑语言，而非通过逻辑来工作。我记得一个母语为法语的来访者的梦发生在马来西亚（Malaisie），但他从来没有去过那里。在法语中，"malaisie"的意思是"不舒服"。所以，这很清楚表示那个他感觉糟糕的内心空间。

梦者在梦中可能有一些"想法"，这显然是游戏的一部分。比如：梦者在寻找新房子，她找不到适合她的房子。在搜寻了很多之后，她决定（想）把这件事先放下，晚些时候再说（梦6401）。梦就这样结束，"我晚些时候再做"应当得到反映。这样的决定可能表示缺乏清楚的意愿和坚定性，但也可以表示放下和接纳现状的能力……检查一下，梦者有怎样的感受？是平静开心的，还是挫败难受的？对梦者有什么意义？

在寻找梦的讯息时，提供对比性的象征是个有用的小窍门。可以将一个特定的梦中元素与一个不同的元素对照，从而使其意义凸显出来。比如，如果你在梦中骑马，那与骑自行车有什么不同？赤身裸体与穿着衣服有什么不同？A与B有什么不同？……

咨询师应尽最大可能避免提供准备好的解释。梦者不需要对他的梦进行聪明的分析，他需要的是"洞见"，洞见来自"内在"。所以多花些时间来做这项工作……即使提供小线索也能够帮助他释放意义。

咨询师不应忘记有不同类型的"梦"，有些所谓的梦可能不是真正的"梦"，而是真实的"经历"。这些所谓的"经历"可能是交流性的，甚至可能包括离开身体的体验。

有两个方面可以表示这种体验的真实性：

◇ 它们不是"情绪性"的。它们的确留下了美好开心的印象，使梦者产生灵感。

◇ 它们没有充满关于地点、人物或行为的画面或细节。

如果来访者感觉到他与某人有着真实的交流体验，而且这些信号还在当下，这可以被看作有效真实的，特别是如果这的确是有意义的，可以带来欢乐和提升的话。但是，如果你感觉梦者的梦不是一个有意义的梦，看起来更像是一次经历，而梦者对此并无觉察，你只能够提供线索，邀请来访者从更开阔的视角去看待我们生活的现实。确保不要把任何解释强加给你的来访者，只是邀请他更为敞开地去看更复杂的现实。

咨询师不知道如何理解梦的讯息的事情会时有发生，这是可以接受的。我们应当清楚我们不是无所不知的。我们只是倾听，把拼图的不同碎片拼接在一起，去看那个画面……你也许丢了一片，恰好是理解讯息的关键所在。那就把梦放在一边，不要责备任何人。但是，如果我们能够理解部分讯息，那就要看看资源要素，觉察出其中的感受，不要跳过它。

五、梦的处理

处理感受

当我们处理梦中强烈的感受时，再次回到梦中的氛围并联结那种感受是妥当的方法。梦可以被用作一种快速有效的与来访者受伤的内心空间进行联结的方式。即使情境和画面看起来不像是真的，但梦中的感受肯定不是一种幻想，它们总是真实的，它们代表的是未能处理和释放的情绪能量。进一步对情绪能量进行有意识的工作，会推进转换过程的稳定变化。前面的章节已经探讨了这一工作的方法（参见第三章和第四章）。[1]

当我们处理梦者的感受时，应当从梦者的"我"视角感受开始，确定这些都被重新充分联结，受伤的内心空间被认可与打开，被识别为能量，并去除对其的认同，进行转化，将其带入光亮中，带入内在父母的存在中：

---

[1] 对这一方法的完整阐述，请参见我的书《由心咨询》。

只是感觉，敞开地面对感受……吸入这种感受……让它更大些……这只是能量……

范例

咨询师：你可以重新回到你在梦中的感受中吗？你可以把眼睛闭上一会儿，回到梦中。你在车上，感觉不安全，车太快了……感觉你的身体……你可以具体指明感受在什么部位吗？

来访者：我的胸是紧绷的。

咨询师：很好，吸入这种感觉，让它变大……完全对那种能量敞开……这只是一种感受，只是能量……只是呼吸……你可以做到吗？……

来访者：嗯。

咨询师：很好。现在，你可以对你有这些感受的那部分说话，对感觉无力的那个小女孩说话。你只是告诉她你在那里，感觉她的感觉……你们一起呼吸……一切都很好……

角色扮演

当这一体验被检验并被完全整合时，我们可以去看梦中的不同的人物。还有谁在那里？有没有某一个有情绪感受的次人格在那里，梦者却没有识别出来？打开这一觉察会有意义吗？这正是角色扮演发挥奇效的时候，不仅可以识别未被认可的资源，而且可以帮助梦者敞开未被认可的感受或需要。

范例

咨询师：你现在能够转换到驾驶员的角色吗？想象你是那辆车的驾驶员。你驾驶着那辆车，有着怎样的感受？

来访者：我感觉不到自己能完全控制。我无法很好地掌控……我开得太快，我不确定怎样可以把事情把控好……我有些恐慌……

　　咨询师：好，只是感觉……看，你有车轮，脚下有踏板，有刹车，你还可以做什么？

　　来访者：我可以放慢一些……我也可以停下来……

　　咨询师：很好，想象你把车停在路边……怎么样？

　　来访者：我已经停下来了。是条山路，我们都下车了。

　　咨询师：很好。用些时间来呼吸和放松，感觉这种差异……

　　角色扮演未被认同的内心的某部分会帮助梦者联结受伤的内在空间以及未被认可的感受。只有在联结和向其敞开之后，情绪能量才会被认可和转换。

　　一位女士梦见自己在用勺子喂养她的男婴，但婴儿不喜欢、不高兴。然后她意识到她有母乳，可以喂母乳。她把婴儿放在胸前，婴儿开始贪婪地吮吸母乳。他好像饿了很久。婴儿如此猛烈的行为让她感到恐惧。突然之间，婴儿吃够了，甚至是太多了，看起来不开心。她把婴儿靠在自己肩膀上，让他打嗝，但是婴儿把奶全吐了，一片混乱！（梦6501）

　　我们识别出婴儿是她变化的部分，从过去几个月开始出现的新的存在。但她没能充分注意到她的需要。她的某部分已经非常需要适当的滋养了，但是，她在开始时自我否定。她认为她可以很好地满足她的需要，却用了一种不平衡的方式，结果她的生活变得有些混乱……我让她角色扮演那个婴儿，以联结这些感受——因未能被适当滋养而产生的挫败感。之后，她可以呼吸放松，微笑面对整个情境。

识别资源性元素

　　大多数梦都有资源性的元素。我发现，实际上总是有一个积极的视角，某人或某事显示出一个解决办法，或者至少是看"问题"的方式使得解决办法凸显。确保你可以帮助梦者进入那个联结（参见第四章）。只要梦中有资源性的次人格存在，那么就让你的来访者将其识别出来，并从那个视角进行角色扮演。梦中资源性的人物代表了内心在场并活跃的资源性空间，而这是梦者还没有识别或倾向于不认同的。视角的变化会帮助来访者锚定他可以获得的资源空间。可以问："想象你是那个人，在梦中那样一个情境下，你看到什么？感觉到什么？想到什么？……"

范例

咨询师：梦中积极的元素在哪里？梦对你发出什么邀请？……

来访者：最后，我决定下一次坐火车。

咨询师：嗯，花些时间感觉一下这个决定。你做出了一个清楚的决定……这让你感觉到力量……

来访者：是的，这感觉像是个新的希望。这给了我一些信心……

咨询师：感觉这个信心……你有另一个选择……你不需要在那条路上开下去……

比如，一位年轻的女士报告说：

我必须要爬一架很陡的梯子。我已经爬了一半，很难爬，也很吓人，我几乎不敢动了。我仰头向上看，注意到有个女人在梯子顶上。她弯下腰，伸出胳膊来帮助我。我能够抓住她的手，幸亏有她，我可以安全地到达顶部。（梦6502）

在探索了梦的元素后，梦被重写为："我目前面临着一个困难的挑战，这让我感到害怕。我感觉我无法再前进了，停滞了。但我注意到一个新的资源，我的一部分已经到达了我设定的更高的位置。看起来我可以依靠某些内在技能，这可以帮助我感觉更有信心。那个内在资源空间可以给我某些新的力量。事实上，我的确在往前走，在那个资源的帮助下达到我的目标。"
我让她角色扮演那个"资源性的人"——那个在梯子顶上的女人。从那个视角，她可以"体验"在顶上看着攀爬的女孩是怎样的感觉。她能够认同她内在的强大的部分，并澄清了她想成为怎样的人的意愿。她也可以对她内在感觉害怕和无力的部分说话。

让我们再看个例子，这也是一位女士的梦：

> 我和一个好朋友在一起，她带我去旅行。我们在火车站的月台上等火车。突然，我的朋友意识到她把手机丢了，还有她的钱包和里面的身份证。在我们回想到底是在什么时候、在哪里丢了东西时，我把我的手机号给了一位火车站的工作人员，告诉她如果她发现了就给我打电话。我从口袋里拿出手机，我看到我有个崭新的诺基亚手机，外面有层透明的保护套，看起来非常漂亮。（梦6503）

我们识别出那个朋友是她温柔甜蜜、很会关心照顾他人的那部分，宽容而有耐心。为了发现和整合新的技能（与她一起旅行），梦者亲近自身的这部分（那个朋友）。但她那温柔关爱的部分无法与他人沟通交流，她没有沟通的工具（手机），她也没有明确的自我同一性（丢了她的身份证），没有足够能量（丢了她的钱包）。换句话说，她富有关爱的那部分还没有被清楚地识别，只有一点点能量来表达她自己，无法与他人沟通……相反，梦者在她主导的人格特质里拥有所有这些方面。她有良好的沟通技能，但无法把她的亲切柔和传递给其他人。她抑制她的关爱，无法轻易地表达关心。在这里，她的朋友是一个被她视作外在于她的人，她没有认同为她，但她的朋友确实拥有这些品质……在对这个梦的讯息获得清楚的洞见后，我邀请来访者角色扮演她的那位朋友，成为她，感觉她的品质，感觉她与他人联结的需要，以及她要表达自我的愿望。我让来访者与她的那部分联结，并进行内化整合。"呼吸进入你富有关爱的、亲切柔和的那部分，让她有完完全全的空间……"然后，我邀请她想象她可以用那个漂亮的蓝色手机，传递她的热情、温暖，表达她对他人的关爱……

当来访者梦里表现出与资源空间的联结时，确定让来访者感觉到它并且将其整合内化进他的身体里。让他呼吸进入这个资源空间，增强这种能量，然后让他从这个空间向他的全身心呼出。锚定并巩固这个资源空间，充分利用这个资源能量。这不是在头脑水平上做的事情，无须思考或谈论。这完全关乎感受。尽全力让来访者认同那个内心空间，确保让他知道，只要有意愿，他可以在任何时间回到那个空间。

设计新的梦境场景

当梦遗留下负面的感受时，邀请梦者设计出一个新的梦境场景，想象一个不同的结果，探索其中的感受，也许是有帮助的。这一点是你可以创造性地通过意愿、积极和消极的认知模式以及正面的肯定来进行工作的地方。当你有来访者要联结资源视角时，你可以用这些问题进行探索："对于这个情境或问题，对于这个负面的认知模式，那个（资源）人会怎样做或怎样说？你能够想象到什么其他的结果？用些时间感觉这种感受，吸入这种感受……"

画出梦境

把梦中的元素画出来，也可以帮助梦者重新联结不同的视角和感受，这在对儿童进行工作时尤为奏效。一个10岁的女孩因强烈的焦虑问题而来咨询，她的一个梦是这样的：

> 我在黑暗的海洋中，鲨鱼从黑色中出现，朝我游来。我极为恐惧。我找到一个巨大的岩石，我可以藏在下面，但是我不知道怎样才能逃出这里。然后，我看到一只海豚，它来救我。海豚把我带到海岸，我安全了。（梦6504）

这个梦显露出强大资源的存在。她在海里，完全沉浸在她的情绪（水）里。水是黑的，这说明与她的无意识记忆有关。她看到一个危险且有威胁性的事物（鲨鱼），恐惧从她的潜意识里冒出来。她找到可以藏身的岩石，她有地方（她的内在）可以让她感觉相对安全。这说明她有资源让她觉察她的恐惧，把这些只看作恐惧。然后到来的海豚是救援的要素，让她可以逃脱危险，离开她的情绪空间（海）。我让这个女孩画出她的梦，把她自己以及鲨鱼、海豚都画出来。然后，我让她角色扮演不同的元素，与所有的感受进行联结：小女孩的恐惧害怕、鲨鱼的饥饿、海豚的力量……她还有一些其他的记得很清楚而有影响力的梦，这让她取得了快速的进步，她在几个月之后感觉好很多。

沙盘游戏

另一个有帮助的工具是沙盘，可以通过在沙盘中摆设沙具表达梦境，进而处理梦中元素的动力关系。如果来访者的梦并不容易重新创设，那么可以只是通过沙盘游戏的过程表达感受。沙盘治疗可以作为处理梦的一种有用的手段。

梦的表演

为了更好地感受梦中情境，可以让梦者对梦中的不同人物角色以及重要物件进行角色扮演。当对团体进行工作时，可以在适当时候请人把梦表演出来。作为第一步，梦境故事应当得到准确的重演。如果必要，有些方面可以用夸张的方式来重演。作为最后一步，为了探索不同的结果，演员在重演时应被允许在他们的角色中即兴发挥。重演梦的目的是让梦者获得新的启示和洞见，梦者应被邀请分享感受与想法。

六、识别相关的"真实生活事件"

一旦梦的讯息得到识别，我们仍然要找出梦所指向的真实生活情境。梦中遇到的问题通常不是抽象的问题，它们与非常实际的事情有关，有可能是内在的问题，也有可能与外在的问题有密切的联系。在有些个案中，这种联系在我们开始对梦境要素进行解码后，变得非常清楚。可是，这在另外一些个案中却并不明确。我们还必须探索："你发现你的现实生活情境中的什么方面可能与这个梦有关？"我们也许还要去看看梦前后的环境。做这个梦之前有什么事情发生吗？之后呢？

范例

咨询师：你可以找出这个梦所指的真实的生活情境吗？

来访者：我想这个主要是指我处理我职业生活的方式。我就是无法做出任何清楚的决定。我一直在改变方向……我有很多机会，起初我很兴奋，但过后想法就改变了。我并没有真的采取行动。我在等待更好的事情。我已经有超过两年的时间没有工作了，但是我现在有几个选择的可能性，我不清楚要选哪个……

咨询师：火车的选择会是什么呢？

来访者：可能是那个大公司，可以让我安静和舒适，一点都没有风险……我在犹豫，不过我想我应该做这个选择……

咨询师：对你而言，具体实际的下一步是什么？

来访者：我应该与他们联系……买票！

如果来访者不能识别梦所指的具体生活问题，我们的提问应当帮助他尽可能做出澄清。这里没有什么规则，也许梦所指的一件非常具体的事情会发生在第二天，或者有更为宽泛的重要意义。

当有的问题在咨询师看来非常清楚，但来访者并不知道时，一些小的提示线索是有帮助的。不过，这可以是个巧妙的提问。我们必须保持在尊重来访者的镜射位置上，避免把我们的解释强加给来访者，因为他很可能会不同意或者并没有准备好去这样看。在个案中，我们会根据具体情况对此进行工作。

当我们进入现实生活问题时，与这项工作有关的另一重要方面就是"意愿"。因为在任何咨询情境中，表达意愿是一个基本的治疗行为。识别出一个问题必须要找到一个解决办法。解决办法通常是从内心**选择**开始的："你想要什么？"希望其他人或环境做出改变的解决办法是无效的。所以，什么样的积极变化是来访者可以在他的生活中创造的，是从他的内心生活开始的？我们必须设定清晰的目标，澄清意愿，识别具体可行的步骤。正像我们所看见的，梦常常提供了有价值的、具体的指导："具体来说，梦对你发出了怎样的邀请？"

七、相信梦

有人提出质疑，梦到底有多值得信赖？因为人们一般会误以为自己的梦只是与真实生活有关的幻想，大部分不代表任何意义。一旦梦的讯息被完全"掌握"并被理解为梦者内心世界的一种反映，那么讯息就完全可信。梦是不会欺骗我们的，它们总是真实的，显示出最深层和最妥当的指引。然而，这并不是盲目的信念，这是一种感受。如果梦者很好地处在他内心智慧的空间，就不会在梦的讯息和他认为是正确的事情之间产生冲突。

梦者可能要做出选择，梦也会对此提供清晰的指示，它们通常代表了梦者最富有创造性的选择。

范例

来访者：我怎么能够肯定这个新工作就是正确的选择？

咨询师：用些时间感觉一下你的整个梦境，它是你深层内在资源的表达。你能够认识到这是关于你当前情境的真实可信的镜子吗？放松，感觉这个讯息……你决定坐火车……这是生活中更安全的方法。你已经结束了这段冒险、不可靠的驾驶……这是你真正想要的吗？

来访者：是的，感觉是。

咨询师：现在，用一些时间感觉梦在对你发出怎样的邀请……在你目前的生活中，更安全的方式是什么？花些时间来确定你认识到的更妥当的选择……

来访者：除了这家公司，我没有看到其他的可能性。这的确可以给我一个长期的安全、稳定的工作。少了些风险，不过也少了些自由，少了些创造性……

咨询师：你喜欢自由并且要去拥有一种冒险的生活吗？

来访者：是，也不是……

咨询师：嗯，你是这样。你的梦表现出你犹豫不决的倾向。它告诉你，你做出了一个清晰的决定……如果你不肯定，那就等等看。事情将会很快变得更清楚……

可能会发生这样的梦：梦向梦者发出警告，某些事情将在他的生活中发生。一旦它被清楚地识别，这就不仅仅是内心的呈现，我们也可以信任这种预言性的能力（参见第四章）。不过我们应当铭记，梦仅仅是对梦者自身提供讯息。任何与其他人相关的讯息都绝对不可能是一种警告，不要轻易放弃这一点而去看梦的外在现实。警告性的梦是相当少见的。我们必须确定，梦者完全拥有他投射出的梦元素。

八、对暗示性创伤的梦进行工作

许多人携带了与性创伤相关的功能失调模式和恐惧。性创伤记忆是相当常见的。这可能与童年早期的记忆关联，如果婴儿在还不能对事情有清楚的觉察之前被暴露在他无法理解的经历中，那么他也许会留下某些恐惧模式。这也有可能与从父母、祖辈、群体记忆甚至前世传递下来的模式有关。但是，即使当事人没有了任何有意识的记忆，性虐待也有可能发生在他完全可以觉察到的年龄。这在儿童虐待中尤为常见，其发生概率比我们想象的要多得多。儿童在面对自己无法整合的经验时，很容易从意识记忆中抹去困扰性事件，而与之相联的情绪能量郁结在体内。这使得能量卡在整个人格里（身体、情绪和心智），导致恐惧模式和身体不平衡。在他今后的生活中，生命系统显然是要寻求平衡和疗愈的。这些能量想要再次冒出来获得自由，这会导致症状的加重。因而，治疗的目的就是要促使这些记忆回到意识层面得到"治疗"，即释放并转化这些情绪能量，使症状随之消散。

梦常常积极参与这个过程（参见梦4801、4802、7009）。梦可以为咨询师提供有趣的线索，也可以为治疗过程提供非常实际的帮助。在咨询中，梦者可以再次联结梦中的感受，这也可以成为退行工作的好起点。无论究竟发生了什么，咨询师都需要耐心地收集拼图的接片，以便记忆得到识别，并被带入疗愈空间，进而"转化"情绪能量。

让我们通过一些案例来看看梦是如何把压抑的记忆带入到完全的意识中，并参与疗愈过程的。

有位40多岁的女士长期遭受抑郁之苦：

> 我在厨房中，为一些要到访的朋友准备晚餐。我面前有扇窗户，透过窗户，我可以看见房子的花园。在花园里，有个大概5岁的小女孩在靠近房子的地方玩耍。我看着她。她穿着漂亮的衣服，在花丛中玩儿，好像很开心。我看到花园后面是个建筑工地，人们在那里建造房屋。小女孩进入厨房。她漂亮的衣服都变脏了，满是泥土。我很烦。（梦6801）

梦者发现自己在厨房中准备食物。这表示她在积极地照顾自己的基本需要，在所有层面上滋养她的身心存在。有朋友来访，这表示她将与她存在的其他部分会面并庆祝，这将是"稍后"发生的事情。现在，她在观察她的内在小孩，以及建筑工地。她在同样的视角上看到她容易受伤的那部分，携带着童年的记忆，她看到一座新房子正在建成：她自身的重建。当小女孩进来时，她突然发现她携带了泥土污垢的痕迹。小女孩干净的外表变得糟糕不堪，她很沮丧难受。这里出现了很多愤怒的感受，显然这指向某些发生在她内在小孩身上的"脏"东西。她在联结童年的创伤——给她留下肮脏痕迹的某些事情。这个梦是某些事情需要疗愈的清楚指示。我们用了几次咨询会谈敞开地面对她身体的感受，锚定资源，为释放这些记忆做好准备。

后来她报告了另一个梦：

　　我和一个朋友——另一个女士——在一起，那个朋友脆弱而悲伤。我把她抱住，感觉到强烈的关爱，就好像她是一个分别已久后再次见面的老朋友。她邀请我脱下衣服，我发现我们俩就穿着内衣。我需要小便，我走开去寻找卫生间，但找不到。我终于找到了一个卫生间，但因为太脏，我决定还是不用了。我继续找。我发现自己好像是在国外的某个国家，进入一个挤满人的饭馆，有太多人在用卫生间。我又出去了，看到我叔叔的女儿——一个我痛恨的女孩。我不想和她一起走，但又说不出口。我们徘徊在夜幕中，感觉迷路了。一些动物横尸街头，我感到恐慌。我离开那个女孩，寻找我的朋友，我最终找到了她。（梦6802）

梦中有着漫长的探寻，与她外阴部的压迫性感受相联。她需要小便，不过这个感受无疑让她联想起她还是一个小女孩时经常有的一种感受：与她外阴部相联的一种愉悦感，更准确地说是一种愉悦和内疚混合的感受。她的朋友——明显是她长期断绝联结的她的一部分——需要她的关照爱护。朋友邀请她脱下衣服：卸下她的保护层，展示她裸露的真实。她寻找一个地方以摆脱与她外阴部相关的感受，但她只发现让自己感觉不安全和羞愧的地方。她感到迷失，碰见了她所痛恨的自身的一部分。死尸意味着过去陈旧的事情在困扰内在环境，与她的性（动物本性）有关。这依然是"在晚上"，表明这依然是在她秘密的无意识中。但这个梦揭示出迷惑的感受和元素。这些内容渐渐地浮到表面。她的另一个梦甚至更为清晰地展示了这一点。

> 我在一个看起来像是几个世纪前的古镇上，镇上有着受人欢迎的集市。我躺在小毯子上。人们看着我，明显地带着厌恶与轻视的神情。我赤身裸体，没有腿，也没有胳膊，无法做任何动作。人们看着我的胸部与性器官。朝我吐唾沫。我感到我做了很坏的事情——某种性犯罪，所以才遭受如此的毁伤和惩罚……（梦6803）

这个梦境很清晰地指向某种不正当的性行为。她丧失了所有的行动能力，丧失了与人联结的能力（腿和胳膊）。她感受到的只有被鄙视与愧疚。不过梦在更进一步地显露隐藏的记忆。

在后来的咨询中，她有许多非常生动的退行体验。她的身体清楚地释放出与她父亲乱伦的感受，这种乱伦关系一直持续到她18岁离开家时为止。滞留在她体内的能量的释放使她可以疗愈和转化她的内在环境，她感到宽慰与轻松，逐渐可以稳定并强化她的新状态。

当事人拥有从童年早期开始持续的性关系，而每次经历都被小心地从意识记忆中抹去，这是众多案例中的一个。她对此并不知晓，即使她曾完全有意识地参与其中。被压抑的记忆是一种生存策略，这并非异常。不过，所有的咨询师都应当对这种机制有着清晰明确的理解，我们当然不应该假设所有与性创伤相关的梦都是被压抑的性虐待的可靠指示。如我们已经提到过的，所有人都携带来自广阔来源的记忆，当然应当极为仔细地处理这样的信号及梦。如果这些信号出现，这显示出有些"事情"发生，但潜在的创伤或记忆的具体特性依然不清楚。我们还必须寻找更多信号与症状，处理创伤的能量，而不是去断定或确认任何事实（我将在后面的案例研讨中具体阐述）。

在另外一个案例中，一位成年男性报告了这样一个梦：

> 我和一个朋友走进了一家饭馆。我注意到所有人都是裸体，我想我走错了地方，想要出去。但我的注意力被一个家庭——一对男女和一个婴儿——吸引了。他们都是赤身裸体，夫妻二人爱抚亲吻着那个光着身体的婴儿，她是个女孩。他们在我看来苍白丑陋，行为举止就像处在

某种催眠状态中。没有人说话，整个环境非常沉默。那个男人带着个面具，像是个小丑的脸。他还在亲吻一只小狗，或者是一个小男孩……所有这些在我看来就像是一种纵欲、放荡，让我感到极不舒服。（梦6804）

我们可以对此进行重写："在进入内在滋养与自我发展的空间（饭馆）时，我联结到我童年的创伤，这与我父母过度的亲密有关。我现在可以看清家庭的氛围是怎样一种侵入与虐待的环境，父母过度的身体亲密好像使得那个婴儿被吞噬而消失了。这种氛围没有任何界限（裸体），极易受伤害，缺乏真正的沟通交流（沉默）。我可以感觉到这伤害了我。"

这个梦里的感受是极为不适当的。显而易见，这些感受必须在咨询会谈中得到探索与处理，我们要尽可能充分地敞开自己去面对身体的记忆。来访者还必须识别和释放"内化的父母模型"，而这需要扎根于他自身的内在资源，即他富有关爱与信心的内在空间。

九、弄清梦中与治疗进展有关的指示

有时候，我们从来访者的梦里发现一些表明治疗取得进步的清楚迹象，或者是来访者个人成长方面的进步。

一位抑郁的女士已经连续做了数月的治疗，她有这样一个梦：

我刚生了个孩子，一个很小的女孩。她看起来非常虚弱，有个机器在监测她的心跳。我害怕失去我的孩子，但是医生对我再次保证一切进展良好。（梦6901）

这个梦谈论的是咨询师以及来访者在治疗中的进步，既准确又明显。婴儿代表新生命、新起点。在这里，来访者的进步不是非常地稳定：婴儿很小且很虚弱。但"医生"再次肯定："放心，你做得很好，会好起来的。"

医生看起来很显然与"治疗师"相关，尽管这个元素同样可能与其内在的治疗师有联结，即来访者内心的资源空间，可以进行指导并了解进步的地方。我当然会强调已经取得的进步。积极的方面是有个婴儿，医生也说一切都好。我邀请她对她的孩子说话，再次做出保证，打消她的疑虑。当她角色扮演并认同为婴儿时，她惊讶地发现婴儿并不害怕，而是想活下来，感觉非常乐观……

另一个例子：

> 我站在有些像我以前住过的房子里。那一个大的阁楼，一片混乱，完全被遗弃了。几个乞丐看起来脏兮兮的，在那里晃来晃去，他们告诉我他们打算做些清理修缮工作，但是我没有见到任何切实的行动。（梦6902）

这告诉我们一些关于来访者的内心空间的信息：他非常不高兴，感觉混乱。他对此有觉察（"看"并识别出），并有模糊的意愿对此进行工作，但是这意愿需要提升并转化为实际的行动。

一位女性来访者梦到：

> 我梦见在某个度假胜地站在租来的房间里，抱着个婴儿（我的第一个儿子）。我站在窗户边，朝外看。天气晴朗，环境宜人，我看着外面游玩的人们。我旁边有条狭窄的走廊，一些工人过来了。他们把走廊改成了一个大一些的房间，把它变成了个食品店。（梦6903）

这里有很多积极的元素：她抱着她的内在小孩（照顾他），她朝外看到新的、愉悦的、明亮的视角（尽管她还没有联结上），她内心的空间由狭窄转化为"开阔"。之后，新的地方变成了食品店，这表明她有充足的资源滋养内心。所有这些积极的资源都必须得到承认和接纳。咨询师有了来访者进展良好的指示。来访者联结她所需要的资源通道，她的内在进程良好，不过她仍然无法完全联结到那种快乐和自由的空间，她只能去看看并渴望获得。尽管她离那个资源空间很近，但她仍然在她的内在小孩上投入很多，这是下一步要去关注的。

另一个来访者在梦中发现：

> 他自己在一个到处是粪便的臭烘烘的房间里，他立即决定打扫，开始擦洗地板。（梦6904）

这个梦的意愿的表达十分明确，在这个阶段，他已经做了90％的工作！这当然需要得到认可和肯定。

> 我买了一栋新房子，它与一座看起来像废墟的旧城堡相邻。我更乐于接受新房子，温暖而舒适。还有一个花园，在这个房子里，我感觉很好。（梦6905）

这是另一个非常积极的表示。一个新的自我身份已经出现，那是一个完全崭新的内心空间，清爽振作，感觉很棒。然而旧的依然"存在"，非常近（城堡的废墟）。虽然它看起来已经被遗弃了，但是来访者必须确定它不会变成游览胜地……还有进一步"放下"的工作需要去做。

咨询师也许会出现在来访者的梦中，无论是否经过伪装，我们都应以与看待梦中其他人物一样的方法来看待咨询师，就是要询问梦者把什么"特质"投射在这个人物身上，将其反射为内在的咨询师也许是妥当的。一位女士在经过长期的抑郁症治疗之后，进步甚小。她梦见：

> 我有个问题，因为漏水，浴室里到处都是水，我在等水管工人。我担心听不到他敲门，所以下楼去找他。我看到他，但是我忘了告诉他我的问题。他离开了，我不知道他是否做了修理。我上班迟到了……（梦6906）

水与情绪关联，水管工人与管理情绪问题的人——咨询师——相关。梦显示出问题的具体原因还没有表达出来，更没有被解决（"我忘记告诉他我的问题"）。不过，并不一定要对此进行评论。我会把这个情况镜射回去，让她看到有个漏洞，情绪能量在泄漏，她个人私密的一部分空间（浴室）都进了水。但我注意到可能有一些无意识的信息还没有呈现出来。这通常表明它是一段被压抑的记忆，而这是我们继续要做的工作。在此，资源性的元素是水管工人。来访者可以角色扮演这个视角，想象一个完全不同的梦的结果：她想告诉他什么？水管工人会采取什么办法去修理？⋯⋯

不过，有时，咨询师的参考信息是非常明确的。我曾经有这么一位来访者，在经过长期的治疗后，有一天，她带来了这样一个梦：

> 我和一个不认识的男人在一起，他对我读了一封信，是我的咨询师给我的信。信中解释说我不需要再继续去见他了。我感到有点恐慌，但我理解我从现在开始必须要依靠自己的力量了。（梦6907）

在这里，信表示她与外界的"沟通交流"。这个梦很可能表示她已经从我这里"捕捉"到某些信息。事实上，就在那次咨询会谈中，我已经有意告诉她我感觉到我们可以结束治疗了。她已经拥有她需要的工具，能够依靠自身前行，即使她自己还没有做出这个决定。我感觉这确认了我的感受，她也接受停止咨询。当然，我像往常一样表示，如果她今后感到的确再有需要，总是可以再联系我。

十、个案研究

在下面这个个案中，我想分享梦是如何在持续近6个月的心理治疗过程中发挥作用的，这些是其中最有意义的部分。

一位33岁的女士为了多种症状前来咨询。这些症状都与非常不稳定的情绪状态有关。她经常哭，感觉非常紧张和敏感脆弱，为了一点点小事就勃然大怒。她最关心的是她的爱情生活，同样也是极其情绪化的。她最近换了爱人，但一点也不确定自己做的对不对。她很快显露出她的童年相当紧张，与父母相处总是有困难。她在18岁的时候离家出走，而这是她很久以来就想做的事情。

大多数咨询会谈，她都是在流泪中度过的，她的受害者模式很强。她总是抱怨现在的爱人，为自己离开前一个爱人感到后悔惋惜，想要回去。但这是不可能的：那个男人现在和另一个女人在一起快乐地生活着。她一点一点开始担负起责任，开始审视自己。她梦见：

> 我发现自己在一个大厅里。这是一个两层楼的商业展览会，两边有楼梯到二楼。我站在楼梯上，可以俯视一楼的展览。那看起来像是"露天市场"，五颜六色的店铺，漂亮的帷帘，各种各样的物品。我转来转去，想找一件漂亮的裙子。我在一家到处都是不同种类和尺寸的镜子店铺里，花了很多时间照镜子。我喜爱镜子！我在找一个完美的镜子，我变得兴奋起来，因为这里有很多镜子看起来都很棒！但是，当我凑近看了一个又一个镜子时，所有这些镜子都有某些方面让我把它们又放下了：太窄了，太小了，镜框不好看……我找不到我想要的。我想要的是一面非常简单的大镜子，在我早晨装扮好以后可以照见我全身的镜子。
>
> （梦6101）

这个梦的讯息很清楚：她准备好"审视她自己"。她仍然在搜寻可以让她"看"清楚自己全貌的适当方法。后面的梦果真就把这样的图景展露给了她。

> 我不知道我是怎么到这里的，也不知道我在做什么，我正在通过半开着的浴室的门看我前男友的父亲，偷窥他的隐私。我知道我不应该在这里，所以我默不作声。一切都静悄悄的，一点声音都没有，好像时间

> 都凝固了。我必须溜走，因为我感觉那个男人的女儿随时都可能来。我
> 不应该在这里被她看到！（梦6102）

这里透露出侵入长者（尽管被掩饰为其他人）隐私的感受，隐藏（她梦中反复重现的元素）可能的内疚自责的感受，时间静止（这可能表示与被压抑记忆的联结，因为被压抑的事件就好像时间停止了）。

> 我不得不违法为某人掩藏毒品，比如大麻。我站在毒品贩子一方。
> 我为之掩藏的那个人好像是我的男朋友。我受到警察的怀疑和搜查，我
> 把东西藏在很偏僻的一个密闭的小屋里。那是一个很小的空间，也许就
> 是个帐篷……我与一个毒品贩子在一起，我不得不亲吻他，假装是他的
> 女朋友，这样便没有人能看清我的脸。与他的关系不知为何让我看起来
> 像是清白天真的……（梦6103）

这里有引发恐惧和罪恶感受的某些违法或错误行为的元素，梦者感到需要隐藏某事，有被发现的危险，这都与隐私亲密有关。亲密是不恰当的、虚假的。

> 我必须与一些坏人作斗争。他们穿着太空服让人认不出他们。我可
> 以通过高度注意消灭他们，只需牢牢盯住他们的眼睛即可。他们好像分
> 解了，消失了。但是我必须连续做两三次，一次是不够的。这样很累，
> 我精疲力竭。这也是个危险的工作，因为我可能把自己给赔进去。这事
> 关生死。在我摆脱这些坏人时，我拼命奔跑，到处躲藏，不得不用尽各
> 种办法来保护自己活下去……然后，我醒来了，浑身是汗。（梦6104）

重写： "任何威胁我的东西都是掩藏着的，我无法识别。这要求我在思维上花费巨大的努力把危险与我隔离开。有些事情在我的潜意识中神出鬼没，它们想要出来抓住我，但我在尽可能地抵抗着，这是一场疲惫不堪的

战斗。"

在第一阶段的治疗中，来访者说得很多，我分享了她的处境和感受，与她一起探索了不同的方法，使得她可以完全为自己的感受负责，协助她从她的头脑转换到她的身体，学习如何吸入感受，转换其中的能量。我邀请她花时间扎根资源，敞开自己面对内在小孩及受伤的内心空间。几个月之后，她梦见：

> 我和我的女同学在一起，其中一个女生很漂亮，和男孩子玩得很好。但是我认为她很招摇、自私、好控制人。在这里，我惊讶地发现那个女孩变了。她浑身散发着平和、安宁的气息，透露出成熟感，我知道这是因为她有了孩子（孩子虽然不在这里，但我知道他在某个地方，我好像能感觉到他的存在）。她善意地对我微笑，与我招手再见，然后离开。（梦6105）

这里可以看见清晰的变化，只是来访者还未认同。那个她用来投射自身坏脾气和负面特质的同学有一个孩子：新生活已经来临。深层的变化显而易见，但梦者将之视为外在于她的。她看到变化，但她还没有认识到这是自己的。

虽然梦已经被解码，讯息已经被识别，但是我知道来访者还未完全整合已经在她的内在空间所发生的改变。有趣的是，这个梦以那位朋友挥手"再见"和离开而结束……

> 我和我的姑妈在一起，她总是那样抑郁。她的生活一塌糊涂，总是抱怨她的儿子和丈夫……然后，我依然在和她说话，却发现我被嘴里的头发干扰。我一边说话，一边试图把头发揪出来，那是一种非常难受和可怕的感觉。越来越多的长头发从我的喉咙里冒出来，我感觉恶心至极。我继续揪头发，感觉从胃里吐出了头发……这是我所经历的最恶心的体验。我哭着醒来，完全处在伤心难过中。（梦6106）

梦者的潜意识在释放苦痛和令人厌恶的东西，一些不能消化处理的创伤性经验不得不显露出来，这让人感觉极其痛苦。梦者的意识思维敞开地面对这个"东西"，把它们拽出来，但还不能清楚地识别。不过，这次"释放"是打开和解除被压抑情绪的重要一步，是深层疗愈过程的一部分。

> 我碰见我先前"最好的朋友"（几年前和她在一场吵架后断了来往）。她抱着孩子，看起来不像以前那样怒气冲冲或总是带着攻击性。她的微笑充满温柔。她靠近我，让孩子轻柔地依偎着我，孩子就在我和她之间。我很惊讶她这样做。我感觉到安宁，甚至新的信心在我们之间萌发。（梦6107）

这里再次有了平和及深层变化的感觉。新的生活依然属于另一个人，没有得到认同。但是，新生活已经离得非常近了。她可以"感觉"到："变化"被温柔地推到她面前……

之后，她做了这个重要的噩梦：

> 我在一个村子里，这是某个秘密组织做坏事的地方。这个组织里有男有女，我不是一个人，有一些朋友在我身边。我好像就住在这个地方，没有别的地方可去。有些极其可怕的事情正在被秘密策划和执行，除了我之外没有任何人觉察到。我意识到这个组织的这些人要悄悄地把人杀死，用这些死尸进行身体器官的交易。气氛十分恐怖。我什么也不能做，除了藏起来。我当然不能表现出已经发现这个阴谋。我试图给我的朋友一些暗示，但是他们没有明白。他们只是大笑，我知道我们都会被杀，无处可逃。
>
> 我还知道他们并不是把人"完全"杀死，他们只是让人半死，让人脑依然保持活着的状态，这样就可以实施他们的试验。头脑不会死，这意味着被处死的人能够意识到发生的事情。这实在太恐怖了，我完全沉

浸在悲痛和压抑中。

我无法相信这也要发生在我的身上，但我知道没有出路。很多细节加剧了恐怖的感觉：我看到人们浑身是血，我听到恐怖的声音，就像是一大块肉掉到地上。人们在号叫，到处是血迹……我想躲到一边，但毫无用处。就要轮到我了。

我被逮起来带到岩石间的一个封闭的场地。那里离村子有点远，没有任何人会看到。我没有哭，因为我知道哭没有用。但是，我完全处于恐慌中。突然之间，我认出来我（现在）的男朋友在坏人之中，他不是他们中间的一分子，但不知为何他装作是身处其中。他知道我即将被处死，他只是无能为力地看着……然后我感觉到背部一阵剧痛，就像被匕首刺了一刀，刺穿了我的身体。我几乎不敢相信，我想："就是这样了，轮到我了！"我感觉身体变得越来越虚弱。然后，我被拖到另一个地方，更远一点的地方。我意识到地上有些雪。我回头看见雪上有血，我知道那是我自己的血，很多的血。我的天啊，流了这么多血，他们一定刺了很大的口子！

然后，我到了一个地方，有两个丑陋的小女孩站在那里。她们6岁左右，看起来像是双胞胎，长着像猪一样丑的脸。在她们后面站着一个拿着枪的男人，在那个男人身后，我再次看到我的男朋友，他看起来非常惊恐。我说"等一下"，然后我与我的男朋友说话，我叫他转过身去，在他们杀死我时，不要看着我。我不想让他看到我被爆头，他答应我不看。他自己也显然处在巨大的恐慌中，不可能为我做任何事情。我准备好，等待着被枪毙。很快我听到枪声，同时我感觉头部一阵剧痛。我倒下了。这个时候，我在床上醒来了，但我的梦还在继续：我躺在地上。我的右眼可以看到我的左眼从眼眶里脱落出来，我意识到他们的确没有完全杀死我，因为我依然有意识。然后，我看到我的男朋友极为恐慌地看着我，我痛恨他没有遵守他的诺言。醒来时我极为焦虑，那是在半夜……（梦6108）

这个故事被重写后是这样的："在我居住的地方（或'在我的内心世界里'），我处在某人（或'某段记忆'）的威胁下，这个力量完全掌控了我。我无法逃脱这个威胁。我知道这是怎样的威胁，但我不能告诉任何人。尽管我有一些个人的资源（朋友），可他们都没有用，我被逮住并要被'处死'——我的身体被杀死，我的意识依然保持活跃。我感觉到极端焦虑和无能为力。被捕后，我被带到一个偏远的地方，没有人能看见或听见发生的一切。这一'处决'好像是匕首穿过我的身体，尽管我看不清发生了什么（是从背后'刺穿'的），但我能够感觉到那种痛楚。后来，我注意到更悲惨的后果：我感觉所有的能量都流尽了（血迹，很多血）。这一切发生在毫无关爱的气氛下（雪，冷）。只有残酷的暴力施加在我身上，我仍然无法看清楚到底是谁对我做了这些。我所能看见的就是一个拿枪的男人，还有'两个丑陋的小女孩'与这个事情有关：那是我'参与'这个行动的看起来丑陋的部分，大概在6岁左右。我感觉她们是双胞胎，就像是我被'分离'成两个人，一个参与其中，一个处在震惊之下。这个事情同时与我所爱的某个人有关，而这个人好像背叛了我……也许是父亲般的人，也许是母亲般的人（我的男朋友经常让我想起我的妈妈），无论如何，这个人都在看着这一切，但不能够进行干预。我痛恨那个目击到这一切的人……我依然存在的很小的那一部分（一只右眼）看到了整个的场景：它在我的记忆中，我现在可以看见它了。"

梦中的感受极为强烈，有绝望和悲痛的感受，也有"被杀而未彻底死去"的焦虑。当然，从脑海里出来的意象是：童年时期被强奸或性虐待。梦描绘出一系列非常典型的在家庭环境中遭受性虐待的元素。

尽管意象会经过伪装，但梦中的感受（总是如此）肯定是确确实实的感受。梦者联结到这些情绪感受，真实地体验这些感受。这不是幻想。在这个阶段，我们有两个选择：这些感受和梦潜在的讯息要么与集体（家庭）记忆有关，处于梦者当前生活的情境之外；要么是梦者个人的，可能与被"压抑"的经历有关。

现在，这个来访者还没有受到性虐待的意识记忆，但很多症状都显示情况可能的确如此。我们知道儿童能够很容易在他们的意识记忆中抹去此类事件，即使是一连串这样的事件……但是，恐惧模式和情绪不稳定必然会由此发生。我在与这位来访者处理了她梦中的感受后，把这个事情作为一个开放性的问题提给她，并与她详尽地讨论。只有她知道她内在的真实情况，不过有件事情是可以肯定的：她背负了这些记忆，以及与之关联的她内在的诸多感受。无论这些记忆来自哪里，都必须被加以处理、面对和转化。无论她背负的是自身的创伤还是她母亲或祖母甚至她前世（如果她对这个概念持开放态度的话）的创伤，这个记忆就像烦人的负担一样，始终在那里。这是她受伤的内在小孩，她可以关心、照顾好它。最终，这是真正至关重要的事情：无论是什么，无论来自哪里，对这些进行转化，然后放下。

这个梦就像打开了一扇门，释放了很多情绪能量。这个梦是痛苦的，但又让她得到了安慰。转化在这个进程中发生，她对情绪问题更深层的洞见使得她现在可以从不同的视角看待自己。她的治疗过程在不断推进。几个星期后，她又做了这样一个梦：

> 我与一大群人在一起，我熟悉这群人中的大多数，他们是朋友、家人，包括我的父亲。好像我们当中有个人对家里的孩子进行了性攻击。我知道其中一个被攻击的孩子是个小女孩，就是三四岁时候的我。我非常爱那个小女孩，因为她真的非常可爱。她微笑着，让人们拥抱她。我的父亲也爱她，把她抱在怀里。他看起来对她非常关心。
>
> 现在，我们其中有些人在找强奸犯，我们必须找到是谁实施了这样的暴行。我的一个朋友和我一起在搜寻，突然之间，我们很清楚这到底是谁干的，是一个叔叔。我们必须要抓住他，但我们必须保持警惕，不能让他发现我们知道了。这是一种复杂的感受，混合了惊恐与厌恶。我们一边等待，一边观望，寻找时机把那个男人逮住。（梦6109）

当然，我们不必把这个梦的字面意思当作准确的信息来看，也许它一点都不准确，但这并没有关系。我们依然是从梦的视角来看：梦者梦到自己，其中涉及的人物都是她自身的次人格。这个梦至关重要的是，她开始具备有爱心的成人的视角，在整个过程中，去帮助澄清与她所关爱的受伤的内在小孩有关的事情。性攻击得到确认，她有某种创伤性的记忆，这是我们知道的。获得这个洞见使得这位女士敞开自己去面对她遭遇性虐待的可能性。内在的小孩得到认可，得到关爱和照顾（可爱，得到所有人的拥抱），来访者已经有力地扎根于内在父母的资源，现在可以释放出更多情绪感受，解开心结。深层转化的过程在良好地进行着，疗愈在发生。

这个来访者大多数的梦都包含着强烈的愤怒和被压抑的暴力的释放，全面看待她整个情绪问题被提上议事日程。在之后的几次会谈中，我们处理了这些感受，进一步巩固了她与内在父母的联结。几个星期后，她感到她的痛苦有了极大程度的减轻。她内心达到了平和、信任的状态，可以重新建设自己的生活、爱情关系、职业生涯，并开始考虑要孩子……

这个变化在两个月之后得到了确认，在经过一段时间安稳踏实的睡眠之后，她梦见自己怀孕了，可以透过薄得几乎透明的皮肤看到怀着的孩子，她可以看见他的脸，他在肚子里，已经有了人形……她欢迎他，新生活来到了她的面前。

一年之后，我得以有机会跟进了解她的状态。她快乐而阳光，转化提升的过程深入而稳定。

附录 I
梦廊

欢迎来到梦廊！我邀请你来欣赏这些梦，如同欣赏画廊里的一幅幅画作。希望在此选取的来自不同梦者的梦，能为你提供关于梦境重写与梦的语言的更多洞见。

梦7001 女性，54岁。

梦境要素：大巴，路，山，塌方，风景，小路。

我和一些人坐着一辆大巴在山区旅行。路越走越窄，而且前面不断有塌方。终于，司机停了下来说："前面塌方，走不过去了，你们下车吧。"我和大家下了车，在山间小路上走。一路上风景很好，我们走得也很踏实。

重写：我和一群人在从事一项大的项目（大巴），我不是处于领头位置的那个。看起来事情变得越来越困难（道路狭窄）了。在某点上，这整个项目不再有前景而被终止了。每个人都离开了这个项目……我发现自己独自一个人走，依靠自身的力量，脚步踏实。我的新的道路非常简单，但我感到自信与自豪。我的视野宽阔而美丽。

评注：这个梦反映了梦者事业发展上出现了新的变化。在某种程度上，这个变化是被期待的，但整个过程需要数月才能完全实现。

梦7002 女性，33岁。

梦境要素：剧场，婚礼，白色衣裙，头发，水，信用卡，泥泞。

我在某个大剧场的后台，为举行我的婚礼仪式做准备。我与另外一个新娘在一起，我们都穿着白色衣裙（我没有看到新郎，但我并不为此感到担心）。我突然意识到我的头发是脏的，有3天都没洗了。我不能这样举行婚礼。我仓促做出反应：我从哪里可以找到些热水？我的同事，也就是另一个新娘，借给我一张特殊的信用卡，我用这张卡可以买到热水。我感到极为有压力，赶紧去弄。就在我拎着一桶水的时候，我意识到地上泥泞不堪：我的结婚礼服被弄脏了。然后我遇到一个小个子男人——一个商人，他告诉我："你必须清楚地说出你所做的事情，必须完全为你的行为负责，确保不让他人为你偿还。"

重写：我在为我的内在婚姻、内在"相聚"的庆祝仪式做准备。在这个过程中，我知道我美丽而纯洁（白色衣裙），但也意识到我仍然携带了某些负面的认知模式（脏头发），一些与过去关联的脏东西让我感到不舒服。我想要清理这些脏乱的东西，我感到不少压力。我意识到我有所有必要的资源（信用卡、同事）来达成必要的改变。我确实也找到了做出内在转化所必需的工具（热水），而这与关爱的感受（热水）相联。我也打开了与我过去（地面）相关的旧的情绪物质（泥泞），觉察出它是怎样扰乱了我的生活（弄脏了我的裙子）的。一个男性非常明确地提醒我应当向内看，为自我的问题负全责。这个男性让我想起我的丈夫（小个子，商人）……

梦7003 欧洲女性，28岁。

梦境要素：男朋友或爱人，饭馆，破损的台阶，鱼。

我和我男朋友在一起。我们进入一家饭馆，在一座大楼的楼上。大楼的台阶都已经破损，地上也有坑洞，所以不容易到达。但是我知道路，所以没什么困难就到了饭馆。我进到里面，漂亮而安静。没有顾客，只有一些员工。女服务员在微笑着欢迎我。无处不在的鱼立即吸引了我的注意。桌子之间的墙上装有鱼缸，作为装饰以分隔私人就餐区域。桌子上也有鱼，鱼就活着躺在那里。这些鱼有着闪亮的橙色，有些上面有白点（这种金鱼我们在中国看到很多，这个梦也是我在中国时做的）。

重写：我在联结我当前的恋爱关系，了解我把什么投射在我男朋友身上。

我想要进入我内在安宁的空间（饭馆——高层），即我滋养与丰盛的资源所在。不过，以我当前的状态，我并不容易进入这个空间，因为我的人格（低层）被深深地震动（地面上有坑洞，破损的台阶）。但我依然可以不用太费力地就找到去内在高层水平的路，因为进入那个空间对我而言比较熟悉。一旦我回到内在平和的资源性空间，我注意到很多信号（鱼），这表示我还没有识别的某种丰盛的事物。这好像是我发现的我自身与金鱼的象征有关的某个方面——一种内在的资源流动的特质，可能是我自身的女性力量。也许表示我在"中国"的经历已经在帮助我成长……

梦者评注：在我做这个梦的时候，我正试图离开一段对我没有任何好处的关系。我很难放下我的男朋友，因为我依然爱他。但我和他的关系吸取了我所有的能量，使我心烦意乱，难以专注于我生命中的根本所在。痛苦的情绪和无法做出明确的决定也在我的身体上反映出来——我后背疼痛，还有些其他症状。练习瑜伽以及针灸治疗帮助我联结我的内在平和与关爱。我想这个梦反映了这些。梦是个信号，我需要克服这些障碍，去发现我内在的关爱空间。我认为这个梦确认了我走在正确的轨道上。

梦7004　男性，50多岁。

梦境要素：伪装，乞丐，钱。

我和妻子在一条开阔的街道上，我看不到任何具体的东西。我们在做一种试验：我们伪装成乞丐，以测试人们的态度。我妻子拿着一个小纸杯。我们看见两个妇女和一个小孩坐在地上，她们是真正的乞丐，身上披着脏脏的小毯子，看起来极其穷困。她们的脸上满是灰尘，尽管面部还是匀称的。她们好像来自另一个国家，说的不是我们的语言。我妻子同情她们，想要把她杯子里的硬币给那个女人。那个女人看着她，疑惑了一瞬间：她们都是乞丐，为什么我妻子却找她要钱。不过她好像很快接受了乞丐也可以施舍的想法，她把手伸到自己的罐子里摸出三枚硬币放到我妻子的杯子里。我妻子做出不同意的手势，想要说这不是她的意思，她想要给而不是要。但那个女人却理解为我妻子认为三枚硬币太多了，所以她坚持要给。我妻子最终让步了，拿了钱，对那个女乞丐鞠了一躬，吻了她的脸颊，这是温暖的感觉。我在微笑中醒来。

重写：我在对生活、对人类的态度做试验。生活只是一场探索体验的游戏。我完全认识到这一点。我知道我扮演着不同的角色，假装成不同的状态。在此，我假装一贫如洗。我得以探索和观察我女性特质的给予与接受。我发现我的一部分极其慷慨大方。我可以对我的那部分敞开，对一无所有感到踏实愉快，且依然准备好给予所有。我仍然不知道究竟该如何与那种特质沟通，那是我内在的前所未知的新鲜的特点。但我为之感动，这一特质充满了关爱和温柔，还有些有趣。

梦者评注：这肯定是关于给予与接受的感受，同时也是关于富有与贫穷、关于拥有或一无所有的感受。事情往往不是看起来的那样。一方面它真的启发我去看到内在那个看起来贫穷却足够富有去给予的部分。另一方面，我有时可能假装贫穷（太穷而无法给予），而在现实中并非如此。显然，富有在此是指超越金钱的内在价值运转良好。（参见同一梦者的另一个梦7008）

梦7005　男性，40多岁。

梦境要素：骑马，景色，顶点，小山。

　　我骑着一匹小马飞驰在宽阔的平原上，周围是一片荒凉空旷的景色。这让我想起非洲。我在马上感到非常舒服。马不很高大，却很勇敢，使劲地奔跑着。我们逐渐向上坡方向奔跑，当我们抵达小山顶点时，我的马突然倒下了。它精疲力竭。它躺在地上，我感到非常伤心，把它的头抱在胸前抚摸。我觉得它需要我心灵的力量、我的认可。我们过度地使用这匹马了……

　　重写：我竭尽全力奔跑。我的身体（马）尽管不是特别强壮，但一切运转良好，应对着相当有挑战性的生活（上坡）。现在我处在身体疲惫的阶段，我需要照顾我的身体，我对我的身体这个"交通工具"充满了关爱和感激，我知道它需要关爱。

　　评注：精疲力竭的感受也许只是暂时性的。这样的梦可能也是一个警告或提醒，预示着潜在的可能性。它发出了这样的讯息——"小心，不要做得过火，你可能在耗竭你的能量！"

梦7006　女性，45岁。

　　梦境要素：汽车，刹车。

　　我正在开着我的车，我必须停车。我把脚放在刹车踏板上，可是车没有反应。我感到恐慌：我无法把这辆车停下来！

　　重写：我的生活在朝着我并不想要去的方向，我想停止我正在经历的过程。但我感到无能为力，我无法控制事情的发展。

　　评注：这位女性正处在与丈夫离婚的过程中，这并非她的选择。她尝试一切方法想要停止这个过程，使事情有所转机，但一切都是徒劳。

梦7007　女性，32岁。

梦境要素：伞，暴风雨，闪电，天线。

　　我看到一个男人撑着一把伞。伞就是一般大小，但有着非常长的伞把，有五六米高。很显然，这么高几乎什么用也没有。周围一些人看起来好像很羡慕和欣赏他，但我觉得他处在危险中。暴风雨就要来了，闪电可能很容易击中他的伞，因为他的伞就是连接的天线。

　　重写：我的积极的部分（男性特质的部分）感觉安全，在做事情的同时感觉到被保护。不过，我可以看到这个保护（伞）并不能真正发挥作用。尽管我的这个积极的部分在我的（工作）环境中被欣赏，我意识到我的位置处在危险中。我认为它应当保护我而实际上反而可能害了我。我看到挑战即将到来（暴风雨），这很可能是非常情绪化的。

梦7008　男性，50多岁。

梦境要素：超市，钱，返还。

　　我在一家超市里，刚刚把我所买的东西的钱付完，推着购物车出来。有个男人告诉我应当拿着小票去顾客服务台，我疑惑为什么我还需要去顾客服务台。那个男人说这是新的规则，我必须出示我的购物小票，然后将返还我同样的钱。我异常困惑，怎么可能为我买的所有东西偿还金钱？这家店怎么可能如此做生意？但那个男人说这就是新程序。我醒来时还在想：这太奇怪了！这是在告诉我无论我付出什么都将会再返还给我吗？这绝不是个坏消息！

　　评注：这个梦告诉梦者他已经达到他生命中这样的阶段——他已经觉

察出创造财富的机制。这是一个清晰的指示——钱是一种能量，无论付出什么，我们都将得到回馈。这是吸引律的明证，而这正是梦者完全坚持的。对钱而言是如此，对其他任何事情而言也是如此。就在这个梦发生的第二天，梦者的经历完全验证了这个梦。他买了一台新冰箱，有人给他带来了相应数量的钱款。自此以后，他相信他所需要花费的都会以某种方式得到回报。参见同一梦者相同主题的另一个梦（梦7004）。

梦7009 女性，38岁。

梦境要素：卧室，隐藏，床。

我在我的卧室里，藏在我的床下面，害怕有人来抓我。我觉得我随时有可能被抓。我带着极其害怕的感受醒来。

重写：我对于自己的"家"和私密之地感觉不安全。我联结到根源于我童年早期的焦虑感受，好像什么事情侵入我身体的隐私处，我现在可以感觉到那种焦虑。

梦7010 男性，近50岁。

梦境要素：兄弟，树，果实，小径，山谷，蚂蚁。

我和我兄弟在一座满是树的小山上，我们走在一条小径上。右边是一个斜坡，朝向山谷，相当陡峭。小山在左边盘旋而上。我指着那些满是果实的大树给我兄弟看。我可以轻易地摇晃其中的一棵树，果实就像雨点一样落下来。果实的形状看起来像是木瓜，但是果肉的味道更像是梨。我对兄弟说："你看这多容易，你只要捡起它们，然后就可以把这些分给人们。"然后我自己捡起一个。我兄弟走了。我想尝尝那个果子，但当我打开它时，发现里面全是蚂蚁，我把那个果子扔了。

重写：我走在我的路上，感到有信心与被支持（兄弟的在场）。我知道我从哪里来，大多数人依然在那里（山谷），那里要低一些。我也看到我还要不断行进（左边不断向上——我的进程中依然未知的部分）。我已经达成不少目标，收获许多果实：我的生活给了不少回馈。我也想要与我周围的人分享我的知识。不过，我自己却依然不能完全享受生活的馈赠，仍然有一些负面的认知模式（蚂蚁）困扰我……

梦7011 男性，40多岁。

梦境要素：河，家，衣服，鞋子，钱，钱包，身份证。

我在河岸上走，感觉离家很近。我发现了一堆衣物，有鞋子、帽子、外套和裤子……这些肯定是属于某个人的，但我知道它们在这里已经好几天了，我决定走近仔细看看。肯定是哪个人丢了这些东西。我看了看那堆衣物的口袋。我找到了一些钱，其实不少，大概3000元人民币。我决定拿上这些钱，我把它们放在了自己的兜里。过了些时候，我看到有些人往这边走，他们好像是在找什么东西。他们走近了，我把那堆衣服的事情告诉了他们。他们说那正是他们要找的东西。我从那堆衣物的上衣口袋里找到一个钱包，里面有张身份证。我看着上面的名字。我问这些人的姓名以核对他们的诚实性。他们确实给出了正确的姓名。这些衣物显然是属于他们的。我感到非常尴尬：我已经把那些钱放在了自己兜里！我在那种尴尬的感受中醒来。

梦者评注：做这个梦的前一天，我收到来自客户的一个应当是有着1500元人民币的信封。这是客户付给我的服务费用。在客户走后，我打开信封，发现里面是2000元，我感到不安。我应该把多的钱作为礼物收取，还是应该还回去，或者算作今后工作费用的一部分？这个梦好像是表达了这个经历的思维和情绪能量。

梦7012　女性，30多岁。

梦境要素：家，妈妈，小孩，受伤，牙齿，流血。

　　我在经过长途旅行后回到我的老家，与我整个家庭的人相聚。但氛围相当紧张，我感到不开心，询问出什么问题了。我的两个姐夫对我很生气，他们说询问"为什么事情变糟"只会让事情更糟糕。我妈妈受伤了，她在流血。奇怪的是，她看起来非常小，像个孩子一样。一些小孩没有特别注意他们所做的事情，结果伤害到她。我对此感到很糟糕。然后我意识到我的牙齿掉了，有四颗牙脱落了，尽管它们看起来依然相当健康。我想我应当把它们放回去。醒来时，我感到相当沮丧和难受。

　　重写：我在聚集我的内在家庭成员，联结我的内在现实。我感觉自己好像是从很远处到来——我已经有相当长一段时间感到与我的内在疏离了。我敞开面对内在的紧张与冲突。我的一部分（我的姐夫）看起来并不真的喜欢去探索我的内在困难。我对自己感到很糟糕，这是相当不舒服的。我看到我敏感的部分（看起来像是我妈）处在痛苦中，正在丧失它的生命能量（血液）。这是因为我的人格中某些不成熟的部分（小孩）导致的。这部分缺乏觉察，胡乱做事，没有足够的关爱和注意。我意识到这是怎样深深地剥夺了我的力量。我在丧失我的力量、我的意志力（掉牙）。我在生活中的好几个方面都没有表达强有效的意志力和坚定的力量。我感到我仍然有健康的潜在可能性使之发生转机，回到清楚的意愿与创造性的行动（把牙齿放回去）。

梦7013　男性，40多岁。

　　梦境要素：家，小时候的家，父母的房子，盒子，新衣服，父亲，旧毯子。

　　我回到家（小时候的家，我父母的房子），注意到靠近门口处有一堆重要的包裹，一堆大小不一的盒子。我凑近些看，意识到这些都是给我的——我订的新衣服。我知道这些新衣服很华丽、柔软、色泽鲜明。这些新衣服不像那些传统老式的衣服，它们代表的是彻底的新风格。它们是用来装饰身体的，而非匆忙穿上身的。我把这些盒子拿进房子里，在门口遇见我父亲。他欢迎我，并把一个柜子里两块不用的旧毯子拿出来给我看。他建议我拿上，但我说我不知道可以用它们做什么，他没有坚持。我在为新衣服到来的巨大激动中醒来。

重写： 我在与童年的记忆（父母的房子）做联结。在联结我的原生家庭，靠近这个内在空间时，我意识到我改变了多少。我长时间在为引起这些变化进行工作（预订新衣服）。现在，我终于完全认可了我的内在变化（新衣服已经送达）。我的人格更为温和（柔软的面料）而流畅（衣服可以包在身上）。我觉得我不再是以前的那个人了。我的父亲可能没有认识到这一点，他的内化模型依然是我的一部分，让我还放不下旧有的一些模式（旧毯子）。但我现在准备好放下这些，完全敞开自己去面对我的新身份。"

梦7014 女性，36岁。

梦境要素： 驾驶，卡车，拖车，旅行，公路，下雨，泥泞。

　　我开着一辆大卡车，后面还拖着一节车厢。人们舒服地坐在里面，我带着他们在环游国家。尽管我以前从来没有开过卡车，可我感觉我驾驭得了。但路又窄又难走，天在下雨，路又湿又滑。我必须开得很慢，要很小心地注意刹车。不过最后，旅程很顺利，我们到达了终点。人们很开心。

重写： 我在掌管着自己的生活（驾驶）。我当前的责任重大而具有挑战性——我感到我在照顾着很多人。我的生活需要极其用心地把握，但我知道我可以应对。在我的内在空间里，我背负了所有次人格、记忆及困难，所有这些都运转良好。我感到处于和谐中。不过，在我的生活道路上前进起来并不容易。我是个非常情绪化的人（下雨），必须一直仔细注意可能的错误。我极其警惕与他人的交往，因为我知道我倾向于过度反应（没有刹车）。不过最终，我知道一切都很好。我感到我可以把握这一切，没有大的困难。我为生活感到开心，我达到了我的目标。

梦7015 女性，28岁。

梦境要素：房子，楼梯，妈妈，浴室，马桶，粪便，婴儿，鸡肉，门，田地，马，婚礼，书架，聚会。

　　我看到自己在一个房子里，我感觉那是我住的房子。里面是白色的，还有楼梯。我站在楼梯上。我妈妈站在楼梯的底部，正在叠衣服。她好像很是挫败，表示我不应当这样生活。她身后是一扇开着的门，透着白光。她提出让我过去看看浴室，因为那里特别脏。浴室就在楼梯底部。我进入浴室使用马桶。我大声地告诉妈妈，一切在我看来还不错。然后，我抬头看到干净的白色天花板上赫然有一团粪便。我很震惊，但还是想保持镇静，让妈妈放心一切没有问题。我走上楼，我感觉姐姐和我在一起。

　　我进入一个房间，里面又黑又脏，让我感觉很恐怖。里面塞满了东西，还有两个人。我感觉其中一个是我姐姐，她站在我身边，另外一个是个男人。一个婴儿躺在那里，有着成人的头和脸，我感到有些熟悉。我看着那个婴儿。他转过身，大笑起来。在他身下，有一盘吃了一半的鸡肉。这是一幅奇怪的画面：他的头是成人的，身体是光着的（是个男孩），还有鸡肉……我感到很恶心。那个男人邀请我留下，但我跑开了，从那扇开着的门冲下楼去，到外面呼吸新鲜空气，把一切抛在脑后。

　　我还在跑。光线是明亮的，我感到自由，但还是紧张。我抵达一块田地。我仍然在跑，前面是个斜坡，除了白云、天空，其他什么也看不到。草是绿的，田地是开阔的。我突然在斜坡前停下来，转过身，朝田地的对角跑去，那里有匹马。马是深棕色的，我一眼就看清楚这匹马很漂亮。这是匹小马，我不害怕它，我抚摸着它，感觉和它很亲近。

突然，有一匹大很多的浅棕色的马向我飞驰而来，在我面前停下。我感到有些害怕，但没有动。这匹马跪下来让我靠近些，它有着人的脸——房间里那个男人的脸。我服从了，跪在它身边，把我的头靠在它的脖子上。

然后我发现我在一个明亮而色彩斑斓的房间里。我看着我自己。地板是黑白相间的方格。墙是绿色的，很明亮。装饰的风格像是以前的时代的，有些过时。我感觉这好像是我的婚礼。我和某个我认为是我丈夫的人站在一个老书架旁边，他穿着一身传统的套装，我认出这是同一个男人（他有着和房间里的那个男人及那匹马一样的脸）。我穿着一身简洁却不传统的礼服。我站在这个人的身边，感觉很开心，得到支持。他像是在引领我。我们将说出我们的婚礼誓言，我们站在来宾面前的台上的书架前。没有人引导我们，好像这个仪式是我们自身创造性的行为方式。

我看到前面我的父母、大舅妈就坐在旁边。我的"丈夫"对我说着美好的言辞，我母亲把一切都复述给我有些耳聋的大舅妈。我父亲说："就让他们那样吧。"趁父母和其他人不注意，我们穿过一扇玻璃门，溜进旁边的一个房间。房间很是明亮。那里有个摄影师，让我在他照相时保持放松，心情愉快。他建议我练习瑜伽。我丈夫窝在一个角落里，放松地喝着葡萄酒。

我加入他，于是我们俩一起轻松地享受着欢乐时光。看起来就好像我们藏在角落里。

这个场面不见了。我们在家里，看起来好像是我丈夫的后院。那里有个烧烤聚会。天色阴沉昏暗。周围都是身穿优雅服饰的人，但我都不认识。所有人好像都很高。我穿着舒适的牛仔装。银色的大浅盘里供应着汉堡包，我感觉是很熟悉的烧烤场面。人们手持酒杯，聊天闲谈。他们好像很享受，很开心。但我感觉孤单，不太自在。我丈夫过来问我好不好，我双手抱着头，伤心地叹气。他安慰我，站在我身边，问我出了什么问题……然后梦就没有了。

重写：我在与内在空间联结（我住过的房子），站在现实的两个层面之间（楼梯上）。我的内在环境明亮而纯洁（雪白干净）。目前，我的内在母亲（楼下）这部分在照顾我的身体，关心我的内在成长，她感到有些不舒服的东西需要检查和处理。她催促我去考虑那些我还没有解决的负面事情。

我感到与我的内在资源的联结（我姐姐），我探索我的过去（楼上），进入我自身的未知领地——与其他时代、其他生命的记忆联结。那里存在着一个男性和一个学习的过程（婴儿）。我不喜欢这些记忆，这些与未完成的事件相关（吃了一半的食物）。也许这是我未发展起来的男性部分。有个男人想让我见他，和他在一起，但我没有这种感受。我逃离了这些感受和记忆……

我回到目前的存在水平（底层），进入一个更开阔的空间，与我的外部环境相连，在此，我感到自由轻松。但是，我觉察到我在逃离某些事情。在关键的时候，我意识到我必须停止逃离，重新面对自我。我很容易联结到我内在的女性力量（小马），并感到与这种力量和谐共存。然后我又敞开面对更强有力的男性力量（大马），这种力量以高速（奔驰）闯进我的生活，邀请我更为亲近一些。我现在意识到这个男性力量与我认识的某个人相关，这是我先前见到的那个男人（同样的脸）。他再次邀请我进入他的关爱之中，我服从了。

这让我回到相关的另一段记忆中。我在一个感觉有些古旧的环境中嫁给了一个男人。婚礼基于传统而理性的价值观（黑白相间的地板），氛围也是知性的（书架）。我一开始为自己的选择感到开心，愿意并且感到被支持，感觉这场婚礼富有创造性。但是，我感到社交方面好像被限制了。我有时间做自己的事情，放松自己，但这并不能让我完全满意，我还是感到空虚……我很快就开始感到那种生活完全不适合我，完全无法满足我的需要。我感到绝望，即使我的爱人爱我、试图理解并支持我，我依然不开心……所有这些让我困惑不解，我现在好像开始再次面对这些记忆……

评注： 这位年轻女性在解决她生命中重要的内在问题时做了这个梦。她游历不少，感到自由且开心，但还没有与男人有稳定的关系。有一个问题需要得到解决。然而，就在那时候，她遇到了一个男人，与他开始了一段恋爱关系。那个男人显得强壮，对她很重要。这个梦看起来指向这个关系，给了她一些清晰的信号，也表示出与前世的更深层的一些联结。无论梦的最后部分是基于过往的记忆还是预期潜在的将来，在做这个梦的时候，这都依然是一个开放的问题。但几个月以后，尽管那段关系非常有意义且很热烈，但是没有持续或通向婚姻。他们分道扬镳了，看起来他们更像是解决某些过去的问题。

梦7016 男性，40多岁。

梦境要素： 战争，士兵，国王，规则。

一场战争已经结束。当人们和士兵被通告他们将有一个新国王时，他们都非常惊讶。他们将被新的规则统治。

重写： 在一场内在挣扎之后，我发生了深刻的改变。我人格的新方面现在开始引领我。在新的基础上，我遵循新的价值观、新的内在引领，开始新的生活。

梦7017 男性，40多岁。

梦境要素： 公路，雨，阳光，大门，高速公路，翅膀。

我在一条宽阔的公路上，向右拐弯。路上有些积水，显示刚下过雨，但现在阳光灿烂，蓝天白云。就在我前方的拐角处，我必须穿过一扇金属大门，才能抵达宽阔的高速公路。我可以看到这条空旷的高速公路是笔直的，毫无障碍地伸向远方。可是有一个问题：我长出了好像是大翅膀（与飞机类似）一般的双翼，这使我无法通过那扇狭窄的门。我想我必须有正常人的尺寸，变得很"小"，才能够通过那里。

评注：这位男性在做这个梦的时期，与他那时遇到的一位女性有着结婚的打算，而且这个意愿与日俱增，但是依然有一系列障碍。他知道他必须"穿过那扇窄窄的门"。通过入口处那扇小门，这指来自女方家庭的阻碍。他结过婚，他在女方家人看来不是合适的人选。他知道他必须尽可能使自己被接受，让自己成为一个"非常正常"的人。他知道自己发展出相当自由和非传统的人格（翅膀），而这是女方家庭不容易理解的。但他相信这个过程，一旦穿过那个狭窄的入口，道路就将打开……这个梦之后的几年，事情完全得到了证实：他现在与那位女士有着幸福的婚姻，他被女方家庭所接受。参见来自同一梦者在同一时期的关于同一主题的另一个梦（7018）。

梦7018 男性，40多岁。

梦境要素：火车，火车站，站长，表或时间。

我正在与一个男人谈话，在火车站的一列火车前。那个男人以非常轻松的方式在对我说话，一点都不担心他要搭乘的火车即将离开。我为他担心，但他好像认为火车不管怎样都会等他。站长看看表：是离开的时间了。他好像觉察出那个男人在和我说话，于是等他。我告诉那个男人："我想你应该走了。"他慢慢地离开，登上火车。一切都很好，我如释重负。

评注：这个梦和上一个梦（7017）来自同一梦者的同一生活时期，是其外在生活变化的时期。他的生活中出现了新的美好的爱情关系，出现了生活的新起点。他感到有点焦虑，不耐心（害怕"误了火车"）。但是，他自身的一部分知道不必匆忙，不用担心——一切都很好。事情会以其完美的节奏自然展开。

梦7019 男性，50多岁。

梦境要素： 港口，摆渡船，海，狂暴，风，转向，向后。

一艘摆渡船抵达港口。大海汹涌而狂暴，码头上进入港口的入口很狭窄。我看到摆渡船很巧妙地转向、后退，就在码头的高墙之间被风吹着安全地进入了港口。

重写： 这是有着强烈情绪（狂暴的大海）的时候，尽管我对自己掌控生活中大风大浪的能力（摆渡船）感到安全，但还是感到情绪剧变的强度。不过，我可以抵达内在的安全空间，我的内在港口。经过巧妙的调控，我可以把我的生活（可能是我的关系或职业活动）带入更安静的水域。只是，为了能做到这一切，我必须改变态度，进行"转向"。

梦7020 女性，29岁。

梦境要素： 医院病床，猿，黑色，医生。

我躺在医院的病床上，有只黑猿在我脚边。我非常害怕它。医生进来向我再次保证，只要我可以看着那只黑猿，我就会渐渐好起来。

重写： 我感觉不好，决定照料好我的问题。我发现自己处在内在疗愈的空间（医院）。然后，我发现我的私密空间（床）里有着我不想要的"存在"。我还不能清楚地识别这个"存在"，但我对它有感受——害怕。它与我们（我）的"动物本性"有关，也许是与我的性生活有关。它依然在我的潜意识里（黑色）。我的治疗师（医生）再次向我保证，通过探索这个内在不舒服的空间，无论怎样，我都将解除它对我的约束和压抑，我将更为自由。他说我对这些记忆表示欢迎会是一件好事。

梦7021 女性，45岁。

梦境要素：游泳，游泳池，红色，鱼，水，吞咽。

我和一个男人一起看着一个小孩（一个年轻的男孩）在一个看起来像是水族馆的池子里游泳。小孩在试图抓一条小"红"鱼。那条鱼跳出水面，正好落入小孩的嘴里，小孩把鱼吞了下去。

重写：我在看着我的情绪体（水池），感受着我男性（理性）部分的力量。

我看到我的"内在小孩"在应对着一个挑战（试图抓鱼）。他"应对"得很好（游泳），但难以克服挑战（抓住）。然而突然之间，我看到问题解决了（鱼被吞下了，被整合了）。

评注：梦者是位西方女性，移居到中国约有一年时间。尽管没有工作（她跟随丈夫前来中国），但她仍然奋力地适应移居者的生活，这很有挑战性。在一次咨询会谈中，她对于小"红"鱼的联想是"中国"（中国几乎等同于红色）。她确实在努力克服困难。她的内在小孩（情绪化的、敏感的、不成熟的部分）成功地"吞咽"下这个经历、体验——这个挑战被"内化整合"、消化吸收。

梦7022 男性，40多岁。

梦境要素：床，医院，监狱，女儿，被抛弃。

我发现自己在某个医院的病床上，这里看起来感觉就像是个监狱。我4岁的女儿和另一个小女孩在跑来跑去。她们也住在这个地方。她进来和我简单说了两句，然后又跑开了。突然间，我意识到我亲爱的小女儿处在被抛弃的状态。在这个没有人性的巨大地方，没有人真正在意她。她强烈地需要关心和照顾！我开始为此深深地伤感而哭泣。可我内在的某种东西做出了反应：够了！我们不需要待在这个地方！我带着我的孩子离开了这家医院。

重写：我感觉糟糕，无法移动，就好像被关在类似监狱的地方。我感到与我"内在小孩"（需要我的关心爱护以获得成长并得以成熟的部分）的联结，我知道它不开心，感觉不到关爱。我的深层需求没有得到解决……这个洞见让我深受触动。我做出决定——我将离开这种情境，照顾好自己。

评注：梦者在做这个梦的时期，做出了离开他的妻子并与其离婚的决定。尽管这个关系有很多成长的机会，但都充满了困难和挑战，感觉就像"监狱"。他感到是照顾好他自身需要的时候了。

梦7023 男性，40多岁。

梦境要素：大船，海洋，跳，潜水，深，水中呼吸，清澈，脚蹼，飞翔。

我发现自己在一艘正航行在大海的大船（或平台）上，其他人围绕着我，因为我正要跳入大海。他们说："你疯了，这太高了。"但我还是跳了。扑通！……我沉到深水里，感觉很好，水很清澈，我可以看得很远，没有任何人和任何东西，只有湛蓝的空间，我可以呼吸！当我到达一定的深度时，有人递给我白色的脚蹼，我很容易就把它们穿在了脚上。利用脚蹼，我可以很快再次上升到水面。我飞快地从水中出来，远远高于水面，升到了空中。我飘在空中，俯视着大海……

重写：我处在情绪环境（大海）中的安全地带（大船）。我决定充分探索我当前生活中的情绪领域，尽管我内在的某些部分（围绕着我的人们）有着轻微的阻抗，不完全确定我想要这样做。我感到充满信心与决心。我从这个安全地带潜入我所面对的情绪问题的深层，没有恐惧，我可以很清楚地看到所有事情……现在，我认识到我同样有资源快速离开这个情绪氛围，如同我进入其中时一样快。我可以隔开一段距离，从更广阔的视角来看待这一切，感觉完全自由自在。

梦者评注：就在这个梦发生的第二天，我面对婚姻中的强烈危机，我妻子为某种反复出现的问题而反应异常。但我感到稳定有力，处在内心的关爱中，帮助她平静下来，从更开阔的视野来看待事情……

梦7024 男性，40多岁。

梦境要素：房子，回家，儿子，拥抱，放屁，拉屎。

我和妻子、孩子在一个感觉像是家的大房子里。我经过远途旅行回到家。我的儿子——一个四五岁的男孩在我的怀里。他热情地抱住我，我感到对他巨大的爱，意识到我不在家的这段时间里他很想念我。我告诉他，我不会再离开了。当我搂着他的屁股时，他开始在我的手上"放屁"，拉出一堆像土豆泥似的大便，我并不感到恶心，甚至不觉得臭。我想，他在"释放"他的情绪，他不能总是压抑这些情绪。我感到这很好。

重写：我认可自己为我的内在父亲，回到"家"里，我感觉到与我深层自我的联结。我花费了很长时间（离家远途旅行）来达到这个发展阶段。我现在对我"成长"的那部分充满了无尽的关爱。我让受伤（受到局限）的内在空间释放不需要的东西，我敞开自己面对我的负面情绪。没有恐惧，没有排斥，我放下所有的负面模式，一切都很好。

梦7025 男性，48岁。

梦境要素：船，母亲，船长，垂死，旅行，食物，钢琴。

我被召回到一艘大船上再次承担服务工作。我和母亲在一起。我们到了那艘船上，走在一条开阔的小径上。进入船舱后，我意识到这艘船比我先前认为的要大很多，现在的船巨大无比。我所受到的欢迎如此热烈，就好像我是船长。我走向我的房间。很多像是船员的人在那里。他们看起来友好、开放、富有创造性，只是悠闲地打发时光。空间很大。当我到达我的小屋时，我发现它也很大。我被告知现任船长快死了，轮船为了新的使命必须离开，我是新任船长。我们只是必须等到老船长死后才能离开。我的小屋里有一排装满食物的冷藏柜，就像超市里那样，一切看起来已经为这次远行做好了准备。还有一架依然被坚固的塑料皮包裹的钢琴，我试图把包装打开，但没有成功，我晚些时候会打开它的。

重写： 我在掌管着我的生活（船——我的"交通工具"）。在我的旧我和新我之间发生了转化，我的新身份与我内在的关爱资源（母亲）有联结。我现在看待生活和内在环境的视野比先前开阔得多。我可以接触到我需要的所有资源，我很富有（冷藏库中的食物）。我准备好前往新起点，我对生活的目标有着更好的理解。不过，我依然有一些过去的事情没有完全放下（老船长还没有死）。弹奏音乐（钢琴）将是我未来的一部分，但现在还不是让其表达的时候（还在包装中，不可触及）。

梦7026 男性，60岁。

梦境要素： 房子，清扫，灰尘，狗，腿，切割，镜子，老人。

我在打扫一间房子，好像有个老女人在这里死去。所有东西都要搬出去，都是些无用的积满灰尘的东西。还有一条狗，我以为它已经死了，我用弯刀砍下它的腿，然后扔掉。但我现在意识到它还活着。我感到极为抱歉！那条大黑狗看起来很温柔，它看起来并不生气或者痛苦，只是不再有腿了。我把它抱在怀里，无法把它放在任何地方，因为它不能站立了。有个老男人坐在那里，平静睿智地看着这一切。这间房子的入口处有个镜子，我照着镜子，看着我怀中的狗，视它如同一个人。尽管它把自己视为一条狗，我却认识到它是一个人。这伤了我的心，我甚至更紧地把它抱在我胸前。我能怎么做？那个老人也不能动。他太老了！不过这一切在他看来都如此清晰。他的脸上有着平和的微笑，没有丝毫担心。

重写：我处在一个转化的过程中，去除（打扫卫生）已经结束的一切（死去的女人的房子）。与这个情境相关的一切都变成无用的了。不过在这些旧东西里，我发现依然活着的东西（狗）。我过快地认定我也能够将它当作死去的过去的东西而扔了。现在，我看到那是我自身的动物本性、生理或性的方面。我的这部分现在好像有缺陷，我为忽略我这方面的生活体验（砍下狗腿）而感到伤心难过。我现在必须带着这个负担，因为它已经失去了活动的能力，丧失了活力。我可以清楚地看到这是我活着的一部分。我怎样可以把它带回到我的生活中？在我为此感到担心时，我内在更深层的智慧（老人）并非如此：我的深层内在知道，这仅仅是一个外在的、暂时的体验。我将会好起来。

梦者评注：实际上在我做这个梦期间，我感觉到我的腿很沉重，几乎有些疼痛。我没有能量！这看起来当然是我身体的精力被耗竭了，我不再有腿了。我有些恐惧，恐惧自己因为太老而无法过正常的生活，更不用说正常的性生活了。这个梦一定只是反映了一个非常短暂的现实。我在一两个月之后感觉好了很多。回过头来看，我对这个梦的理解是，打扫房间与那个时候要清理的具体情境有关：我的离婚问题——那个情境（死去女人的房子）在耗竭我的能量。不过几个月之后，一切都恢复了活力，因为混乱的情境得到了完全的清理和解决。

梦7027 男性，50多岁。

梦境要素：热，T恤，脱。

我感到太热了，需要脱下我的T恤。当我脱下一件时，发现下面还有一件。我把下面这件也脱了。但我很惊讶，我发现下面仍然有两件！

我同时把这两件脱了，但我发现还是有两件！我恐慌了：我无法脱下我的T恤，它们总是能够回来！！！我在恐慌的感受中醒来。

重写：我感到太热，我想要摆脱覆盖在我身体上的一层层东西，但我做不到。这让我感到困惑，我在这种感受中醒来。

评注："我立刻理解了我的困惑：在梦中，我无法移开被子和调节体温。我一醒来就移开我的被子，摆脱了不舒服的感受。"这是梦的混淆的案例，身体的感觉干扰了梦的内容。梦者不理解感受从何而来，无力做出反应。

梦7028 中国女性，23岁。

梦境要素：医生，排队，人们，钱。

我看到两名医生在开放的广场上，许多人排着队要和他们说话。我立马走入人群，插队进去见其中一位医生。到了那个医生跟前，我惊讶地发现他是一个中医。他拿起我的右手摸我的脉搏，以此作为查体的方式（就像通常的中医一样）。然后他轻声说："你身体里有些变化，你需要适应这个变化。明天过来，我给你开个药方。"我觉得他是对的，但不理解他为什么不能现在立刻给我开药方，我担心他明天可能就不在这里了。他一定是猜到了我的心思，因为他给我20块钱，我感到这表示我可以信任他。这时候人们已经等了很长时间，站在我身后的人表达了他的愤怒，因为我是插队的。他用手指戳着我的脊梁骨，我感到很羞愧，抓住20块钱，心里期望着明天可以见到医生，然后离开了人群。

重写：我处在有很多人围绕着我的（外在）环境中。他们的目标都指向同一件事情——中国的主流（中医）。我发现自己也加入其中，越到所有人的前面（插队）。对我而言，适应中国传统的生活方式是件新奇的事情。我的内在向导（医生）检查了我的内在体质——我的内在存在。我认识到我

286

已经历了一些变化，而这些是我现在需要去适应的（为了与我的新情境相和谐）。但这需要些时间（明天），我不能一下子就把这些都搞定。我拥有所有必要的资源（钱）去经历这个过程，而不用花费额外的努力或精力，只是要求我再回来（明天），与我的内在向导（医生）保持联系。我知道我会的。我感到自己已经整合入"序列"之中，加入队列之中，但不知何故，我比别人更快前进到一个舒服的位置。这显然是某些人对我感到愤怒（指着我的后背）的原因。我的深层内在也知道我并不完全属于"主流"。我感到自由独立（我离开人群）。我只是利用了主流所提供的好的方面……

梦者评注：这位年轻女性刚刚大学毕业，在父母的帮助下，她立刻在一家大的国企单位（非常传统）获得一个好职位（插队）。她说："因为我如此幸运被这家单位接收，我决定做个'更传统的中国人'，像我父母和哥哥一样。这意味着我需要成为一名'党员'，考虑我的政治发展。我需要以中国传统的方式工作与生活。家人期望我通过多年辛苦的工作在单位获得更高的职位，我希望我的家人为我的成就感到荣耀。作为一个传统的中国人，我必须遵守'孝道'，这是首要的。这意味着我必须照顾好我的父母，做任何决定前都要考虑他们的意见，直到他们离开人世。我觉得这是我的义务、我的宿命。我曾梦想更为独立，这个梦想曾伴随我的整个青年时期。但我现在非常清楚，如果没有我的家人，我什么也不是，我绝对不能背叛我成长的地方。尽管在我还是个学生的时候，我的为人处事并不像个传统的中国人，但我从现在开始决定做个我家人希望我成为的人。这是我的责任，也许这个梦反映了我的决定。"

评注：确实很可能是这样。我给她的梦的反馈是：你需要的是"内在调适"。即你目前的决定（加入序列中，回到传统的价值观）和这些年发展的内在自由将最终完全和谐一致，因为你同样无法背叛你内心的自由。在你生命的这个阶段，可能看起来有些矛盾冲突，但也许"明天"你就看不到矛盾了。一切都可以很顺其自然地到来。这个梦像是在邀请你充分地活在当下（拿到现金），信任你的引领，相信你的未来，明天一切就会显现。

梦7029 以色列女性，36岁。

梦境要素：家，电影，妈妈，士兵，火车站，人们，国家，工作，头发。

我在家里和妈妈一起看电影。我看到自己在一个火车站的某个检查点，像个士兵一样忙碌地工作着，感觉像是边界检查站。我一边看一边对我妈妈说：这个工作不太好，但至少我们很有"人性"，尊重他人，不像其他有些国家那样。这个工作可以让我保证没有乘客带着具有潜在破坏性的东西进入我们国家。我看见电影中我的头发被扎起来，发型很适合那种忙碌而利索的工作。我认为我的头发不错，尽管我希望头发再多些。

重写：我处在内在安全的空间（家），与我的内在父母、心灵的资源（妈妈）有着很好的联结。我可以隔开一段距离来看当前的处境，而不完全认同其中（看电影）。我看到自己积极地参与保护自我"领地"（国家）的行动，以一种非常主流而纪律严明的方式（军队），确保没有任何事情会伤害我的"家庭"（走私有害的东西入境）。不过这些发生在中转的地方（火车站）。我充分认识到我并不真的享受这份"工作"，可我感觉这是我的职责和义务。至少，我对以尊重人们的方式来做这份工作感到满意。我比很多其他人感觉到更多的尊重。我的一部分希望我可以更为女性化，更顽皮（解开头发），做更有趣（知性）的工作（多些头发），但我现在过于忙碌而无法让自己以那样的方式充分表达自我。我接受我目前的状态。

评注：这位女性确实在面对着这样的家庭境况，她必须确保一切正常运转。她的三个孩子以及她经常不在家的丈夫让她维持着这样的角色，而这使得她并不十分开心和富有创造性。但是，她接受这一切。她还感觉到必须紧紧地控制着她的丈夫，以使她的婚姻得以维系。不过，她以一种相对柔和的方式来做这一切。她不过分侵入，也不会有任何冲突（尊重人们）。

梦7030 已婚女性，52岁。

梦境要素：大象，骑，头，卫生间，男卫生间，高屋顶。

这是一个反复出现的梦。我骑着一头大象，坐在它的头上。我们朝着一个屋顶很高的小建筑走去，那是男卫生间。当我们进去后，我打消了疑虑——如果我必须要小便，我可以用这个卫生间。卫生间大到足够让我们穿过。我们转身离开了那个卫生间。

重写：我很好地驻扎在我"大象"的天性中，即我有力、温柔、平和而安全的那部分，我的女性力量的那部分。在这个内在空间中，我感到我可以照顾好"处理"某些负面情绪的需要，去除某些不想要的情绪能量（小便）。我长时间为解决我的一个问题而焦虑，但现在我知道可以解决。我找到一个地方（卫生间），它符合我的特殊需要（大门、高顶）。我感到了信心。

梦者评注：我最近做了好几次这种梦。当我像那样坐在大象上时，我感觉很棒，这给我一种力量感。我一直很喜欢大象，它们安静、温顺、平和。在我看来，它们非常具有女性特征。不奇怪，它们属于母系社会。

附加评注：这位女性的肾脏有些问题，这表示与"领地"属性相关的内在冲突——她有着身体被虐待的记忆。她需要识别出这个内在冲突，以便充分地释放和疗愈。她需要"小便"很可能与那个问题相关，这在治疗中得到了解决。梦显示出她找到一个"男卫生间"，她并没有感到不妥。她唯一担心的是那扇门应当足够大。这可能与她经历的治疗有关，治疗显示出完全符合她的预期与需要。

附录 II
梦的索引[1]

---

[1] 原则上按章节排序。

[2] 梦的序列号的前两位数字原则上指梦所出现的章节。

2307	参观我的阁楼	搬家，阁楼，旧东西，书架，吸墨水纸，图片
2308	冒出来的丑陋水蛭	腿，水蛭，治疗
2309	肺癌	疗愈性的梦
2310	直面怪物	追车，怪物
2311	一场精彩的陈述	清明梦
3501	站立在雨中	雨，湿，飞翔，家，母亲
3502	婚姻前景	灌木，道路，白裙，向上
3503	引导盲人回家	盲人，家
3504	观看一场奇怪的电影	森林，旅馆，电影，黑白，虫子，鞋子
3701	抵达沙山顶点	自行车，小孩，公路，陡坡，沙子，顶点
3801	在我门口的青少年	儿童，家，婴儿，门，门铃，钱，青少年
3802	一个通话质量差的电话	男朋友，电话，通话质量差
4101	寻找我房门的钥匙	楼梯，房间，门，钥匙，老师
4102	尚未准备好的我的婚礼	婚礼，结婚礼服，鞋子，黑色，小房间
4121	走入我家的女人	敞开的门，走入，发光的，裙子
4122	我女儿的恐惧	占卜者，旅行，妻子，女儿
4123	拖拽我的妻子	山，斜坡，拖拉
4124	生理实验	阿姨，妈妈，切割，伤口，血，疼痛，父亲，护垫
4211	火山爆发	旅馆，景色，山，云，火山爆发，濒死
4212	寻找新办公室	办公室，家

4213	夜晚独自在路上	路，夜晚，婴儿，鬼，水
4214	学习射箭	森林，箭，弓，雾，靶子
4215	清扫教室	教室，新学期，老师，学生，清扫，下水道
4221	我的朋友有个婴儿	朋友，结婚，婴儿
4241	咬我手的猪	猪，手，右边
4251	冲浪竞赛	水，波浪，观众，竞赛者，裁判员，仲裁人，血
4311	协调剧场舞台	剧场舞台，人们，婚姻
4312	喝奶	乳房，吸吮，母乳，孩子，裸露
4313	家庭聚会	家庭，父母，厨房，烹饪，生日，食物，镜子
4314	不稳定的电梯	电梯，上，下，扶手，楼顶，亲吻
4315	杀害我奶奶的小偷	小偷，杀害，搏斗
4321	节日	节日，家庭，丈夫，房子，门，窗，冷，风，家具
4331	被抛弃的小女孩	小孩，坍塌的建筑，家，淋浴，人们，被抛弃，无法说话
4341	被控告杀害我父亲	父母，父亲，老家，杀害
4342	没有腿的男人	腿，帽子，死亡，雕塑，无法移动
4343	家庭争端	父母，母亲，超市，暴力
4350	无法通过考试	考试，教室，同学
4351	我鞋子里的沙	桥，小孩，沙子，鞋子，阳光，玩耍，语言

4352	退休的同事回来了	工作，办公室，高兴，内疚
4353	街头音乐家	咖啡馆，人们，噪声，街道，表演者，夫妇
4401	被大浪冲走	果园，蜘蛛，果树，大海，水，波浪，溺水
4402	我在监狱的朋友	杀害，警察，监狱，无期徒刑，看守，西装
4411	焚烧死尸	尸体，火，燃烧，水，湖，黎明
4421	在我们供水系统里的病毒	丈夫，水，尿，病毒，供水系统
4422	管道泄漏	风景，水，洗，池子，水管，水污染
4423	旅行前的淋浴	大学，远足，旅行，淋浴，亮，暗，男朋友
4431	面对强盗	攀爬，小径，山，清晨，强盗，转身
4501	死去的女孩	死亡
4502	爷爷死了	死亡，电话
4601	掉进湖里的小孩	湖，小孩，水
4602	在娱乐场输钱	钱，家，老柜子，富有
4603	被压的婴儿	预警性的梦
4701	优美的大海	灵性体验
4702	融为一体	神圣的地方，手足情谊
4703	进入竞技场	宇宙，光，眼睛，神圣时刻，聚光灯
4704	游览天堂	阳光，巨大的穹顶，白色，聚会，裸体，天鹅

4801	训练狗	狗，轮椅，残疾人
4802	像潮水般涌入的猫	房子，妈妈，猫，窗户，恐慌
4803	海里的死鱼	大海，海滩，游泳，蛇，鱼，死的
4804	黑蛇	阴茎，黑色，蛇，手指甲，胸，床
4805	被虐待的孩子	床，孩子，隐藏，无法感受，被偷的房间
4901	满是头的手推车	老人，手推车，头，腐烂
4902	参观我的阁楼	搬家，阁楼，旧东西，书架，吸墨水纸，图片
4910	两个妻子	女人，妻子，结婚
6101	在露天市场购物	购物，裙子，镜子
6102	在浴室偷窥	偷窥，浴室，沉默，内疚
6103	被警察追赶	被追赶，隐藏，违法行为，帐篷，亲吻，假装
6104	与坏人斗争	坏人，太空服，伪装，斗争，眼睛
6105	有个婴儿的女孩	同学，变化，婴儿
6106	从我嘴里拽头发	混乱，头发，嘴，嗓子
6107	我的朋友有个小孩	婴儿
6108	处死	秘密组织，杀害人，死尸，枪，猪脸，双胞胎，血，雪
6109	寻找强奸犯	家庭成员，孩子，寻找，逮住
6201	我下次搭乘火车	傍晚，汽车，公路，驾驶，快速，事故，火车
6401	寻找新房间	房间，寻找
6501	给孩子喂母乳	婴儿，食物，母乳，乳房，吸

295

		吮，呕吐
6502	卡在梯子上	梯子，爬，高处，帮手
6503	丢失的手机	旅行，火车，火车站，手机，丢失，钱包，身份证
6504	被海豚解救	大海，鲨鱼，黑暗，隐藏，海豚，海滩
6801	穿着脏衣服的小女孩	厨房，烹饪，女孩，衣服，建筑工地，脏
6802	无卫生间可以小便	脱衣服，裸露，小便，卫生间，人们，死了的动物，夜晚
6803	暴露的裸体	裸露，腿，胳膊，内疚，无法移动
6804	亲吻婴儿	饭馆，裸露，婴儿，苍白，丑陋，沉默
6901	新生儿	婴儿，新生，脆弱，医生
6902	我的房间一片混乱	房间，混乱，乞丐，脏，革新
6903	度假胜地	度假胜地，婴儿，窗户，晴朗，走廊，工人，食品店
6904	臭烘烘的房间	房间，粪便，臭烘烘，清扫，地板
6905	我的新房子	房子，城堡，废墟，新，旧，花园
6906	等待水管工	浴室，水，泄露，水管工
6907	来自咨询师的信	男人，信件，咨询师
7001	离开大巴	大巴，公路，山，塌方，景色，小径
7002	准备我的婚礼	剧场，婚礼，白色礼服，头发，水，信用卡，泥

7003	满是鱼的饭馆	男朋友或爱人，饭馆，损坏的楼梯，鱼
7004	真假乞丐	伪装，乞丐，钱
7005	精疲力竭的马	骑，马，景色，顶点，小山
7006	没有刹车	汽车，刹车
7007	无用的伞	伞，暴雨，闪电，天线
7008	返还的钱	超市，钱，返还
7009	藏在我的床下	卧室，藏，床
7010	果实里的蚂蚁	兄弟，树，果实，小路，山谷，蚂蚁
7011	丢失的钱	河，家，衣服，鞋子，钱，钱包，身份证
7012	掉牙	家，妈妈，孩子，伤害，牙齿，血
7013	送达的新衣服	家，小时候的房子，父母的房子，箱子，新衣服，父亲，旧毯子
7014	驾驶大卡车	驾驶，卡车，拖车，旅行，公路，刹车，雨，泥泞
7015	未完成的事件	房子，楼梯，母亲，浴室，马桶，粪便，婴儿，鸡肉，门，田地，马，婚礼，书架，聚会
7016	新国王，新规则	战争，士兵，国王，规则
7017	要穿过的大门	公路，雨，阳光，大门，高速公路，翅膀
7018	等候的火车	火车，火车站，站长，表或时间
7019	抵达海港	海港，摆渡船，船，海，狂暴的，风，转向，向后

7020	我床上的黑猿	医院病床，黑色，猿，医生
7021	吞下鱼	游泳，池子，红鱼，水，吞下
7022	离开医院	床，医院，监狱，女儿，被抛弃
7023	潜入深水	大船，海洋，跳，潜入，深，水中呼吸，清澈，脚蹼，飞翔
7024	拉屎的小孩	房子，回家，儿子，拥抱，拉屎
7025	为新航程准备就绪	船，母亲，船长，濒死，旅行，食物，钢琴
7026	没有腿的狗	房子，清扫，灰尘，狗，腿，切割，镜子，老人
7027	脱不完的衣服	热，T恤，脱，衣服
7028	插队	医生，排队，人们，钱
7029	看电影	家，电影，妈妈，士兵，头发，人们
7030	骑象	象，骑，头，卫生间，男卫生间，高屋顶

附录Ⅲ
梦境要素索引[1]

梦境要素	梦例
A	
爱人（丈夫，妻子）	4102
肮脏的	6801，6902
B	
靶子	4214
白裙子	3502，7002
白色	4704
搬家	2307，4902
办公室	4212，4352
傍晚	6201
暴风雨	7007
暴力	4343
被盗窃的房间	4805
被抛弃	4331，7022
被追赶	6103

---

[1] 按拼音排序。

G

狗　　　　　　　　　　　　　　4801，7026

姑姑，婶婶，姨妈　　　　　　　4124

故乡　　　　　　　　　　　　　4341

怪物　　　　　　　　　　　　　2310

管道工　　　　　　　　　　　　6906

灌木丛　　　　　　　　　　　　3502

规则　　　　　　　　　　　　　7016

鬼　　　　　　　　　　　　　　4213

国王，总统　　　　　　　　　　7016

果实　　　　　　　　　　　　　7010

果树　　　　　　　　　　　　　4401

H

孩童　　　　　　　　　　　　　3701，3801，4312，4331，4351，
　　　　　　　　　　　　　　　4601，4805，6109，7012

海滩　　　　　　　　　　　　　4803，6504

海豚　　　　　　　　　　　　　6504

海洋　　　　　　　　　　　　　4401，4803，6504，7019，7023

盒子　　　　　　　　　　　　　7013

黑暗　　　　　　　　　　　　　4423，6504

黑色　　　　　　　　　　　　　4804，7020，4102

黑与白　　　　　　　　　　　　3504

红色　　　　　　　　　　　　　7021

喉咙　　　　　　　　　　　　　6106

呼吸（在水中）　　　　　　　　7023

湖　　　　　　　　　　　　　　4411，4601

护垫　　　　　　　　　　　　　4124

花园　　　　　　　　　　　　　6905

女孩	6801

O

呕吐	6106，6501

P

爬	4431，6502
排队	7028
烹饪	4313，6801
朋友，老师	4101，4221
坡	4123

Q

骑	3701，7005，7030
乞丐	6902，7004
汽车	0001，6201，7006
钱	3801，4603，7004，7008，7011，7028
钱包	6503，7011
潜水，跳水	7023
枪炮	6108
强盗，小偷	4315，4431
桥	4351
切割	7026
亲属，家庭	4313，4321，6109，7012
亲吻	4314，6103
青少年	3801
清澈	7023
清晨，黎明	4411，4431

延伸阅读

Delaney, G. *New Directions in Dream Interpretation*. State University of New York Press, Albany, 1993.

Freud, Sigmund. *Interpretation of Dreams*. Multiple publishers & translators; 1st pub. Austria. 1899.

Garfield. Patricia L. *Creative Dreaming*. Simon & Schuster, New York, 1974.

Hoss, R. J. *Dream Language.* Innersource, Ashland, 2005.

Krippner, S. *Dreamtime & Dreamwork*. Jeremy P. Tarcher, New York, 1990.

Lasley, J. *Honoring the Dream*. PG Print, 2004.

Shainberg, Catherine. *Kabbalah and the Power of Dreaming: Awakening the Visionary Life*. Inner Traditions, 2005.

Taylor, J. *Where People Fly and Water Runs Uphill*. Warner Books, NewYork, 1992.

Ullman, M. , Zimmermann, N. *Working with Dreams*. Jeremy P. Tarcher Inc, Los Angeles, CA, 1985.

Ullman, M. *Appreciating Dreams: A Group Approach*. Cosimo Books, New York, 2006.

Van de Castle, R. *Our Dreaming Mind*. Ballantine Books, New York, 1994.

Webb, C. *Organic Dream Integration*. The DREAMS Foundation, 1999.